建设行业专业技术管理人员职业资格培训教材

质量员专业基础知识

中国建设教育协会组织编写

危道军 聂鹤松 主编
吴月华 主审

中国建筑工业出版社

图书在版编目（CIP）数据

质量员专业基础知识/中国建设教育协会组织编写．—北京：中国建筑工业出版社，2007
建设行业专业技术管理人员职业资格培训教材
ISBN 978-7-112-09379-3

Ⅰ．质… Ⅱ．中… Ⅲ．建筑工程-工程质量-质量管理-工程技术人员-资格考核-教材 Ⅳ．TU712

中国版本图书馆 CIP 数据核字（2007）第 106901 号

建设行业专业技术管理人员职业资格培训教材
质量员专业基础知识
中国建设教育协会组织编写
危道军　聂鹤松　主编
吴月华　主审

*

中国建筑工业出版社出版、发行（北京西郊百万庄）
各地新华书店、建筑书店经销
霸州市顺浩图文科技发展有限公司制版
北京富生印刷厂印刷

*

开本：787×1092 毫米　1/16　印张：15¼　字数：368 千字
2007 年 9 月第一版　2012 年 3 月第十次印刷
定价：26.00 元
ISBN 978-7-112-09379-3
（16043）

版权所有　翻印必究
如有印装质量问题，可寄本社退换
（邮政编码 100037）

本书根据《全国建筑企业质量员职业岗位考试标准》和《质量员实务》考试大纲编写,与《质量员专业管理实务》配套使用。

本书主要内容包括:建筑构造与识图、力学与结构的基本知识、其他相关基础知识等。

本书可作为质量员职业岗位培训考试培训教材,也可供相关行业技术人员自学参考。

* * *

责任编辑:朱首明 李 明 吉万旺
责任设计:董建平
责任校对:刘 钰 王 爽

建设行业专业技术管理人员职业资格培训教材编审委员会

主任委员：许溶烈
副主任委员：李竹成　吴月华　高小旺　高本礼　沈元勤
委　　员：（按姓氏笔画排序）
　　　　　　邓明胜　艾永祥　危道军　汤振华　许溶烈　孙沛平
　　　　　　杜国城　李　志　李竹成　时　炜　吴之昕　吴培庆
　　　　　　吴月华　沈元勤　张义琢　张友昌　张瑞生　陈永堂
　　　　　　范文昭　周和荣　胡兴福　郭泽林　耿品惠　聂鹤松
　　　　　　高小旺　高本礼　黄家益　章凌云　韩立群　颜晓荣

出 版 说 明

由中国建设教育协会牵头、各省市建设教育协会共同参与的建设行业专业技术管理人员职业资格培训工作，经全国地方建设教育协会第六次联席会议商定，从今年下半年起，在条件成熟的省市陆续展开，为此，我们组织编写了《建设行业专业技术管理人员职业资格培训教材》。

开展建设行业专业技术管理人员职业资格培训工作，一方面是为了满足建设行业企事业单位的需要，另一方面也是为建立行业新的职业资格培训考核制度积累经验。

该套教材根据新制订的职业资格培训考试标准和考试大纲的要求，一改过去以理论知识为主的编写模式，以岗位所需的知识和能力为主线，精编成《专业基础知识》和《专业管理实务》两本，以供培训配套使用。该套教材既保证教材内容的系统性和完整性，又注重理论联系实际、解决实际问题能力的培养；既注重内容的先进性、实用性和适度的超前性，又便于实施案例教学和实践教学，具有可操作性。学员通过培训可以掌握从事专业岗位工作所必需的专业基础知识和专业实务能力。

由于时间紧，教材编写模式的创新又缺少可以借鉴的经验，难度较大，不足之处在所难免。请各省市有关培训单位在使用中将发现的问题及时反馈给我们，以作进一步的修订，使其日臻完善。

中国建设教育协会
2007 年 7 月

序

由中国建设教育协会组织编写的《建设行业专业技术管理人员职业资格培训教材》与读者见面了。这套教材对于满足广大建设职工学习和培训的需求，全面提高基层专业技术管理人员的素质，对于统一全国建设行业专业技术管理人员的职业资格培训和考试标准，推进行业职业资格制度建设的步伐，是一件很有意义的事情。

建设行业原有的企事业单位关键岗位持证上岗制度作为行政审批项目被取消后，对基层专业技术管理人员的教育培训尚缺乏有效的制度措施，而当前，科学技术迅猛发展，信息技术日益渗透到工程建设的各个环节，现在结构复杂、难度高、体量大的工程越来越多，新技术、新材料、新工艺、新规范的更新换代越来越快，迫切要求提高从业人员的素质。只有先进的技术和设备，没有高素质的操作人员，再先进的技术和设备也发挥不了应有的作用，很难转化为现实生产力。我们现在的施工技术、施工设备对生产一线的专业技术人员、管理人员、操作人员都提出了很高的要求。另一方面，随着市场经济体制的不断完善，我国加入WTO过渡期的结束，我国建筑市场的竞争将更加激烈，按照我国加入WTO时的承诺，我国的建筑工程市场将对外开放，其竞争规则、技术标准、经营方式、服务模式将进一步与国际接轨，建筑企业将在更大范围、更广领域和更高层次上参与国际竞争。国外知名企业凭借技术力量雄厚、管理水平高、融资能力强等优势进入我国市场。目前已有39个国家和地区的投资者在中国内地设立建筑设计和建筑施工企业1400多家，全球最大的225家国际承包商中，很多企业已经在中国开展了业务。这将使我国企业面临与国际跨国公司在国际、国内两个市场上同台竞争的严峻挑战。同国际上大型工程公司相比，我国的建筑业企业在组织机构、人力资源、经营管理、程序与标准、服务功能、科技创新能力、资本运营能力、信息化管理等多方面存在较大差距，所有这些差距都集中地反映在企业员工的全面素质上。最近，温家宝总理对建筑企业作了四点重要指示，其中强调要"加强领导班子建设和干部职工培训，提高建筑队伍整体素质。"贯彻落实总理指示，加强企业领导班子建设是关键，提高建筑企业职工队伍素质是基础。由此，我非常支持中国建设教育协会牵头把建设行业基层专业技术管理人员职业资格培训工作开展起来。这也是贯彻落实温总理指示的重要举措。

我希望中国建设教育协会和各地方的同行们齐心协力，规范有序地把这项工作做好，确保工作的质量，满足建设行业企事业单位对专业技术管理人员培训的需要，为行业新的职业资格培训考核制度的建立积累经验，为造就全球范围内的高素质建筑大军做出更大贡献。

姚兵
24/7/07.

前　言

本书为质量员职业岗位资格考试培训教材。为质量员做好本专业工作准备了必要的基础知识，重点介绍了建筑构造与识图、力学与结构的基本知识、建筑施工技术、建筑材料基本知识、施工测量基本知识、施工项目管理的基本知识等，与《质量员专业管理实务》一书配套使用。

本书根据建设部建筑业司颁发的《全国建筑企业质量员职业岗位考试标准》和质量员职业岗位考试大纲中的《质量员专业基础知识》考试大纲编写的。在编写过程中，取材上力图反映我国工程建设施工的实际，内容上尽量符合实践需要，以达到学以致用、学有创造的目的。参照了我国最新颁布的新标准、新规范，文字上深入浅出、通俗易懂、便于自学，以适应建筑施工企业管理的特点。

本书由湖北省建设教育协会、湖北城市技术职业技术学院组织编写，危道军、聂鹤松主编。具体编写分工为：一由盛平、冯晨编写，二由陈洁、马桂芬编写，三（一）由李林编写，三（二）由杨小平编写，三（三）危道军、顾娟编写。全书由危道军教授统稿。

本书编写过程中得到了河南省建设教育协会、中国建设第三工程局、武汉建工集团等的大力支持，在此表示衷心感谢！

本书在编写过程中，参考了大量杂志和书籍，特表示衷心的谢意！并对为本书付出辛勤劳动的编辑同志表示衷心感谢！

由于我们水平有限，加之时间仓促，错误之处在所难免，我们恳切希望广大读者批评指正。

目 录

一、建筑构造与识图 …………………………………………………………… 1
  （一）正投影基本知识 ……………………………………………………… 1
  （二）墙体的建筑构造 ……………………………………………………… 12
  （三）楼板、楼地面及屋顶的建筑构造 …………………………………… 24
  （四）房屋建筑其他构造 …………………………………………………… 45
  （五）房屋建筑图的识图方法 ……………………………………………… 53

二、力学与结构的基本知识 …………………………………………………… 77
  （一）力的基本性质与建筑力学的基本概念 ……………………………… 77
  （二）平面力系的平衡方程及杆件内力分析 ……………………………… 89
  （三）建筑结构的基本知识 ………………………………………………… 95
  （四）建筑结构抗震基本知识 ……………………………………………… 134
  （五）岩土基本知识 ………………………………………………………… 140

三、其他相关基础知识 ………………………………………………………… 150
  （一）建筑材料基本知识 …………………………………………………… 150
  （二）施工测量基本知识 …………………………………………………… 192
  （三）施工项目管理的基本知识 …………………………………………… 219

参考文献 ………………………………………………………………………… 234

一、建筑构造与识图

（一）正投影基本知识

工程图样是依据投影原理形成的，绘图的基本方法是投影法。种类有中心投影、平行投影。平行投影又分为斜投影和正投影两种，其中斜投影法可绘制轴测图，有立体感但视觉上变形和失真，只能作为工程的辅助图样；正投影能真实地反映物体的形状和大小，是绘制工程设计图、施工图的主要图示方法（图 1-1、图 1-2）。

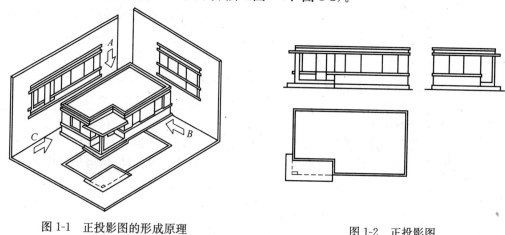

图 1-1 正投影图的形成原理

图 1-2 正投影图

1. 三面正投影图

（1）单面正投影和两面正投影图

当投影方向、投影面确定后，物体在一个投影面上的投影图是惟一的，但一个投影图

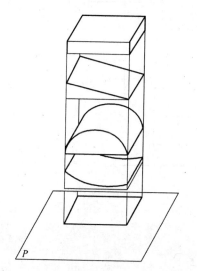

图 1-3 各种形状物体的单面正投影图

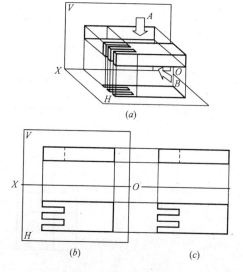

图 1-4 两面正投影图
(a) 立体图；(b) 投影图展开；(c) 两面投影

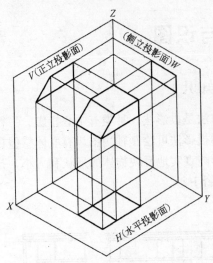

只能反映它的一个面的形状和尺寸,并不能完整地表示出物体的全貌(图1-3、图1-4)。由此可见,要准确而全面地表达物体的形状和大小,一般需要两个或两个以上的投影图。

(2) 三面正投影图

由三个互相垂直相交的平面作为投影面组成的投影面体系,称为三投影面体系(图1-5)。为方便作图,需将三个垂直相交的投影面展平到同一平面上。如图1-6所示。

三面正投影图的特性归纳起来,正投影规律为:"长对正、高平齐、宽相等"(图1-7)。

三面正投影图的作图(图1-8)。

2. 点、直线、平面的投影

(1) 点的投影

图1-5 三面正投影的形成原理

1) 点的投影规律及标记

将空间点A放在三投影面体系中,自A点分别向三个投影面作投影线(即垂线),获得点的三面投影。空间点用大写字母如"A"点,在H、V、W面的投影相应用小写字母

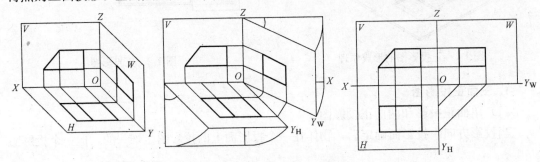

图1-6 三面正投影的展开方法

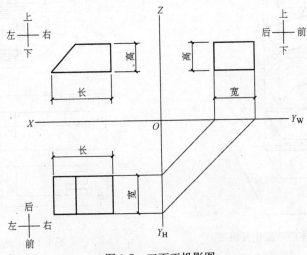

图1-7 三面正投影图

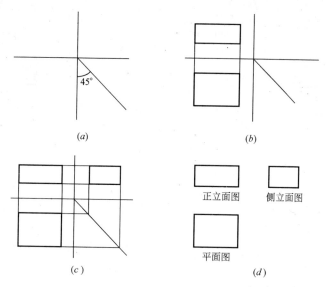

图 1-8 三面正投影图的作图
(a) 画出十字相交线和 45°分角线；(b) 绘出形体的 H 图和 V 图；
(c) 根据"三等关系"绘出侧立面图；(d) 加深图线，即完成三面投影图

"a、a'、a''"表示，相应称为 A 点的水平投影、正面投影和侧面投影。如图 1-9（a）所示。

点的投影规律（图 1-9b）：

规律 1 点的正面投影与水平投影相连，必在同一垂直连线上，即 $aa' \perp OX$；

规律 2 点的正面投影和侧面投影相连，必在同一水平连线上，即 $a'a'' \perp OZ$；

规律 3 点的水平投影到 OX 轴的距离等于该点的侧面投影到 OZ 轴的距离，反映空间点到 V 面的距离，即 $aa_x = a''a_z$（同理，空间点到 H 和 W 面的距离也可从点的正面、水平投影中得到反映）。

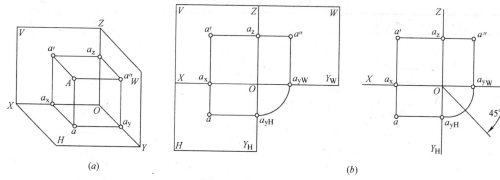

图 1-9 点的三面投影图
(a) 直观图；(b) 投影图

2）点的坐标

根据点的投影规律，已知的两个投影，可获得第三面投影。如已知点 A 的坐标（15，10，15），点 B 的坐标（5，15，0），则 A、B 两点的三面投影图如图 1-10 所示。

（2）直线的投影

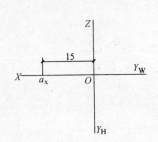 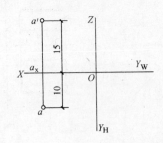 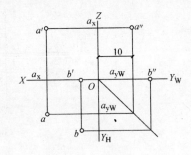

图 1-10 根据坐标点作三面投影

直线对一个投影面的相对位置有一般位置直线、投影面平行线、投影面垂直线三种。

1）一般位置直线

一般位置直线倾斜于三个投影面，对三个投影面都有倾斜角，我们分别以 α、β、γ 表示。如图 1-11 所示。

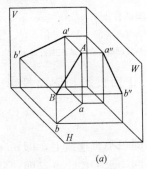 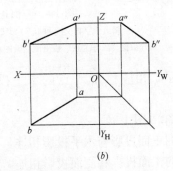

(a)　　　　　　　　　(b)

图 1-11 一般位置直线的投影

2）投影面的平行线（表 1-1）

投影面平行线的投影特性　　　　表 1-1

	水平线	正平线	侧平线
立体图			
投影图			
投影特性	1. 在平行的投影面上的投影反映实长，且反映与其他两个投影面真实的倾角； 2. 另外两个投影面上的投影分别平行于对应的投影轴，且其长度要缩短		

3）投影面的垂直线（表1-2）

投影面垂直线的投影特性　　　　　　　　　　　　　表1-2

	铅垂线	正垂线	侧垂线
立体图			
投影图			
投影特性	1. 在垂直的投影面上的投影积聚成一点； 2. 另外两个投影面上的投影分别垂直于对应的投影轴，且都反映实长		

（3）平面的投影

平面按与投影面的相对位置，可分为一般位置平面、投影面平行面和投影面垂直面。

1）一般位置平面

平面倾斜于投影面，它的投影不反映平面的实形，如图1-12所示。

2）投影面平行面（表1-3）

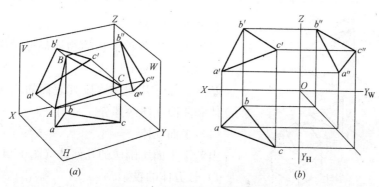

图1-12 一般位置平面的投影

投影面平行面的投影特性　　　　　　　表1-3

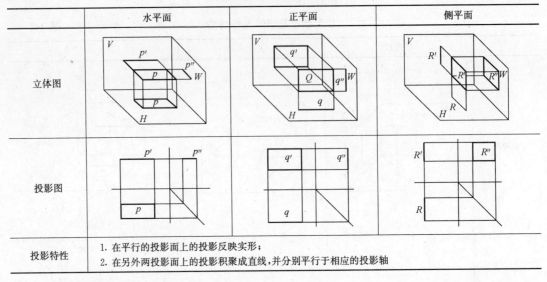

	水平面	正平面	侧平面
立体图			
投影图			
投影特性	1. 在平行的投影面上的投影反映实形； 2. 在另外两投影面上的投影积聚成直线，并分别平行于相应的投影轴		

3）投影面垂直面（表1-4）

投影面垂直面的投影特性　　　　　　　表1-4

	铅垂面	正垂面	侧垂面
立体图			
投影图			
投影特性	1. 平面在所垂直的投影面上的投影积聚成一直线，且对两轴的夹角反映平面对两投影夹角； 2. 另外两投影面比原实形小		

3. 形体的投影

建筑工程中各种形状的物体都可看作是各种简单几何体的组合（图1-13）。

基本形体（几何体）按其表面的几何性质分为平面立体和曲面立体两部分。

（1）平面立体

由若干平面所围成的几何体（图1-14）。

1）长方体的投影

长方体的表面是由六个四边形（正方形或矩形）

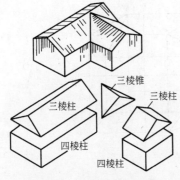

图1-13　房屋的形体分析

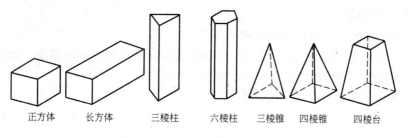

正方体　　长方体　　三棱柱　　六棱柱　　三棱锥　　四棱锥　　四棱台

图 1-14　平面几何体

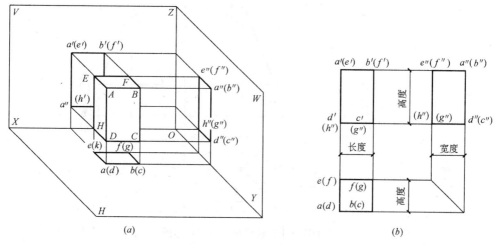

图 1-15　正棱柱的投影
(a) 立体图；(b) 三面投影图

平面组成的，面与面之间和两条棱线之间均互相平行或垂直（图 1-15）。

长方体的三面投影图上可以看出：正面投影反映长方体的长度和高度，水平投影反映长方体的长度和宽度，侧面投影反映长方体的宽度和高度。

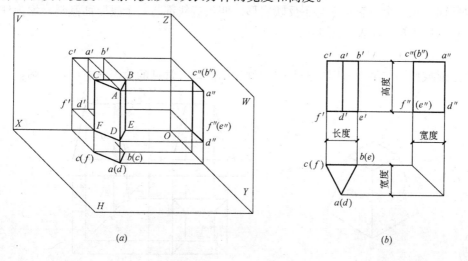

图 1-16　正三棱柱的投影
(a) 立体图；(b) 三面投影图

7

2）棱柱体的投影

棱柱体是由棱面、顶面和底面构成（图1-16）。

正三棱柱的三面投影图上可以看出：正面投影反映棱柱的长度和高度，水平投影反映棱柱的长度和宽度，侧面投影反映棱柱的宽度和高度。

3）棱锥体的投影

棱锥体是由若干个三角形的棱锥面和底面构成，其投影仍是空间一般位置和特殊位置平面投影的集合，投影规律和方法同平面的投影（图1-17）。

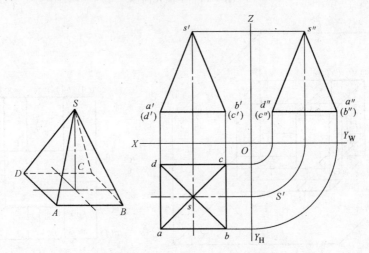

图1-17　正四棱锥体的三面投影图

根据放置的位置关系，正四棱锥体底面在 H 面的投影反映实形，锥顶 S 的投影在底面投影的几何中心上，H 面投影中的四个三角形分别为四个锥面的投影。

4）棱台体的投影

四棱台的上、下底面都与 H 面平行，在水平投影面反映实形。前、后、左、右四个面都是斜面，在三个投影面里都不反映实形。四条棱线都与三个投影面倾斜，均为任意斜线，其投影也不反映实长（图1-18）。

（2）曲面立体

由曲面或曲面与平面所围成的几何体称为曲面体。常见的曲面体有圆柱、圆锥、圆球

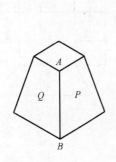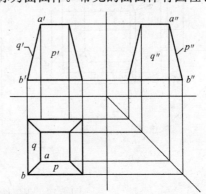

图1-18　四棱台的三面投影图

等。由于这些物体的曲表面均可看成是由一根动线绕着一固定轴线旋转而成，故这类形体又称为回转体（图1-19）。

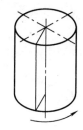

图1-19 曲面立体

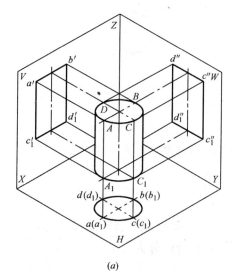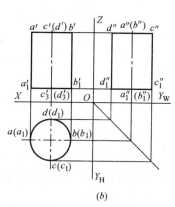

图1-20 圆柱体的投影图
(a) 直观图；(b) 投影图

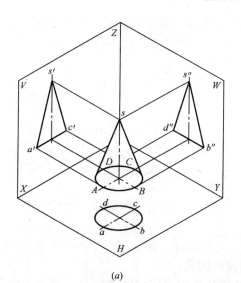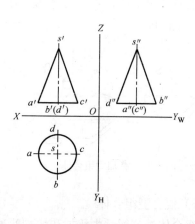

图1-21 圆锥体的投影图
(a) 直观图；(b) 投影图

1) 圆柱体（图 1-20）
2) 圆锥体（图 1-21）
3) 球体的投影（图 1-22）

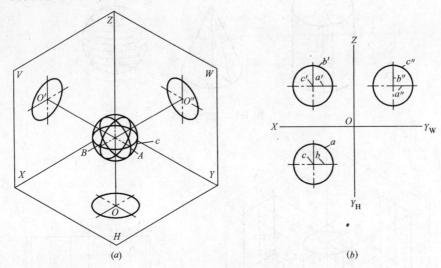

图 1-22　圆球体的投影图
(a) 直观图；(b) 投影图

(3) 组合体的投影

建筑物体是由基本形体（棱柱、棱锥、圆柱、圆锥）组合而成的，习惯称之为组合体。根据基本形体的组合方式的不同，通常可将组合体分为三类。

1) 叠加型组合体

图 1-23 所示的柱基础，是由 1、2、3、4 四个平面立体，依次逐一叠加而成。

2) 切割型组合体

有些组合体可以看作是由一个基本几何体被平面或曲面切除了某些部分而形成。如图 1-24 所示的组合体，一个长方体，在其左、右前面的拐角各切去一个三棱柱，又从中间挖去一个四棱柱。

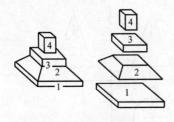

图 1-23　叠加型组合体

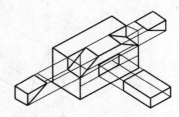

图 1-24　切割型组合体

3) 混合型组合体

组合体的分解是由叠加和切割两种类型混合构成。

如图 1-25 所示的肋式杯形基础，是由四棱柱底板、中间四棱柱（在其正中挖去一个四棱台——楔形块）、六个梯形肋板。

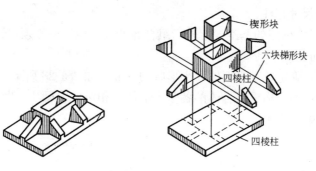

图 1-25　肋式杯形基础（混合型）

（4）基本形体、组合体的尺寸标注

1）基本形体的尺寸标注

① 平面立体的尺寸注法：平面立体的尺寸分属于三个方向，即长度、宽度和高度方向，如图 1-26 所示。

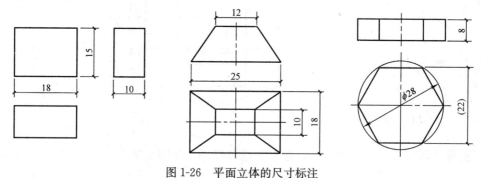

图 1-26　平面立体的尺寸标注

② 回转体的尺寸注法：回转体的尺寸标注应分为径向尺寸标注和轴向尺寸标注。如图 1-27 所示。对于圆球只需标注径向尺寸，但必须在直径符号前加注"S"。

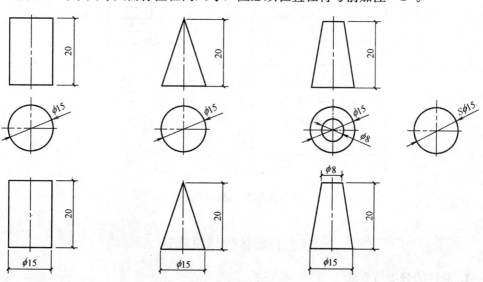

图 1-27　回转体的尺寸标注

2) 组合体的尺寸标注

除满足上述尺寸标注的基本规定外，组合体的尺寸标注还必须保证尺寸齐全，即下列三种尺寸缺一不可：

① 定形尺寸：确定各基本形体大小形状的尺寸，如图1-28所示。

② 定位尺寸：确定构成组合体的各基本形体的相对位置尺寸，即离尺寸基准的上下、左右、前后的距离，如图1-29所示。

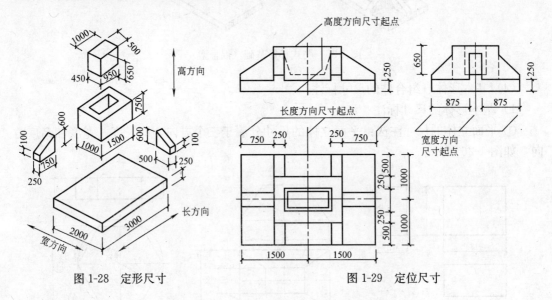

图1-28　定形尺寸　　　　　　图1-29　定位尺寸

③ 总体尺寸：组合体的总长、总宽和总高尺寸，如图1-30所示。

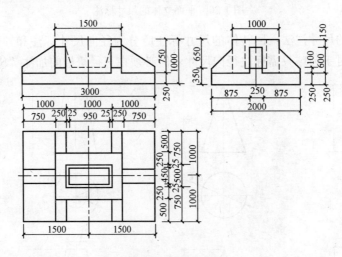

图1-30　总体尺寸

（二）墙体的建筑构造

1. 墙体的分类与要求

（1）墙体的分类

按墙体的位置分内墙和外墙；按墙体布置的方向分纵墙和横墙。两纵墙间的距离称为进深，两横墙间的距离称为开间；按墙体的位置有窗间墙、窗下墙、女儿墙。习惯上，外纵墙称为檐墙，外横墙又称山墙（图1-31）；按墙体的受力情况分承重墙和非承重墙。仅承担自身重量不承受这些外来荷载的墙称为非承重墙，又分为自承重墙、隔墙和幕墙；按墙体的构成材料分砖墙、石墙、砌块墙、混凝土墙、钢筋混凝土墙等；按墙体的构造形式分实体墙、空体墙和复合墙。空体墙又分空斗墙、空心砌块墙、空心板墙等，复合墙由两种以上材料组合而成，如加气混凝土复合板材墙，其中混凝土起承重作用，加气混凝土起保温隔热作用（图1-32）；按墙体承重结构方案分横墙承重、纵墙承重、纵横墙承重和外墙内柱承重（图1-33）；按施工方法分叠砌墙、板筑墙和装配式板材墙。

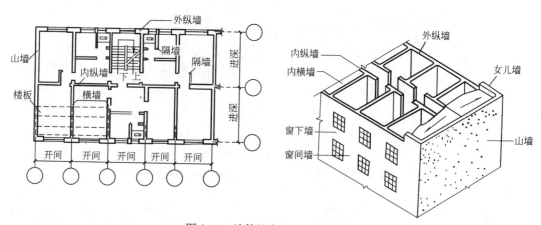

图1-31 墙体的方向和位置名称

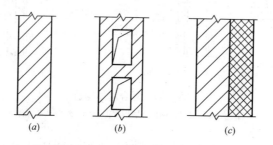

图1-32 墙的构造形式分类
（a）实心砖墙；（b）空体墙；（c）复合墙

(2) 墙体的要求

1) 具有足够的材料强度和稳定性

强度与所采用的材料以及同一材料而强度等级不同以及墙体的截面积有关。墙体的稳定性与墙的高度、长度和厚度有关。当设计的墙厚不能满足要求时，常采取提高材料强度等级、增设墙垛、壁柱或圈梁等措施，以增加其稳定性。

2) 热工要求

提高墙体保温性能的措施有：

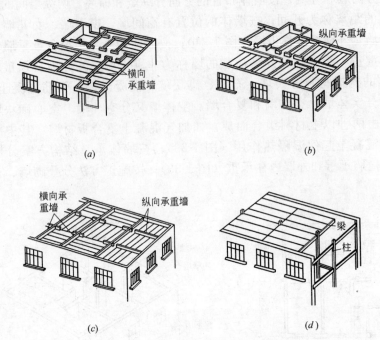

图 1-33　墙体承重结构方案
(a) 横墙承重；(b) 纵墙承重；(c) 纵横墙承重；(d) 外墙内柱承重

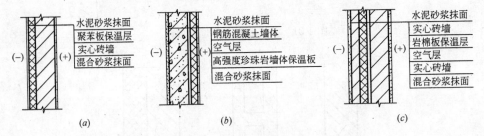

图 1-34　复合墙体构造
(a) 外墙外保温；(b) 外墙内保温；(c) 外墙夹芯保温

增加墙体厚度，选择热导率小的材料，做复合保温墙体（图 1-34），加强热桥部位的保温（图 1-35），采用隔蒸汽层以及通过选择密实度高的墙体材料、墙体内外设置抹灰层和加强构件间的密封处理，以防止外墙出现空气渗透。

提高墙体隔热措施的有以下几种：

① 外墙采用热阻大、重量大、浅色而平滑的外饰面，如白色外墙涂料、玻璃锦砖、浅色墙地砖、金属外墙板等，以反射太阳光，减少墙体对太阳辐射的吸收。

② 外墙内部设通风间层，利用空气

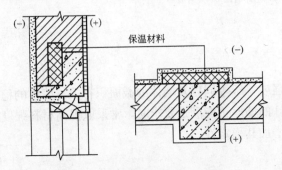

图 1-35　热桥部位保温处理构造

的流动带走热量，降低外墙内表面温度。

③ 窗口外侧设置遮阳设施，以遮挡太阳光直射室内。

④ 外墙外表面种植攀缘植物，利用植物的遮挡、蒸发和光合作用来吸收太阳辐射热，从而起到隔热作用。

3) 隔声要求

如加强墙体缝隙的填密处理；增加墙厚和墙体的密实性；采用有空气间层或多孔性材料的夹层墙。

4) 其他要求

墙体的防火要求、防水和防潮要求以及经济性要求、建筑工业化要求等。

2. 墙体的细部构造

墙体的细部构造有墙脚、门窗过梁、窗台、圈梁、构造柱等（图1-36）。

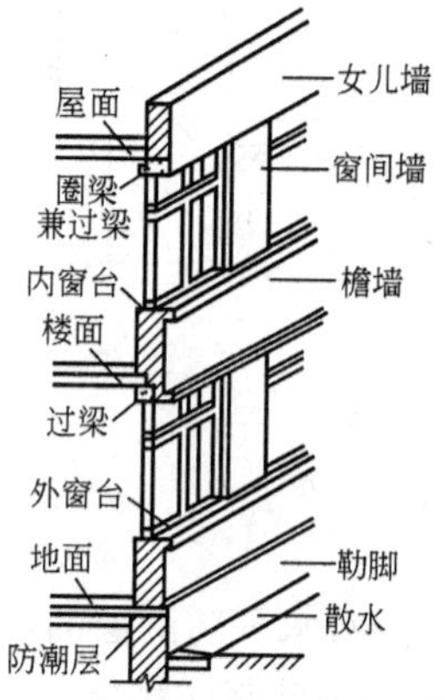

(1) 墙脚构造

底层室内地面以下、基础以上的墙体常称为墙脚，包括墙身防潮层、勒脚、散水和明沟等。

1) 勒脚

外墙的墙脚又称勒脚。其高度一般指室内地坪与室外设计地面之间的高差部分，也有将底层窗台至室外地面的高度视为勒脚的。一般构造做法如图1-37所示。

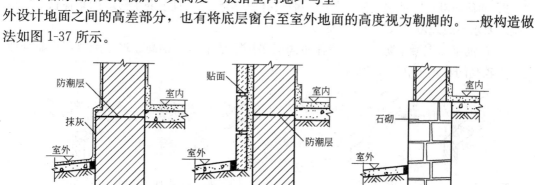

图 1-36 外墙墙身构造示意图

图 1-37 勒脚构造做法
(a) 抹灰；(b) 贴面；(c) 石材砌筑

① 抹灰：采用20mm厚1∶3水泥砂浆抹面、1∶2水泥石子浆水刷石或斩假石抹面。

② 贴面：采用天然石材或人工石材，如花岗石、水磨石板等。

③ 石材砌筑：如采用条石等。

2) 墙身防潮层

为了防止土壤中的水分沿基础墙上升和位于勒脚处地面水渗入墙内，在内外墙的墙脚部位连续设置防潮层。构造形式有水平防潮层和垂直防潮层。

① 防潮层的位置：当室内地面垫层为混凝土等密实材料时，防潮层的位置应设在垫层范围内，低于室内地坪60mm（即−0.060m 标高）处设置，同时还应至少高于室外地

面150mm（图1-38a）；当室内地面垫层为透水材料时（如炉渣、碎石等），水平防潮层的位置应平齐或高于室内地面60mm处（图1-38b）；当内墙两侧地面出现高差时，应在墙身设高低两道水平防潮层，并在土壤一侧设垂直防潮层（图1-38c）。

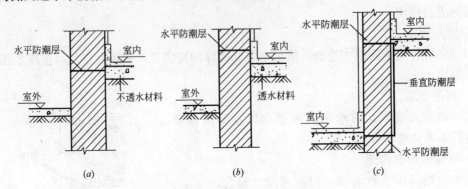

图1-38 墙身防潮层的位置
(a) 不透水垫层时；(b) 透水垫层时；(c) 内墙有高差时

② 墙身水平防潮层的构造：

A. 防水砂浆防潮层 采用20～25mm厚防水砂浆（水泥砂浆中加入3‰～5‰防水剂）或防水砂浆砌三皮砖。不宜用于地基会产生不均匀变形的建筑中（图1-39a）。

B. 油毡防潮层 油毡的使用年限一般只有20年左右，且削弱了砖墙的整体性。不应在刚度要求高或地震区采用（图1-39b）。

C. 配筋细石混凝土防潮层 这种防潮层多用于地下水位偏高、地基土较弱而整体刚度要求较高的建筑中（图1-39c）。

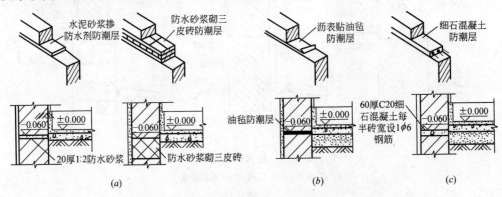

图1-39 墙身水平防潮层
(a) 防水砂浆防潮层；(b) 油毡防潮层；(c) 配筋细石混凝土防潮层

D. 如果墙脚采用不透水的材料（如条石或混凝土等），或在防潮层位置处设有钢筋混凝土地圈梁时，可以不再单设防潮层。

3）散水与明沟

房屋四周勒脚与室外地面相接处一般设置散水（有时带明沟或暗沟）。

散水的排水坡度3％～5％，宽度一般为600～1000mm，一般构造是在基层（即素土夯实）上直接随捣随抹60～80mm厚C10混凝土垫层（图1-40a）或在垫层上再设置15～

20mm厚1:2.5水泥砂浆面层。寒冷地区应在基层上设置300~500mm厚炉渣、中砂或粗砂防冻层。散水与外墙交接处、散水整体面层纵向距离每隔5~8m应设分格缝，缝宽为20~30mm，并用弹性防水材料（如沥青砂浆）嵌缝，以防渗水（图1-40b）。明沟用砖砌、石砌或混凝土现浇，沟底纵坡坡度0.5%~1%（图1-40c）。

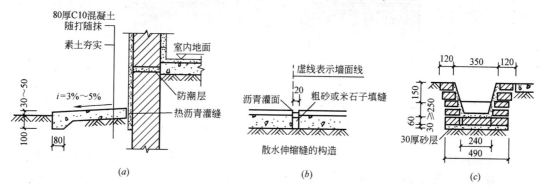

图1-40 散水与明沟
(a)散水构造示意图；(b)散水变形缝；(c)砖砌明沟示意图

(2) 窗洞口构造

1) 窗台

窗台位于窗洞口下部，距楼地面900~1000mm，如低于800mm时，应采用防护措施。窗台类型按位置有内、外窗台；按形式有悬挑、不悬挑窗台；按材料有砖砌、钢筋混凝土窗台（图1-41）。

外窗台表面做一定排水坡度，一般作抹灰或贴面处理，窗台可丁砌、侧砌一皮砖或预制混凝土悬挑60mm，并做滴水槽。内窗台一般水平设置，与室内装修一致。寒冷地区的窗台下留凹龛（称为暖气槽），便于安装散热器。

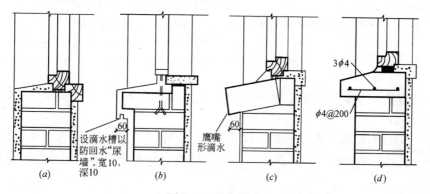

图1-41 窗台形式
(a)不悬挑窗台；(b)粉滴水的悬挑窗台；(c)侧砌砖窗台；(d)预制钢筋混凝土外挑窗台

2) 门窗过梁

在门窗洞口上设置横梁，即门窗过梁。常见的有砖拱过梁、钢筋砖过梁和钢筋混凝土过梁三种形式。

① 砖砌平拱、弧拱过梁（图1-42） 砂浆强度不低于M2.5，砖的强度不低于MU10。

上口灰缝小于15mm，下口灰缝小于5mm，起拱$\frac{l}{50}$，洞口跨度小于1.2m，最大不宜超过1.8m。有集中荷载或建筑受振动荷载时不宜采用这种过梁形式。

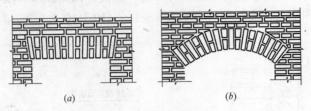

图1-42 砖砌过梁
(a) 砖砌平拱过梁；(b) 砖砌弧拱过梁

② 钢筋砖过梁 适用于跨度1.5～2.0m、上部无集中荷载及抗震设防要求的建筑。清水墙时，可将钢筋砖过梁沿内外墙连通砌筑，形成钢筋砖圈梁。构造要点（图1-43）如下：

A. 一般在洞口上方先支木模，起拱1/100～1/50，第一皮砖丁砌。

B. 2～3根$\phi6$或$\phi8$钢筋（两端各伸入墙内不少于240mm，向上90°直弯60mm高）放在第一皮砖和第二皮砖之间，也可放在第一皮砖下面的砂浆层内。

C. 水泥砂浆M5砌5～7皮MU10砖或不小于$l/4$。

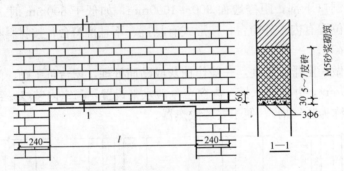

图1-43 钢筋砖过梁构造示意图

③ 钢筋混凝土过梁 钢筋混凝土过梁有现浇和预制两种。梁高及配筋由计算确定。构造要点如下：

A. 断面形式为矩形时多用于内墙和混水墙，L形多用于外墙、清水墙和寒冷地区。

B. 梁高与砖的皮数相适应，即60mm的整倍数，断面梁宽一般同墙厚，梁长为洞口

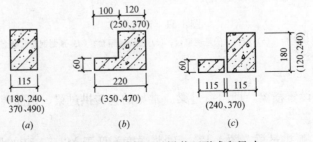

图1-44 钢筋混凝土过梁截面形式和尺寸

尺寸+240mm×2（两端支承在墙上的长度不少于240mm）（图1-44）。

C. 过梁与圈梁、悬挑雨篷、窗楣板或遮阳板等可一起构造（图1-45）。

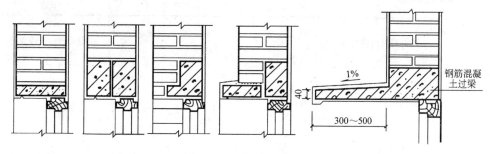

图1-45 过梁的几种形式

(3) 墙身的加固

砖墙结构的墙身因集中荷载、门窗洞口、长度和高度超过一定限度以及地震作用等因素影响其稳定性，故必须采取增设壁柱和门垛、圈梁、构造柱等加固措施。

1) 壁柱和门垛（图1-46）

① 壁柱。突出墙面的尺寸一般为120mm×240（370）mm，或根据结构计算确定。

② 门垛。为便于门框的安置和保证墙体的稳定，在门靠墙转角处或丁字接头墙体的一边设置。凸出墙面不少于120mm，宽度同墙厚。

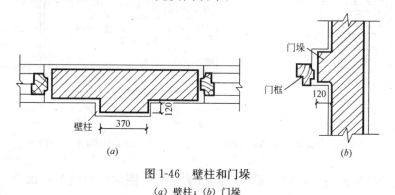

图1-46 壁柱和门垛
(a) 壁柱；(b) 门垛

2) 圈梁

沿外墙四周及部分内墙设置在同一水平面上的连续闭合交圈的梁，起着墙体配筋的作用。圈梁和构造柱共同作用可提高建筑物的空间刚度及整体性，增加墙体的稳定性；减少由于地基不均匀沉降而引起的墙身开裂；对于抗震设防地区，利用圈梁加固墙身更加必要（表1-5）。

① 圈梁的位置。常设于基础内（常埋于室外地坪以下300mm）、楼盖处、屋顶檐口处。外墙圈梁一般与楼板相平，内墙圈梁一般在板下。

② 圈梁的构造：

A. 钢筋砖圈梁的构造：梁高4～6皮砖，上、下两层灰缝中加入的钢筋不宜少于6φ6，水平间距不宜大于120mm，砂浆强度等级不宜低于M5，如图1-47（a）所示。

B. 钢筋混凝土圈梁的构造：地震区钢筋混凝土圈梁的配筋要求参见相关标准。在非

钢筋混凝土圈梁的设置原则　　　　　表1-5

圈梁设置及配筋		设防烈度		
		6度、7度	8度	9度
圈梁设置	沿外墙及内纵墙	屋盖处及每层楼盖处设置	屋盖处及每层楼盖处设置	屋盖处及每层楼盖处设置
	沿内横墙	同上，屋盖处间距不大于7m，楼盖处间距不大于15m，构造柱对应部位	同上，屋盖处沿所有横墙且间距不大于7m，楼盖处间距不大于7m，构造柱对应部位	同上，各层所有横墙
配筋	最小纵筋	4φ10	4φ12	4φ14
	最大箍筋间距	φ6@250	φ6@200	φ6@150

注：1. 凡承重墙房屋，应在屋盖及每层楼盖处沿所有内外墙设置圈梁；
　　2. 纵墙承重房屋，每层均应设置圈梁，此时，抗震横墙上的圈梁还应比上表适当加密。

地震区，圈梁内纵筋不少于4φ8，箍筋间距不大于300mm。圈梁的截面高度应为砖厚的整倍数，并不小于120mm，宽度与墙厚相同，如图1-47（b）、（c）所示。

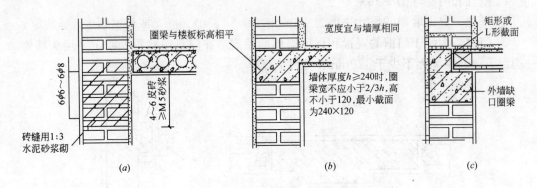

图1-47　圈梁的构造
(a) 钢筋砖圈梁；(b) 圈梁与楼板一起现浇；(c) 现浇或预制钢筋混凝土圈梁

③ 圈梁的搭接补强。当圈梁被门窗洞口截断时，圈梁应搭接补强即设置附加圈梁，其截面、配筋和混凝土强度等级均不变（图1-48）。设防烈度不小于8度时，圈梁必须贯通封闭，不准截断。

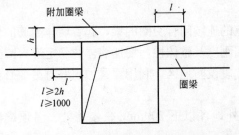

图1-48　圈梁补强措施——附加圈梁

④ 圈梁与过梁的关系。当圈梁的高度位置符合要求时，也可用圈梁兼作过梁，俗称"以圈代过"，实践中运用较多但兼作过梁段圈梁内的配筋应进行验算，以满足强度要求。

3）构造柱

构造柱的位置：一般设置在多层砖混建筑外墙四角、错层部位横墙与外纵墙交接处、较大洞口两侧、大房间内外墙交接处、楼梯间、电梯间以及某些较长墙体中部，以加强墙体的整体性。构造柱必须与圈梁及墙体紧密相连，从而加强建筑物的整体刚度，提高墙体抗变形的能力，保证墙体裂而不倒。

构造要点如下：

① 设置要求。构造柱不单设基础，但应伸入室外地坪以下500mm的基础内，或锚固在浅于室外地坪以下500mm的地圈梁或基础梁内，构造柱的上部应伸入顶层圈梁或女儿墙压顶内，以形成封闭的骨架。

② 断面与配筋要求。一般为240mm×240mm、240mm×360mm等，最小断面为240mm×180mm。竖向钢筋一般用4φ12，箍筋φ6间距不大于250mm，每层楼的上下各500mm处为箍筋加密区，其间距加密至100mm。

设计烈度为7度超过6层，设计烈度为8度超过5层及设计烈度为9度时，构造柱纵筋宜采用4φ14，箍筋直径不小于φ8，间距不大于200mm，并且一般情况下房屋四角的构造柱钢筋直径均较其他构造柱钢筋直径大一个等级（图1-49a）。

③ 砌筑要求。"先墙后柱"是指先砌墙体，后浇钢筋混凝土柱（混凝土等级不低于C15，常用C20、C25、C30）；拉结钢筋是指柱内沿墙高每500mm伸出2φ6锚拉筋和墙体连接，每边伸入墙内不少于1.0m，若遇到门窗洞口，压长不足1.0m时，则应有多长压多长，使墙柱形成整体（图1-49b）；构造柱两侧的墙体应"五进五出"，即沿柱高度方向每300mm（5皮砖）高伸出60mm，每300mm高再收回60mm，形成"马牙槎"（图1-49c）。

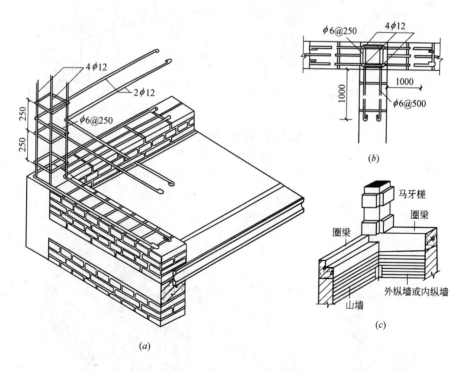

图1-49 构造柱与马牙槎的构造
(a) 外墙转角处；(b) 内外墙交接处；(c) 马牙槎构造示意图

3. 幕墙的分类与构造

幕墙是由金属构件与各种板材组成的悬挂在建筑主体结构上的轻质外围护墙。

(1) 幕墙主要组成和材料

1) 框架材料

幕墙的框架材料可分两大类，一类是构成骨架的各种型材；另一种是各种用于连接与固定型材的连接件和紧固件（图1-50）。

① 型材：常用型材有型钢（以普通碳素钢A3为主，断面形式有角钢、槽钢、空腹方钢等）、铝型材（主要有竖梃、横档及副框料等）、不锈钢型材（不锈钢薄板压弯或冷轧制造成钢框格或竖框）三大类。

② 紧固件：紧固件主要有膨胀螺栓、普通螺栓、铝拉钉、射钉等。膨胀螺栓和射钉一般通过连接件将骨架固定于主体结构上；普通螺栓一般用于骨架型材之间及骨架与连接件之间的连接；铝拉钉一般用于骨架型材之间的连接。

③ 连接件：常用连接件多以角钢、槽钢及钢板加工而成和特制的连接件。常见形式如图1-51所示。

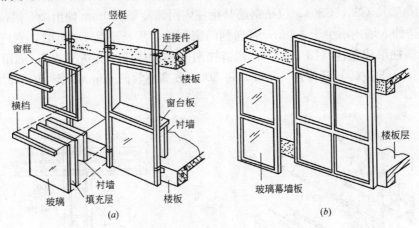

图1-50 玻璃幕墙的组成
(a) 骨架明框；(b) 无骨架

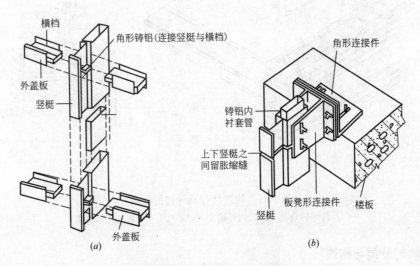

图1-51 幕墙铝框连接构造
(a) 竖梃与横档的连接；(b) 竖梃与楼板的连接

2) 饰面板

① 玻璃：主要有热反射玻璃、吸热玻璃、双层中空玻璃、夹层玻璃、夹丝玻璃及钢化玻璃等。前三种为节能玻璃，后一种为安全玻璃。

② 铝板：常用的铝板有单层铝板、复合铝板（图1-52）、蜂窝复合铝板（图1-53）三种。

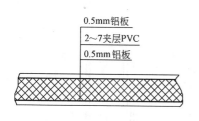

图1-52 复合铝板

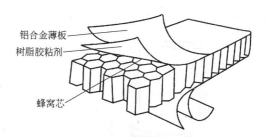

图1-53 蜂窝复合铝板

复合铝板也称铝塑板，是由两层0.5mm厚的铝板内夹低密度的聚乙烯树脂，表面覆盖氟碳树脂涂料而成的复合板，用于幕墙的铝塑板厚度一般为4～6mm。铝塑板的表面光洁、色彩多样、防污易洗、防火、无毒，加工、安装和保养均较方便，是金属板幕墙中采用较广泛的一种。

③ 不锈钢板：一般为0.2～2mm厚不锈钢薄板冲压成槽形钢板。

④ 石板：常用天然石材有大理石和花岗石。与玻璃等饰面板组合应用，可以产生虚虚实实的装饰效果。此外，还有搪瓷钢板、彩色钢板等。

3) 封缝材料

封缝材料通常是以下三种材料的总称：填充材料、密封固定材料和防水密封材料。

① 填充材料：主要有聚乙烯泡沫胶、聚苯乙烯泡沫胶及氯丁二烯胶等，有片状、板状、圆柱状等多种规格。

② 密封固定材料：如铝合金压条或橡胶密封条等。

③ 防水密封材料：应用较多的有聚硫橡胶封缝料和硅酮封缝料。

(2) 幕墙的基本结构类型

① 根据用途不同，幕墙可分为外幕墙和内幕墙。外幕墙用作外墙立面主要起围护作用，内幕墙用于室内可起到分隔和围护作用。

② 根据饰面所用材料不同，幕墙可分为玻璃幕墙、金属薄板（如铝板、不锈钢）幕墙、轻质钢筋混凝土墙板幕墙、石材幕墙等。

A. 金属薄板幕墙：幕墙的金属薄板既是建筑物的围护构件，也是墙体的装饰面层。主要有铝合金、不锈钢、彩色钢板、铜板、铝塑板等。多用于建筑物的入口处、柱面、外墙勒脚等部位。采用有骨架幕墙体系，金属薄板与铝合金骨架的连接采用螺钉或不锈钢螺栓连接。

B. 混凝土挂板或石板幕墙：幕墙主要采用装配式轻质混凝土板材或天然花岗石做幕墙板，骨架多为型钢骨架，骨架的分格一般不超过900mm×1200mm。石板厚度一般为30mm。石板与金属骨架的连接多采用金属连接件钩或挂接。花岗石色彩丰富、质地均匀、强度高且抗大气污染性能强，多用于高层建筑的石板幕墙。

③ 根据结构构造组成不同，幕墙划分为型钢框架结构体系、铝合金明框结构体系、

铝合金隐框结构体系、无框架结构体系等。

A. 型钢框架体系：这种体系是以型钢为幕墙的骨架，将铝合金框与骨架固定，然后再将玻璃镶嵌在铝合金框内；也可不用铝合金框，而完全用型钢组成玻璃幕墙的框架。

B. 铝合金型材框架体系：目前应用最多的这种体系是以特殊截面的铝合金型材为框架，兼有龙骨及固定玻璃的双重作用，无需另行安装其他配件，玻璃镶嵌在框架的凹槽内（图1-54）。

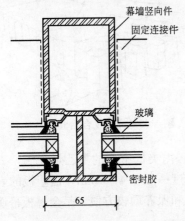

图1-54 铝合金型材框架体系玻璃幕墙构造

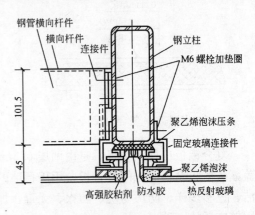

图1-55 不露骨架的玻璃幕墙构造

C. 不露骨架结构体系：这种结构体系是以特制的连接件将铝合金封框与骨架相连，然后用胶粘剂将玻璃粘结固定在封框上（图1-55）。

D. 没有骨架的玻璃幕墙体系：这种体系中玻璃本身既是饰面材料，又是承重构件。所用的玻璃多为钢化玻璃或夹层钢化玻璃。其构造多采用悬挂式结构，即以间隔一定距离设置的吊钩或特殊的型材从上部将玻璃悬吊起来。吊钩及特殊型材一般是以通孔螺栓固定在槽钢主框架上，然后再将槽钢悬挂于梁或板底之下。此外，为了增强玻璃的刚度，还需在上部加设支撑框架，下部设支撑横挡，并间隔一定距离用条形玻璃作为加强肋板，称为肋玻璃（图1-56）。这类玻璃幕墙通透感更强，立面更简洁，一般多用于建筑的首层较为开阔的部位。

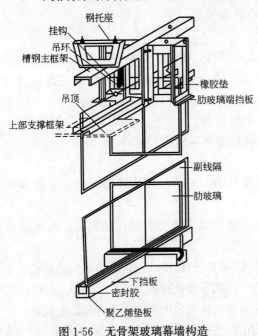

图1-56 无骨架玻璃幕墙构造

（三）楼板、楼地面及屋顶的建筑构造

1. 楼板的类型、楼板的组成与构造

楼板层是多层建筑中沿水平方向分隔上下空间的结构构件，应具有足够的强度、刚度

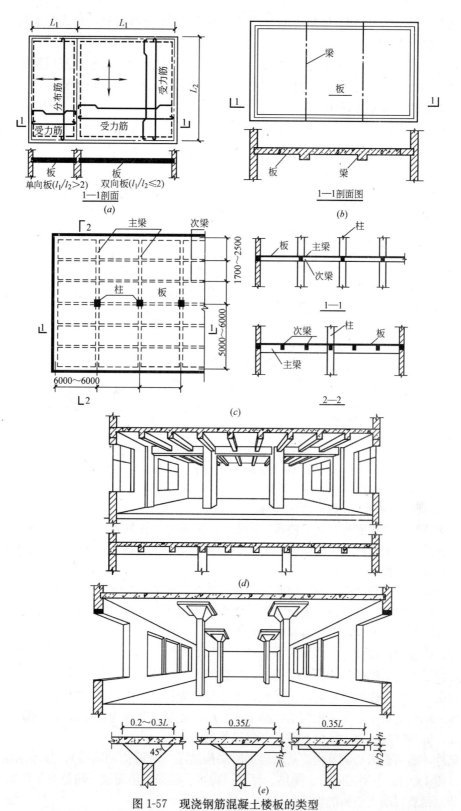

图 1-57 现浇钢筋混凝土楼板的类型
（a）板式楼板；（b）单梁式楼板；（c）复梁式楼板（单向板）；（d）井格式楼板；（e）无梁楼板

和一定程度的隔声、防火、防水等能力，同时必须仔细考虑各种设备管线的走向。

(1) 楼板层的类型

楼板层按所用材料不同，分木楼板、砖拱楼板、钢筋混凝土楼板以及压型钢板组合楼板等多种形式。其中钢筋混凝土楼板按施工方式不同又分为下列三种类型。

1) 现浇钢筋混凝土楼板

现浇钢筋混凝土楼板适合于整体性要求较高、平面位置不规则、尺寸不符合模数或管道穿越较多的楼面。按其受力和传力情况分有板式楼板、梁板式楼板（如单梁式楼板、复梁式楼板和井格式楼板）、无梁楼板（图1-57）。

2) 预制装配式钢筋混凝土楼板

根据其截面形式可分为实心平板、槽形板、空心板和T形板四种类型（图1-58）。

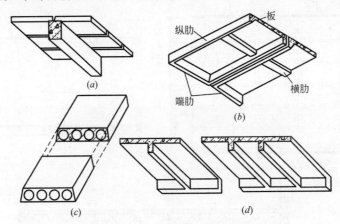

图1-58 预制装配式钢筋混凝土楼板的类型
(a) 实心平板；(b) 槽形板；(c) 空心板；(d) 单T板、双T板

3) 预制装配整体式钢筋混凝土楼板

预制装配整体式钢筋混凝土楼板是将楼板中的部分构件预制，然后到现场安装，再以整体浇筑其余部分的办法连接而成的楼板。它兼有现浇和预制的双重优越性，即整体性较好，又可节省模板。

叠合楼板是由预制板和现浇钢筋混凝土层叠合而成的装配整体式楼板。预制板既是楼板结构的组成部分，又是现浇钢筋混凝土叠合层的永久性模板，现浇叠合层内应设置负弯钢筋，并可在其中敷设水平设备管线（图1-59）。

(2) 楼板层的组成

楼板层的基本组成：面层、结构层、顶棚层。

面层（又称为楼面）起着保护楼板、清洁和装饰作用；结构层（即楼板）是楼层的承重部分，现代建筑中主要采用钢筋混凝土楼板；顶棚层（又称为天花板或天棚）主要起保护楼板、安装灯具、装饰室内、敷设管线等作用。

此外，还可根据功能及构造要求增加附加构造层（又称为功能层），如防水层、隔声层等（图1-60），主要起隔声、隔热、保温、防水、防潮、防腐蚀、防静电等作用。

(3) 钢筋混凝土楼板的构造

1) 预制钢筋混凝土楼板的构造

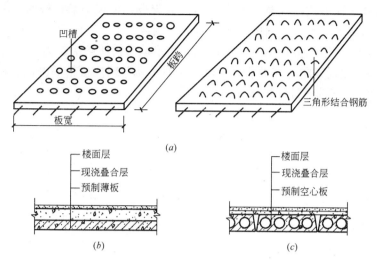

图 1-59 叠合楼板

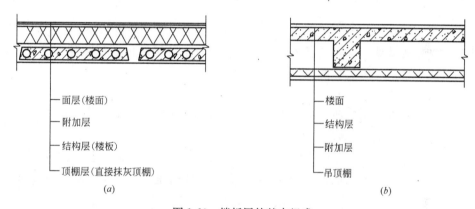

图 1-60 楼板层的基本组成
(a) 预制钢筋混凝土楼板层；(b) 现浇钢筋混凝土楼板层

① 梁、板的搁置方式 主梁沿短跨方向布置，经济跨度一般为 5~8m；次梁一般与主梁正交，经济跨度一般为 4~6m。如平面空间超出经济尺寸时，应在空间内增设柱子作为梁的支点，使梁跨度在经济尺寸范围内。板的短边直接搁置在墙或梁上。其中板在梁上的搁置方式有两种：一是搁置在梁的顶面，如矩形梁（图 1-61a）；二是搁置梁出挑的翼缘上，如花篮梁（图 1-61b）。后一种搁置方式使室内的净空高度增加了一个板厚。

② 坐浆 板在安装前，先在墙（梁）上铺设厚度不小于 10mm 的水泥砂浆。

③ 梁、板的搁置长度 梁在墙上的搁置长度：次梁为 240mm，主梁为 370mm。板在墙或梁上的搁置长度一般不宜小于 110mm 或 60mm。

④ 板缝的构造 板的侧缝有 V 形缝、

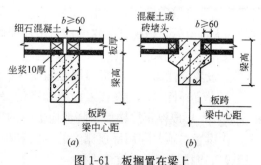

图 1-61 板搁置在梁上
(a) 板搁置在矩形架上；(b) 板搁置在花篮架上

U形缝、凹槽缝三种形式，缝宽10mm左右。板与板、板边与墙、板端之间的缝隙用细石混凝土或水泥砂浆灌实。房间的楼板布置时，当缝差在60mm以内时，调整板缝宽度最大不超过20mm；当缝差在60~120mm时，可沿墙边挑砖解决；当缝差超过120mm且在200mm以内，或因竖向管道沿墙边通过时，则用局部现浇板带的办法解决；当缝差超过200mm，则需重新选择板的规格（图1-62）。

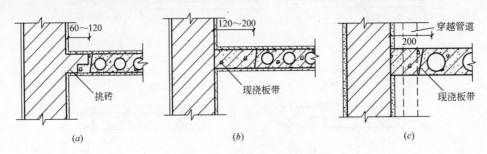

图1-62 板缝的调整措施
(a) 墙边挑砖；(b) 现浇板带；(c) 竖管穿过板带

此外，空心板在安装前，板端凸出的受力钢筋向上压弯，不得剪断；圆孔端头用预制混凝土块或砖块砂浆堵严（安装后要穿导线的孔以及上部无墙体的板除外），以提高板端抗压能力及避免传声、传热和灌缝材料的流入。

2) 楼地面防水构造

有水侵蚀的房间，如厕所、淋浴室等，需对房间的楼板层、墙身采取有效的防潮、防水措施。通常从两方面着手解决：

① 楼地面的排水 楼地面设置排水坡度（一般为1‰~1.5‰），引导水流入地漏。而且有水房间地面应比相邻地面低20~30mm；若不设此高差，则应在门口做20~30mm高的门槛。

② 楼地面的防水 采用现浇钢筋混凝土楼板，整体现浇水泥砂浆、水磨石或贴瓷砖等防水性较好的面层材料。防水要求较高的房间，还应在楼板与面层之间设置防水层（如防水卷材、防水砂浆和防水涂料），防水层沿周边向上泛起至少150mm。遇到开门时，应将防水层向外延伸250mm以上（图1-63）。

3) 穿楼板立管的防水构造处理

一般采用两种办法：一是在管道穿过的周围用C20干硬性细石混凝土捣固密实，再以两布二油橡胶酸性沥青防水涂料作密封处理；二是在楼板走管的位置埋设一个比热水管直径稍大的套管，以保证热水管能自由伸缩而不致影响混凝土开裂（图1-64）。

4) 楼地面的隔声构造

① 设置弹性面层 楼板面层上铺设弹性面层，如地毯、橡胶、塑料板等。

② 设置弹性垫层 在楼板面层和结构层之间设置有弹性的材料作垫层，使楼面与楼板全脱开，形成浮筑层楼板来降低撞击声的传递。

③ 设置吊顶 利用吊顶棚内的空间和吊顶棚面层的阻隔而使声能减弱，还可在顶棚上铺设吸声材料，隔声效果更佳。

5) 楼地面的面层构造

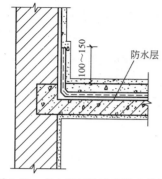

图 1-63 有水房间的墙身防水措施

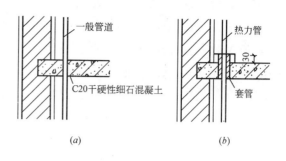

图 1-64 穿楼板立管的防水构造处理
(a) 普通管道的处理；(b) 热力管道的处理

地面按面层所用材料和施工方式不同，常见地面做法有以下几类。

① 整体地面 常见的整体地面有水泥砂浆地面、水泥石屑地面、水磨石地面、细石混凝土地面等。

A. 水泥砂浆地面的构造 水泥砂浆地面构造简单，坚固、耐磨、防水，但易起灰，不易清洁，通常做法如图 1-65 所示。

B. 水泥石屑地面的构造 水泥石屑地面又称豆石地面，是将水泥砂浆里的中粗砂换成 3～6mm 的石屑形成的饰面，其饰面为 20～25mm 厚 1∶2 水泥石屑，水灰比不大于 0.4。

C. 水磨石地面的构造 水磨石地面是将天然石料（大理石、方解石）的石碴做成水泥石屑面层，经磨光打蜡制成（图 1-66）。质地美观，表面光洁，具有很好的耐磨、耐久、耐油耐碱、防火防水性能，通常用于公共建筑门厅、走道的地面和墙裙。

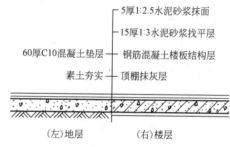

图 1-65 水泥砂浆地面构造示意图

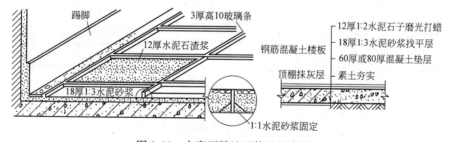

图 1-66 水磨石楼地面构造示意图

② 块材类地面 常用块材类地面有陶瓷地砖、陶瓷锦砖、大理石板、花岗石板等。

A. 铺砖地面的构造 铺砖地面是按干铺和湿铺两种方式铺设黏土砖、水泥砖、预制混凝土块等。湿铺坚实平整，适用于要求不高或庭园小道等处（图 1-67）。

B. 陶瓷锦砖地面、陶瓷地砖和石板地面 陶瓷地砖多用于装修标准较高的建筑物地面（图 1-68a）；陶瓷锦砖用于卫生间、盥洗室、浴室、厨房、实验室及有腐蚀性液体的房间地面（图 1-68b）；石板地面包括天然石地面（如大理石和花岗石板，一般多用于高级

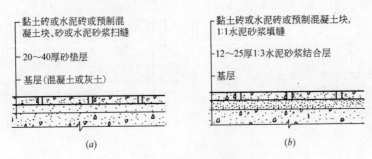

图 1-67 块材类铺砖地面构造
(a) 干铺构造；(b) 湿铺沟造

宾馆、会堂、公共建筑的大厅、门厅等处）和人造石（预制水磨石、预制混凝土块）地面、天然石板、粗琢面的花岗石板可用在纪念性建筑、公共建筑的室外台阶、踏步上，既耐磨又防滑（图 1-69）。

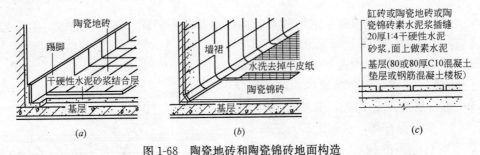

图 1-68 陶瓷地砖和陶瓷锦砖地面构造
(a) 陶瓷地砖地面与踢脚；(b) 陶瓷锦砖地面与墙裙；(c) 陶瓷地砖或陶瓷锦砖构造层次

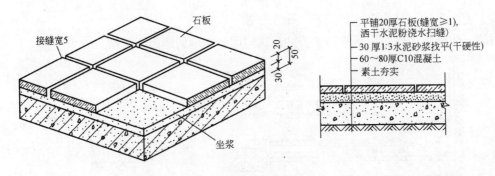

图 1-69 石材地面的构造

③ 木地面　木地板以其不起灰、不返潮、易清洁、弹性和保温性好，常用于高级住宅、宾馆、体育馆、健身房、剧院舞台等建筑中。材料有普通实木地板、复合木地板、软木地板，构造形式有单（双）层铺钉式和粘贴式。

铺钉单层木地板构造要点如下（图 1-70）：

A. 找平后防潮：冷底子油和热沥青各一道。

B. 铺设木搁栅：通过与预埋在结构层内的 U 形铁件嵌固或 10 号双股镀锌钢丝扎牢，搁栅间的空间可安装各种管线。

C. 铺钉普通木地板或硬木条形地板：木胶和铁钉或鞋钉固定。

注意：木搁栅和木板背面满涂氟化钠防腐剂或煤焦油；木板与四周墙体留 5～8mm 间隙；踢脚板上开通风孔；搁栅间可填珍珠岩；拼缝。

D. 刨平、油漆。

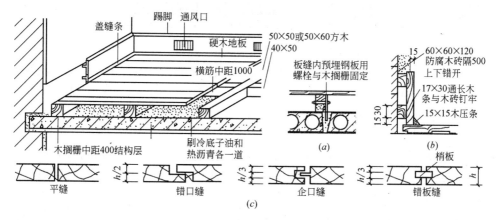

图 1-70 单层木地面铺钉式构造
（a）搁栅固定方式；（b）通风踢脚板构造；（c）拼缝形式

双层木地板具有更好的弹性。底板又称毛板，采用普通木板，与搁栅呈 30°或 45°方向铺钉，面板采用硬木拼花板或硬木形板，底板和面板之间应衬一层 350 号沥青油毡。其他构造与单层木地板相同（图 1-71）。

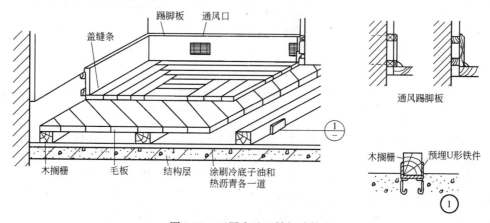

图 1-71 双层木地面铺钉式构造

粘贴式木地面是用胶粘剂或 XY401 胶粘剂直接将木地板粘贴在找平层上。若为底层地面，则应在找平层上做防潮层，或直接用沥青砂浆找平。

④ 人造软质制品楼地面构造　人造软质制品楼地面是指以人造软质制品覆盖材料覆盖基层所形成的楼地面，如橡胶制品、塑料制品和地毯等。人造软质制品可分为块材和卷材两种，其铺设方式有固定式与不固定式，固定方法又分为粘贴式固定法与倒刺板固定法。

6）顶棚的构造

顶棚要求表面光洁，美观，改善室内照度以提高室内装饰效果；特殊要求的房间顶棚还要求具有隔声、吸声或反射声音、保温、隔热、管道敷设等方面的功能。

① 顶棚的类型：

按施工方法分类有抹灰刷浆类顶棚、裱糊类顶棚、贴面类顶棚、装配式板材顶棚等。

按装修表面与结构基层关系分类有直接式顶棚、悬吊式顶棚。

按结构层（构造层）显露状况分类有隐蔽式顶棚、开敞式顶棚。

按饰面材料与龙骨关系分类有活动装配式顶棚、固定式顶棚等。

按装饰表面材料分类有木质顶棚、石膏板顶棚、金属板顶棚、玻璃镜面顶棚等。

② 直接式顶棚的构造 直接式顶棚是指直接在钢筋混凝土屋面板或楼板下表面直接喷浆、抹灰或粘贴装修材料的一种构造方法。常用于装饰要求不高的一般建筑，如办公室、住宅、教学楼等。

A. 直接喷刷涂料顶棚：当板底平整时，可直接喷、刷大白浆或106涂料。

B. 直接抹灰顶棚：它是用麻刀灰、纸筋灰、水泥砂浆和混合砂浆等材料构造，其中纸筋灰应用最普遍（图1-72a、b）。

C. 直接贴面顶棚：某些有保温、隔热、吸声要求的房间，以及楼板底不需要敷设管线而装修要求又高的房间，采用泡沫塑料板、铝塑板或装饰吸声板等贴面顶棚。这类顶棚与悬吊式顶棚的区别是不使用吊杆、直接在结构楼板底面敷设固定龙骨，再铺钉装饰面板（图1-72c）。

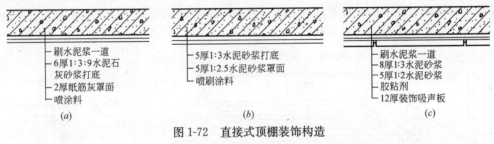

图1-72 直接式顶棚装饰构造
(a) 混合砂浆顶棚；(b) 水泥砂浆顶棚；(c) 贴面顶棚

③ 吊顶式（悬吊式）顶棚构造 悬吊式顶棚是指顶棚的饰面与屋面板或楼板等之间留有一定的距离，利用这一空间布置各种管道和设备，如灯具、空调、烟感器、喷淋设备等。悬吊式顶棚综合考虑了音响、照明、通风等技术要求，具有立体感好、形式变化丰富的特点，适用于中、高档的建筑顶棚装饰。

悬吊式顶棚一般由基层、面层、吊筋三个基本部分组成（图1-73）。

吊顶基层即吊顶骨架层，是一个由主龙骨、次龙骨（或称为主搁栅、次搁栅）所形成的网格骨架体系。常用的吊顶基层有木基层和金属基层（轻钢龙骨和铝合金龙骨）两大类。

吊顶面层的构造要结合灯具、风口布置等一起进行，吊顶面层一般分为抹灰类、板材类及搁栅类。最常用的是各类板材。

板材面层与龙骨架的连接因面层与骨架材料的形式而异，如螺钉、螺栓、圆钉、特制卡具、胶粘剂连接等，或直接搁置、挂钩在龙骨上。

吊筋或吊杆是用钢筋、型钢、轻钢型材或方木连接龙骨和承重结构的承重传力构件。

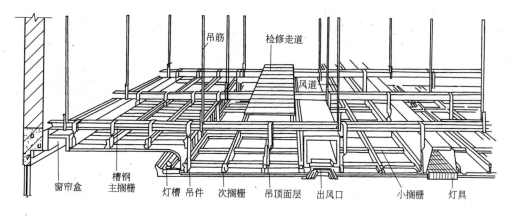

图1-73 悬吊式顶棚的构造组成

钢筋用于一般顶棚；型钢用于重型顶棚或整体刚度要求特别高的顶棚；方木一般用于木基层顶棚。

2. 屋顶的类型与组成

屋顶是建筑物最上层覆盖的外围护结构，构造的核心是防水，此外，还要做好屋顶的保温与隔热构造。

（1）屋顶的类型

屋顶的形式与建筑的使用功能、屋面材料、结构类型以及建筑造型要求有关（表1-6）。

屋顶的形式   表1-6

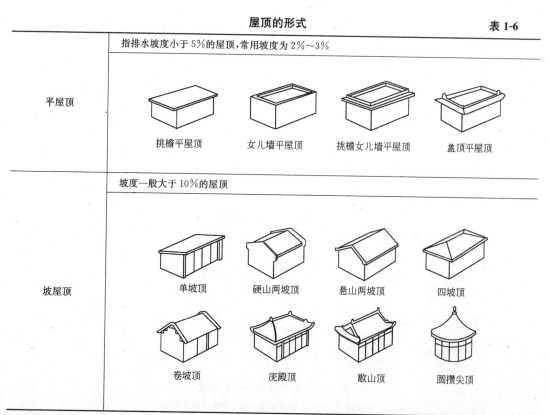

续表

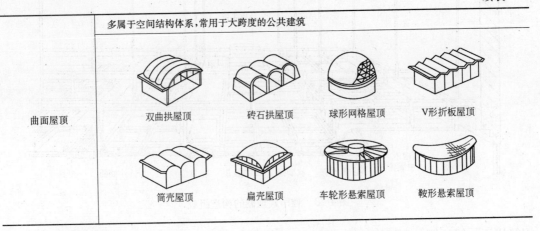

(2) 屋顶的组成

1) 平屋顶的组成

平屋顶一般由面层（防水层）、保温隔热层、结构层和顶棚层四部分组成（图1-74）。面层（防水层）常用的有柔性防水和刚性防水两种方式；南方地区，一般不设保温层，而北方地区则很少设隔热层；结构层宜采用现浇钢筋混凝土结构；顶棚层的作用及构造与楼板层顶棚层基本相同。

2) 坡屋顶的组成

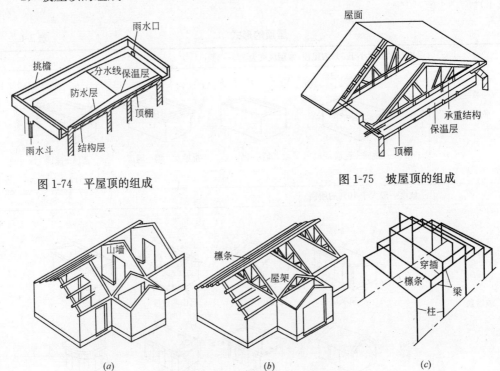

图1-74 平屋顶的组成　　　图1-75 坡屋顶的组成

图1-76 坡屋顶承重结构形式
(a) 横墙承重；(b) 屋架承重；(c) 梁架承檩式屋架

坡屋顶一般由承重结构和屋面两部分所组成，必要时还有保温隔热层及顶棚等（图1-75）。承重结构（图1-76）一般有椽子、檩条、屋架或大梁等。屋面包括屋面盖料和基层，如挂瓦条、顺水条和屋面板等。

坡屋面有平瓦屋面、钢筋混凝土挂瓦板平瓦屋面以及钢筋混凝土板瓦屋面。

3. 平屋面的组成及构造

（1）平屋面的防水构造

平屋面防水可分为卷材防水、刚性防水和涂膜防水等。

1）卷材防水屋面构造

卷材防水亦称柔性防水，基本构造层次由找坡层、找平层、结合层、防水层和保护层组成（图1-77），适用于防水等级为Ⅰ～Ⅳ的屋面防水。

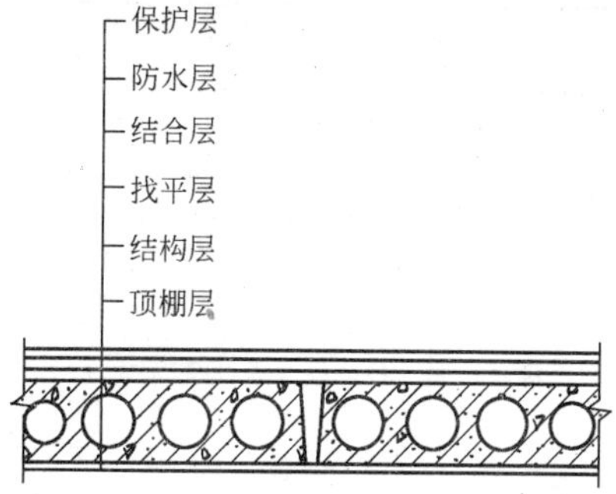

① 找坡层。

A. 材料找坡：材料找坡亦称垫置坡度或填坡，坡度一般为2%，厚度最薄处不小于20mm（图1-78a）。

B. 结构找坡：结构找坡亦称搁置坡度或撑坡，不另设找坡层。坡度一般为3%（图1-78b）。

图1-77 卷材防水屋面的基本构造组成

图1-78 平屋顶坡度的形成
（a）材料找坡；（b）结构找坡

② 找平层。找平层的位置一般设在结构层或保温层上面（表1-7）。

找平层　　　　　　　　　　　　表1-7

类别	基层种类	厚度(mm)	技术要求
水泥砂浆找平层	整体混凝土	15～20	1∶2.5～1∶3（水泥∶砂子）体积比
	整体或板状材料保温层	20～25	
	装配式混凝土板、松散材料保温层	20～30	
细石混凝土找平层	松散材料保温层	30～35	混凝土强度等级为C20
沥青砂浆找平层	整体混凝土	15～20	质量比为1∶8
	装配式混凝土板、整板或板状材料保温层	20～25	

③ 结合层。结合层材料应根据卷材防水层材料的不同来选择，如油毡卷材、聚氯乙烯卷材及自粘型彩色三元乙丙复合卷材用冷底子油（沥青加汽油或煤油等溶剂稀释而成，在常温下喷涂）。结合层采用涂刷法或喷涂法进行施工。

④ 卷材防水层。

卷材防水层材料、材料性能质量及构造要点包括卷材防水层的厚度控制（表1-8）、附加防水层、铺贴方向与搭接、沥青胶厚度的控制、粘贴方式等方面。

防水层厚度表（单位：mm） 表1-8

屋 面 材 料					
类型	合成高分子类		高聚物改性沥青类		沥青类涂料
材料品种	三元乙丙橡胶、氯化聚乙烯橡胶共混卷材、氯磺化聚乙烯、氯化聚乙烯和聚氯乙烯		SBS改性沥青、APP改性沥青和再生橡胶改性沥青		石油沥青纸胎油毡、沥青黄麻胎油毡和沥青玻纤胎油毡
材料特点	抗拉强度高，延伸率大，耐老化		改善了沥青的高温流淌、低温冷脆的弱点，大部分采用胶粘剂冷粘施工和热熔施工		
防水等级	卷材	涂料	卷材	涂料	
Ⅰ级	1.5	2.0	3.0	3.0	
Ⅱ级	1.2	2.0	3.0	3.0	
Ⅲ级	1.2复合1.0	2.0复合1.0	4.0复合2.0	3.0复合1.5	8.0

附加防水层一般是在以下两种情况下设置：在重点和薄弱部位，卷材防水为沥青防水卷材时，应增铺一层卷材；当采用高聚物改性沥青防水卷材，合成高分子卷材或涂膜防水时，应加铺有胎体增强材料的涂膜附加层。

铺贴方向与搭接的要求是：当屋面坡度小于3%时，卷材平行于屋脊，由檐口向屋脊一层层地铺设，多层卷材的搭接位置应错开（图1-79）。

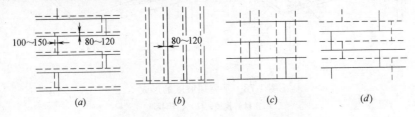

图1-79 卷材的铺设方向和搭接要求
(a) 平行屋脊铺设；(b) 垂直屋脊铺设；(c) 底层垂直、面层平行屋脊铺设；(d) 双层平行屋脊铺设

沥青胶的厚度一般要控制在1~1.5mm以内，防止厚度过大而发生龟裂。粘贴时被涂刷成点状或条状（图1-80），点与条之间的空隙即作为水汽的扩散层。

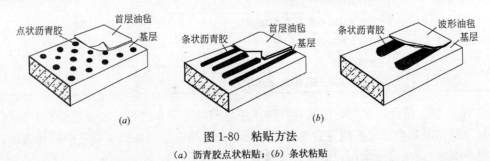

图1-80 粘贴方法
(a) 沥青胶点状粘贴；(b) 条状粘贴

不上人屋面一般在沥青胶表面粘着一层3~6mm粒径的粗砂作为保护层，俗称绿豆砂或豆石；或做浅色反光涂料层（2道）。

上人屋面选用（图1-81）8~10mm厚地砖块材，或实铺预制混凝土板或架空钢筋混凝土板，或30~40mm厚的浇筑细石混凝土层，每2m左右设一分仓缝。

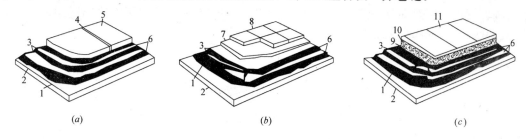

图1-81 上人屋面保护层的构造
(a) 现浇混凝土面层；(b) 块材面层；(c) 预指板或大阶砖架空面层
1—找平层；2—基层；3—油毡；4—分格缝；5—现浇混凝土；6—沥青胶；7—结合层；
8—铺块地面；9—绿豆砂；10—填块；11—板材架空地面

⑤ 隔离层。上人卷材防水屋面块体或细石混凝土面层与防水层之间应做隔离层，隔离层可采用麻刀灰等低强度等级的砂、干铺油毡、黄沙等。

2) 刚性防水屋面构造

刚性防水屋面采用刚性材料如防水砂浆、细石混凝土、配筋细石混凝土等的防水屋面。主要适用于防水等级为Ⅲ级的屋面防水，也可用作Ⅰ、Ⅱ级屋面多道防水设防中的一道防水层，不适于设置在有松散材料保温层的屋面以及受较大振动或冲击的建筑屋面。

刚性防水屋面一般由找平层、隔离层和防水层组成（图1-82）。

① 找平层。找平层与柔性防水屋面的找平层构造一致。

② 隔离层即浮筑层。隔离层设置在刚性防水层与结构层之间，即在结构层上用水泥砂浆找平（整体现浇楼板一般不用找平），然后用纸筋灰、低强度等级砂浆或薄砂层上干铺一层油毡等做隔离层（图1-83）。当防水层中加有膨胀剂类材料时，也可不做隔离层。

③ 防水层。防水层常采用不小于40mm厚细石混凝土整浇（图1-84）。构造要点：配筋要求双向φ4间距150mm，钢筋HPB235，置于混凝土层的中偏上位置，其上部有10~

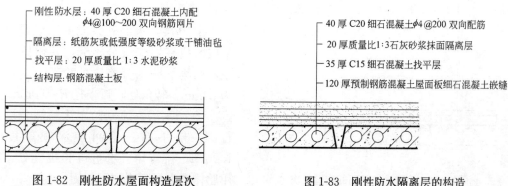

图1-82 刚性防水屋面构造层次　　　　　　图1-83 刚性防水隔离层的构造

15mm 厚的保护层；混凝土要求强度 C30，掺入适量 UEA 混凝土微膨胀剂或混凝土 3‰ 的 JJ91 硅质密质密实剂；分仓缝（防止屋面不规则裂缝以适应屋面变形而设置的人工缝）要求：横缝的位置应在屋面板支承端、屋面转折处和高低屋面的交接处；纵缝应与预制板板缝对齐（当建筑物进深在 10m 以下时可在屋脊设纵向缝；进深大于 10m 时最好在坡中某板缝处再设一道纵向分仓缝）（图 1-85）。分格（仓）缝的服务面积宜控制在 $15\sim25m^2$ 之间，其纵横向间距以不大于 6m 为宜。

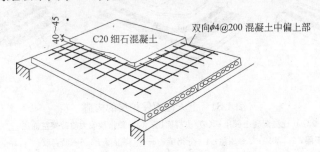

图 1-84 细石混凝土刚性防水配筋

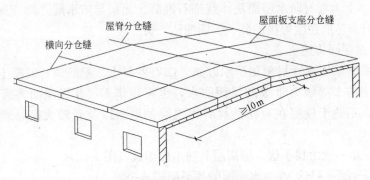

图 1-85 分格缝的位置示意图

3）涂膜防水屋面构造

涂膜防水是用防水涂料直接涂刷在屋面基层上，形成一层满铺的不透水薄膜层，主要适用于防水等级为Ⅲ、Ⅳ级的屋面，也可用作Ⅰ、Ⅱ级屋面多道防水设防中的一道防水层。

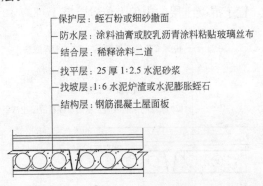

图 1-86 涂膜防水屋面的构造层次

涂膜防水层面的构造层次（图 1-86）：

① 基层：水泥砂浆或细石混凝土找平层。找平层应设分格缝，其位置和间距参照刚性防水分格缝的设置，缝宽宜为 20mm，转角处圆弧半径 $R=50mm$。

② 防水层：涂刷防水涂料需分层进行，一般手涂三遍可使涂膜厚度达 1.2mm。在转角、水落口和接缝处，需用胎体增强材料附加层加固。

③ 保护层：材料可采用细砂、蛭石、水泥砂浆和混凝土块材等。当采用水泥砂浆或混凝土块材时，应在涂膜与保护层之间设置隔离层，以防保护层的变化影响到防水层。水泥砂浆保护层厚度不宜小于 20mm。

（2）平屋顶的细部防水构造

1）泛水构造

突出于屋面之上的女儿墙、烟囱、楼梯间、变形缝、检修孔、立管等的壁面与屋顶的交接处，将屋面防水层延伸到这些垂直面上，形成立铺的防水层，称为泛水。做法及构造要点如下：

① 泛水高度不得小于 250mm（图 1-87）。

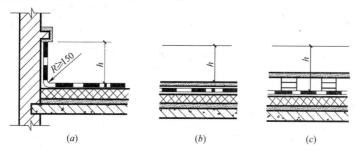

图 1-87 泛水高度的确定
（a）不上人屋面；（b）上人屋面；（c）架空屋面

② 转角处增铺附加层，圆弧半径（R）或 45°斜面。当卷材种类为沥青防水卷材时 $R=100\sim150$mm；高聚物改性沥青卷材 $R=50$mm；合成高分子防水卷材 $R=20$mm。附加卷材尺寸，平铺段不小于 250mm，上反不小于 300mm，上端边口切齐。

③ 卷材收头固定。一般做法是收头直接压在女儿墙的压顶下（图 1-88b）或在砖墙上留凹槽，卷材收头压入凹槽内，用压条或垫片钉固定，钉距为 500mm，再用密封膏嵌固。凹槽上部的墙体也应做防水处理（图 1-88a）；当墙体材料为混凝土时，卷材的收头可采用金属压条钉压，并用密封材料封固（图 1-88c）。

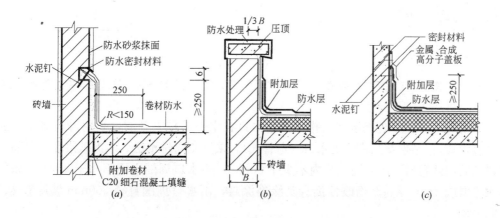

图 1-88 卷材防水屋面泛水构造
（a）附加卷材，凹槽收头；（b）收头压入压顶；（c）混凝土墙体泛水

④ 刚性防水细部构造原理和方法与卷材防水基本相同。不同之处因刚性防水材料不便折弯，常常用卷材代替（图1-89）。

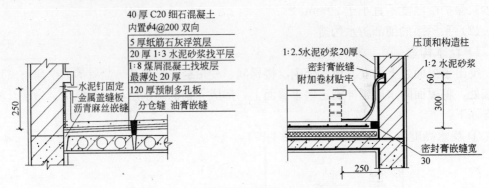

图1-89 刚性防水屋面山墙泛水构造

2）檐口构造

① 挑檐口构造：无组织排水采用的挑檐板，其卷材转角或盖缝处单边贴铺空铺的附加卷材，空铺宽250mm。收头处应用钢条压住，水泥钉钉牢，最后用油膏密封（图1-90）。

② 女儿墙构造：女儿墙的宽度一般同外墙尺寸。高度一般不超过500mm，如上人屋面，女儿墙高度不小于1100mm，设小构造柱与压顶相连接，以保证其稳定性和抗震安全。压顶有预制和现浇两种，沿外墙四周封闭，具有圈梁的作用（图1-91）。

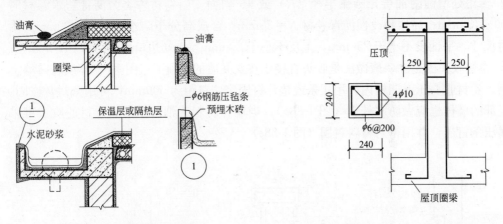

图1-90 挑檐口构造图　　图1-91 女儿墙压顶、构造柱与屋顶圈梁的关系

③ 落水口构造：外檐沟和内排水的落水口在水平结构上开洞，采用铸铁漏斗形定型件（直管式）；穿越女儿墙的落水口（弯管式），采用侧向排水法。水泥砂浆埋嵌牢固，落水口四周加铺卷材一层，铺入管内不少于50mm，雨水口周围应用不小于2mm厚高分子防水涂料或3mm厚高聚物改性沥青类涂料涂封，雨水口周围直径500mm坡度宜为5%（图1-92）。

3）分格（仓）缝

刚性防水屋面应设置分格（仓）缝，缝宽30mm，缝内不能用砂浆填实，一般多用油

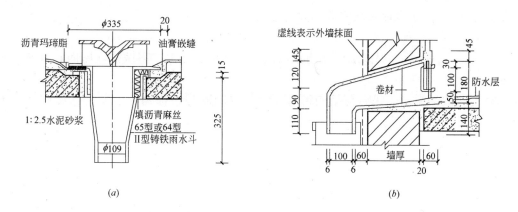

图 1-92 落水口的形式与构造
(a) 直管式雨水口；(b) 弯管式雨水口

膏嵌缝，厚度为 20～30mm。为不使油膏下落，缝内应用弹性材料泡沫塑料或沥青麻丝填底。横向支座的分仓缝为了避免积水，常将细石混凝土面层抹成凸出表面 30～40mm 高的梯形或弧形分水线（图 1-93）。

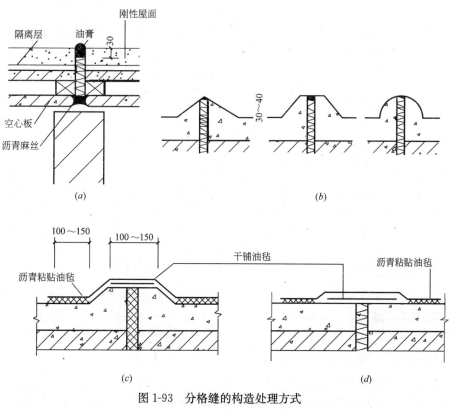

图 1-93 分格缝的构造处理方式
(a) 平缝；(b) 凸缝；(c) 凸缝加贴卷材；(d) 平缝加贴卷材

(3) 平屋顶的保温构造

平屋顶屋面的保温材料一般多选用孔隙多、密度轻、导热系数小、防水、憎水的材料，如炉渣、矿渣、膨胀蛭石、膨胀珍珠岩、加气混凝土、泡沫塑料等。其材料有散料、现场浇筑的拌合物、预制板块料等三大类。

1) 屋顶保温层的位置

① 正置式保温层。保温层设在防水层之下，结构层之上。需做排气屋面。目前采用广泛。

② 复合式保温层。保温与结构组合复合板材，既是结构构件，又是保温构件（图1-94）。

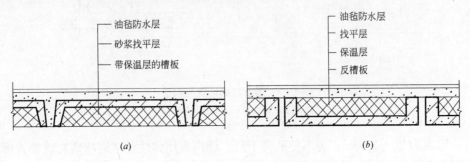

图1-94 复合式保温层位置
(a) 保温层在结构层下；(b) 保温层在结构层上

③ 倒置式保温层。保温层设置在防水层上面，亦称"倒铺法"保温。选用有一定强度的防水、憎水材料，如25mm厚挤塑型聚苯乙烯保温隔热板、聚苯乙烯泡沫塑料板或聚氨酯泡沫塑料板。在保温层上应选择大粒径的石子或混凝土作保护层，而不能采用绿豆砂作保护层，以防表面破损及延缓保温材料的老化（图1-95）。

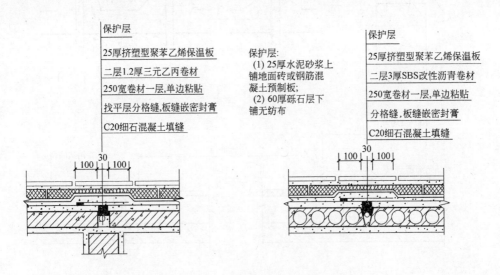

图1-95 倒置式屋面

④ 空气间层。防水层与保温层之间设空气间层的保温屋面。

2) 隔蒸汽层的设置与构造

隔汽层的做法通常是在结构层上做找平层，再在其上涂热沥青一道或铺一毡二油，在防水层第一层油毡铺设时采用花油法之外,还可以采用以下办法:在保温层上加一层砾石或陶粒作为透气层;或在保温层中间设排气通道(图 1-96)。排气管、排气槽应与分格(仓)缝相重。缝宽 50mm,纵横贯通,中距不大于 6.0m,即屋面面积每 36m² 宜设一个排气孔,排气孔应做防水处理。

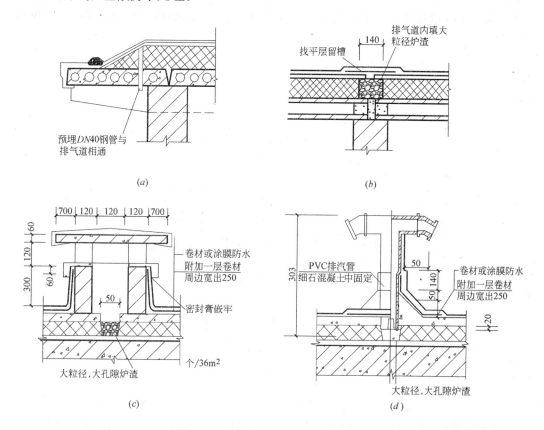

图 1-96　正置式保温层排气设施构造
(a) 进口排气管;(b) 保温层排气道;(c) 砖排气孔;(d) PVC 排气孔

(4) 平屋顶的隔热构造
1) 实体材料隔热屋面
利用实体材料的蓄热性能及热稳定性、传导过程中的时间延迟、材料中热量的散发等性能,可以使实体材料的隔热屋顶在太阳辐射下,内表面出现高温的时间延迟,其温度也低于外表面。住宅建筑最好不用实体材料隔热,常用的实体材料隔热做法有以下几种。

① 种植屋面:利用植物的蒸发和光合作用,吸收太阳辐射热,达到隔热降温的作用。同时,有利于美化环境,净化空气,但增加了屋顶荷载。种植屋面坡度不宜大于 3%。

② 蓄水屋面:蓄水屋面是利用水吸热,同时还能散热、反射光原理。

种植屋面和蓄水屋面以刚性防水层作为第一道防水层时,其分格缝间距可放宽,一般不超过 25m。蓄水屋面坡度不宜大于 0.5%。

2）通风降温屋面

在屋顶设置通风的空气间层，其上层表面可遮挡太阳辐射热，利用风压和热压作用把间层中的热空气不断带走，以降低传至室内的温度。通风隔热层有以下两种设置方式。

① 架空通风隔热屋面：架空隔热屋面坡度宜小于5%。隔热高度宜为180～240mm，架空板与女儿墙的距离不宜小于500mm。架空常采用顺排水方向宽120mm×高180mm，中距500mm的砖砌垄墙；或采用M2.5水泥砂浆砌120mm×120mm×180mm（高），双向中距500mm的砖墩，既可保护卷材又能通风降温。当房屋进深大于10.0m时，中部需设通风口，以加强效果（图1-97）。

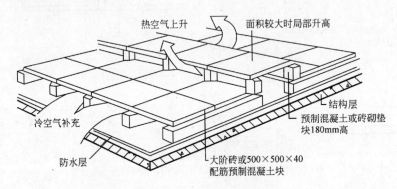

图1-97 大阶砖或钢筋混凝土架空通风屋面

② 吊顶通风隔热屋面：吊顶通风隔热屋面是利用吊顶的空间作通风隔热层，在檐墙上开设通风口（图1-98）。

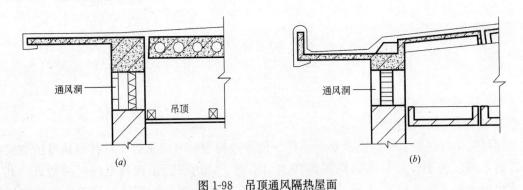

图1-98 吊顶通风隔热屋面
(a) 吊顶通风层；(b) 双槽板通风层

3）反射降温隔热屋面

反射的辐射热取决于屋面表面材料的颜色和粗糙程度。如果屋面在通风层中的基层加一层铝箔，则可利用其第二次反射作用，对隔热效果将有进一步的改善。

4）蒸发散热屋面

在屋脊处装水管，白天温度高时向屋面浇水，形成一层流水层，利用流水层的反射、吸收和蒸发以及流水的排泄可降低屋面温度。

（四）房屋建筑其他构造

1. 门窗连接构造

门的作用主要是交通联系，并兼有采光、通风之用；窗的作用主要是采光和通风。

（1）门窗的类型

① 按照所用材料分类，可分为木门窗、钢门窗、彩板门窗、铝合金门窗、不锈钢门窗、塑钢门窗、玻璃门窗等。

② 按照使用功能分类，可分为一般用途的门窗和特殊用途的门窗，如防火门、防盗门、防辐射门、隔声门窗等。

（2）门窗的构造组成

一般门的构造由门樘（又称门框）和门扇两部分组成（图 1-99）。

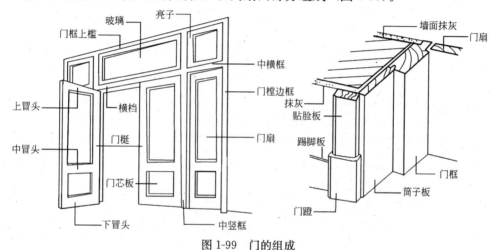

图 1-99 门的组成

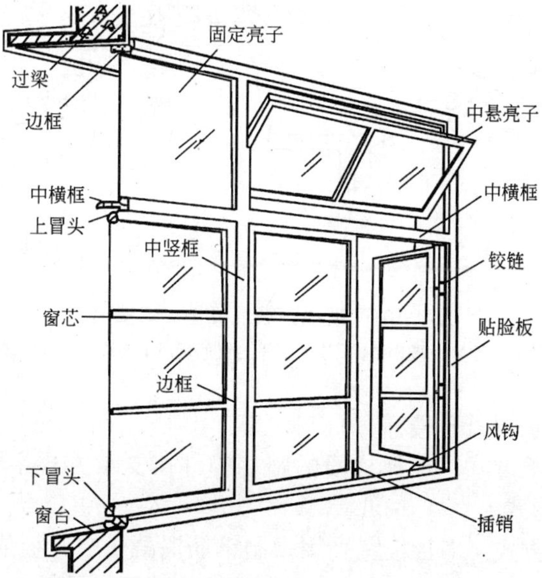

图 1-100 窗的组成和名称

窗由窗樘（又称窗框）和窗扇两部分组成。窗框与墙的连接处，为满足不同的要求，有时加有贴脸板、窗台板、窗帘盒等（图1-100）。

2. 楼梯的组成及细部构造

（1）楼梯的组成

楼梯由楼梯梯段、楼梯平台和栏杆扶手三部分组成。

1) 楼梯梯段

连续的踏步组成一个梯段，每跑最多不超过18级，最少不少于3级。

2) 楼梯平台

楼梯平台用来帮助楼梯转折、稍事休息的水平部分，分楼层平台和中间平台。

3) 栏杆和扶手

栏杆是布置在楼梯梯段和平台边缘处有一定安全保障的围护构件。扶手一般附设于栏杆顶部，作依扶用，也可附设于墙上，称为靠墙扶手。

（2）楼梯的类型

按楼梯的位置分类可分为室内楼梯与室外楼梯；按使用性质分类，室内有主要楼梯、辅助楼梯，室外有安全楼梯、防火楼梯；按所用材料分类可分为木质楼梯、钢筋混凝土楼梯、金属楼梯以及几种材料制成的混合式楼梯；按楼梯间的平面形式分类可分为开敞式楼梯间、封闭式楼梯间和防烟楼梯间；按楼梯的形式分类可分为单跑直楼梯、双跑直楼梯、平行双跑楼梯、三跑楼梯、双分平行楼梯、双合平行楼梯、转角双跑楼梯、双分转角楼梯、交叉楼梯、剪刀楼梯、螺旋楼梯、弧形楼梯。

（3）钢筋混凝土楼梯的结构类型

1) 现浇钢筋混凝土楼梯

现浇钢筋混凝土楼梯分为板式楼梯（图1-101）和梁式楼梯（图1-102）两种。

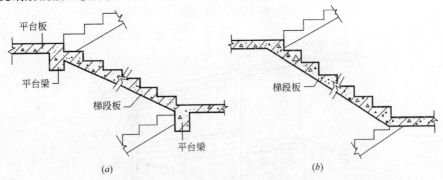

图1-101 现浇钢筋混凝土板式楼梯

(a) 设平台梁的现浇钢筋混凝土板式楼梯；(b) 无平台梁的现浇钢筋混凝土板式楼梯又称折板式楼梯

2) 预制装配式钢筋混凝土楼梯

① 楼梯梯段的支承方式。楼梯梯段的踏步构件按支承方式主要有梁承式、墙承式、悬挑式和悬挂式四种形式。

② 平台板的搁置方式。平台板宜采用预制钢筋混凝土空心板或槽形板，两端支承在楼梯间的横墙上；如梁承式楼梯，平台板还可采用小型预制平板，支承在平台梁和楼梯间的纵墙上（图1-103）。

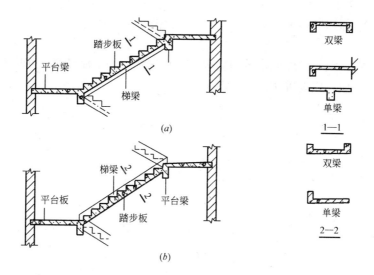

图 1-102 现浇钢筋混凝土梁板式楼梯
（a）梁板式明步楼梯；（b）梁板式暗步楼梯

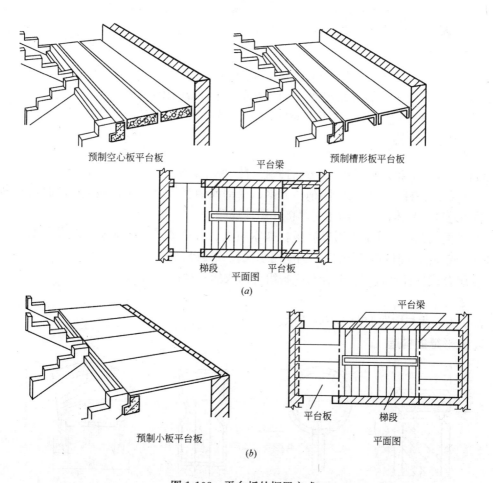

图 1-103 平台板的搁置方式
（a）平台板搁置在横墙上（空心板或槽形板）；（b）平台板搁置在纵墙和平台梁上（实心平板）；

（4）楼梯的细部构造

1）踏步

踏步面层材料一般与门厅或走道的楼地面材料一致，如水泥砂浆、水磨石、大理石和防滑砖等。表面一般还应设置防滑条（图1-104）。

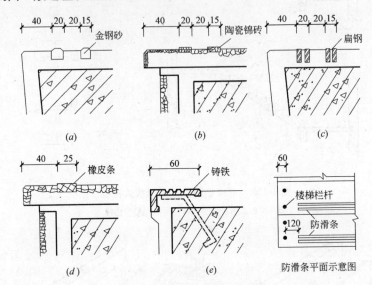

图1-104 踏步防滑条构造

(a) 金钢砂防滑条；(b) 陶瓷锦砖防滑条；(c) 扁钢防滑条；
(d) 橡皮条防滑条；(e) 铸铁防滑包口

2）栏杆

楼梯栏杆有空花式、栏板式和组合式栏杆三种。

① 空花式栏杆：一般采用圆钢、方钢、扁钢和钢管等金属材料做成。栏杆与梯段应有可靠的连接，具体方法有锚接、焊接、螺栓连接。

② 栏板式栏杆：通常采用轻质板材如木质板、有机玻璃和钢化玻璃板作栏板，也可采用现浇或预制的钢筋混凝土板、钢丝网水泥板或砖砌栏板。

③ 组合式栏杆：将空花栏杆与栏板组合而成的一种栏杆形式。

3）扶手

扶手的形式与构造如图1-105所示。

3. 变形缝的构造

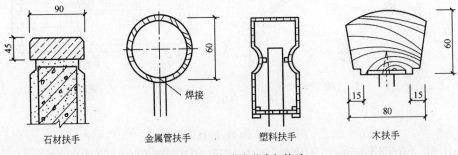

图1-105 扶手的形式与构造

为了防止因气温变化、不均匀沉降以及地震等因素的影响，建筑物发生变形影响使用和安全。预先在变形敏感部位将建筑物断开，分成若干个相对独立的单元，并且预留的缝隙能保证建筑物有足够的变形空间，设置的这种构造缝称为变形缝。

变形缝按其功能不同分为伸缩缝、沉降缝和防震缝三种类型。

变形缝构造处理采取中间填缝、上下或内外盖缝的方式。中间填缝是指缝内填充沥青麻丝或木丝板、油膏、泡沫塑料条、橡胶条等有弹性的防水轻质材料；上下或内外盖缝是指根据位置和要求合理选择盖缝条，如镀锌钢板、彩色薄钢板、铝板等金属片以及塑料片、木盖缝条等。

（1）墙体变形缝

墙体变形缝可做成平缝、错口缝、企口缝等形式（图1-106）。

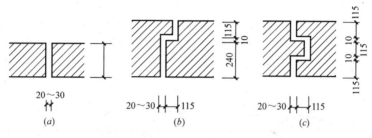

图1-106 砖墙变形缝的截面形式
(a) 平缝；(b) 错口缝或高低缝；(c) 企口缝或凹凸缝

墙体伸缩缝的构造处理如图1-107所示。

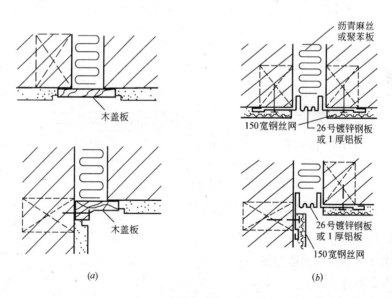

图1-107 墙体伸缩缝的构造
(a) 内墙面；(b) 外墙面

墙体沉降缝的构造与伸缩缝构造基本相同。不同之处是调节片或盖板由两片组成，并分别固定，以保证两侧结构在竖向方向能有相对运动趋势的可能（图1-108）。

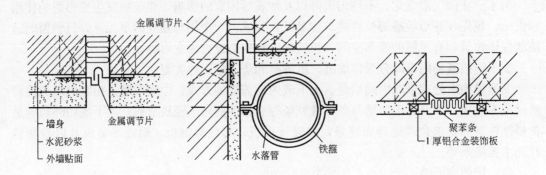

图 1-108　墙体沉降缝的构造

墙体防震缝的构造与沉降缝构造基本相同。不同之处是因缝隙较大，一般不作填缝处理，而在调节片或盖板上设置相应材料并固定，以保证两侧结构在竖向和水平两方向都有相对运动趋势的可能，不受约束（图 1-109）。

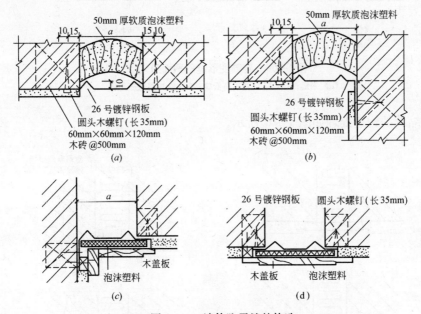

图 1-109　墙体防震缝的构造
(a) 外墙平缝处；(b) 外墙转角处；(c) 内墙转角；(d) 内墙平缝

（2）楼板和地坪变形缝

楼板和地坪伸缩缝的构造如图 1-110 所示。

（3）屋顶变形缝

特别注意构造上应考虑伸缩缝的水平运动趋势（图 1-111）。

（4）基础变形缝

基础沉降缝的构造处理方案有双墙式、挑梁式和交叉式三种。

1) 双墙式处理方案

双墙式方案常用于基础荷载较小的房屋（图 1-112）。

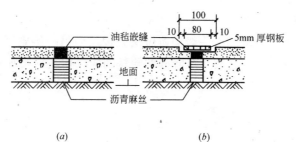

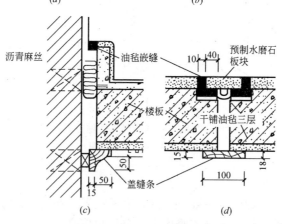

图 1-110 楼地面伸缩缝的构造
（a）地面油膏嵌缝；（b）地面钢板盖缝；（c）楼板靠墙处变形缝；（d）楼板变形缝

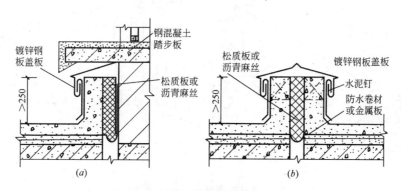

图 1-111 屋顶伸缩缝的构造
（a）屋顶出入口处；（b）等高屋面

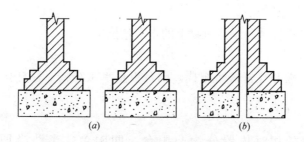

图 1-112 基础沉降缝双墙式处理方案示意图
（a）间距较大时；（b）间距较小时

2）挑梁式处理方案

沉降缝一侧的墙体以及基础按一般构造做法处理，而另一侧则采用挑梁支承基础梁，基础梁上支承轻质墙的做法，适用于沉降缝两侧基础埋深相差较大或新旧建筑毗连时情况（图1-113）。

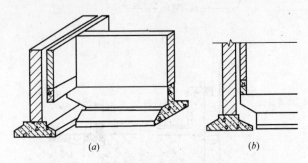

图1-113　基础沉降缝挑梁式处理方案示意图
(a)轴测图；(b)剖面图

3）交叉式处理方案

沉降缝两侧的基础均做成墙下独立基础，交叉设置，在各自的基础上设置基础梁以支承墙体。这种做法效果较好，但施工难度大，造价也较高（图1-114）。

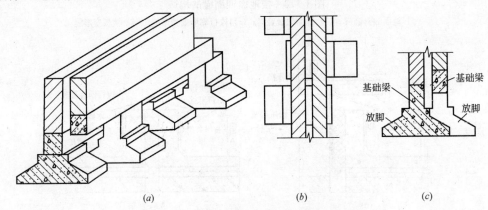

图1-114　基础沉降缝交叉式处理方案示意图
(a)轴测示意图；(b)平面图；(c)剖面图

4. 阳台、雨篷的构造

阳台、雨篷和遮阳板都属于建筑物上的水平悬挑构件。

(1) 阳台的构造

阳台主要由阳台板和栏杆扶手组成。阳台板是承重结构，栏杆扶手是围护、安全的构件。

1）阳台的类型

① 按其与外墙的相对位置分为凸阳台、凹阳台、半凸半凹阳台、转角阳台（图1-115）。

② 按使用功能不同分生活阳台（靠近卧室或客厅）和服务阳台（靠近厨房）。

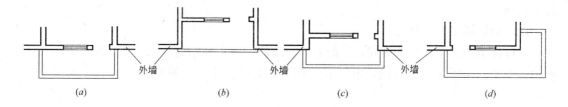

图 1-115 阳台与外墙位置关系分类
(a) 凸阳台；(b) 凹阳台；(c) 半凸半凹阳台；(d) 转角阳台

③ 钢筋混凝土材料制作的按结构布置方式分有墙承式、悬挑式、压梁式等。

2) 阳台的构造

① 墙承式：将阳台板直接搁置在墙上，多用于凹阳台。

② 悬挑式：阳台板悬挑出外墙，一般悬挑长度为 1.0~1.5m，以 1.2m 左右最常见。悬挑式按悬挑方式不同有挑梁式和挑板式两种。挑板式板底平整，外形轻巧美观，而且阳台平面形式可做成半圆形、弧形、梯形、斜三角等各种形状。

③ 压梁式：阳台板与墙梁现浇在一起，阳台悬挑一般为 1.2m 以内。

3) 阳台的细部构造

① 阳台栏杆与扶手：阳台栏杆形式应防坠落（垂直栏杆间净距不应大于 110mm），防攀爬（不设水平栏杆）。阳台扶手的高度不应低于 1.05m，高层建筑不应低于 1.1m。

② 阳台排水处理：阳台地面应低于室内地面 30~50mm，并应做排水坡。

(2) 雨篷

雨篷是设置在建筑物外墙出入口的上方用以挡雨并有一定装饰作用的水平构件。有悬挑板式雨篷和悬挑梁板式雨篷两种结构形式，其悬挑长度一般为 0.9~1.5m（图 1-116）。

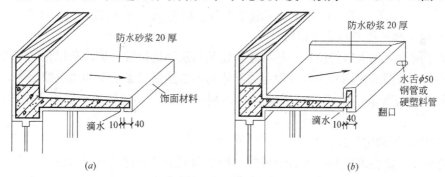

图 1-116 雨篷的构造
(a) 板式雨篷；(b) 梁板式雨篷（反梁）

（五）房屋建筑图的识图方法

1. 房屋建筑图的产生和分类

(1) 房屋建筑图的设计阶段

一般建设项目按两个阶段进行设计，即初步设计阶段和施工图设计阶段。对于技术要求复杂的项目，可在两设计阶段之间，增加技术设计阶段，用来解决各工种之间的协调等技术问题。

(2) 房屋施工图的分类

房屋施工图按专业分工不同，一般分为建筑施工图、结构施工图、装饰施工图、给水排水施工图、采暖通风施工图、电气施工图。也有的把水施、暖施、电施统称为设备施工图。

房屋施工图应按专业顺序编排，一般应为图纸目录、建筑设计总说明、总平面图、建施、结施、装施、水施、暖施、电施等。各专业的图纸，应该按图纸内容的主次关系、逻辑关系有序排列。

2. 建筑施工图的内容及识图方法

建筑施工图描绘房屋建造的规模、外部造型、内部布置、细部构造的图纸，是施工放线、砌筑、安装门窗、室内外装修和编制施工预算及施工组织设计的主要依据。主要内容有设计说明、总平面图、建筑平面图、建筑立面图、建筑剖面图以及建筑详图等。

(1) 设计说明

设计说明一般放在一套施工图的首页。主要是对建筑施工图上不易详细表达的内容，如设计依据、工程概况、构造做法、用料选择等，用文字加以说明。此外，还包括防火专篇、节能专篇等一些有关部门要求明确说明的内容。

(2) 总平面图

将拟建工程四周一定范围内的新建、拟建、原有和拆除的建筑物、构筑物连同其周围的地形地物状况，用水平投影方法和相应的图例所画出的图样，即称为总平面图。

总平面图的内容及识图方法：

1) 图名、比例及有关文字说明

总平面图通常选用的比例为 1∶500、1∶1000、1∶2000 等，尺寸（如标高、距离、坐标等）以米（m）为单位，并至少应取至小数点后两位，不足时以"0"补齐。

2) 新建工程的性质和总体布局

主要了解建筑出入口的位置、各种建筑物及构筑物的位置、道路和绿化的布置等。

由于总平面图的比例较小，各种有关物体均不能按照投影关系如实反映出来，只能用图例的形式进行绘制。要读懂总平面图，必须熟悉总平面图中常用的各种图例。见表 1-9。

3) 新建房屋的定位尺寸

新建房屋的定位方式基本上有两种。一种是以周围其他建筑物或构筑物为参照物，实际绘图时，标明新建房屋与其相邻的原有建筑物或道路中心线的相对位置尺寸。另一种是以坐标表示新建筑物或构筑物的位置。当新建筑区域所在地形较为复杂时，为了保证施工放线的准确，常用坐标定位。

4) 新建房屋底层室内地面和室外地面的标高

总图中的标高均为绝对标高，如标注相对标高，则应注明相对标高与绝对标高的换算关系。

5) 工程的朝向及其他相关图示说明

看总平面图中的指北针，明确建筑物及构筑物的朝向，有时还要画上风向频率玫瑰图，来表示该地区的常年风向频率。

建筑总平面图常用图例　　　　　　　　　　　　表 1-9

图　例	名　称	图　例	名　称
 ┌─────┐ │　　∴│ └─────┘	新设计的建筑物右上角以点数表示层数	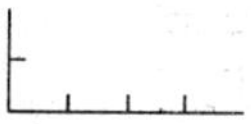 ┐　　┌	围墙表示砖石、混凝土及金属材料围墙
 ┌─────┐ └─────┘	原有的建筑物	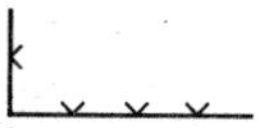 ∟∨∨∨	围墙表示镀锌钢丝网、篱笆等围墙
 ┌ ─ ─ ┐ └ ─ ─ ┘	计划扩建的建筑物或预留地	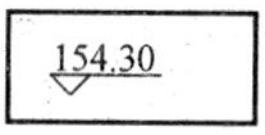 ▽ 154.30	室内地坪标高
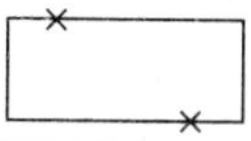 ┌×────┐ └────×┘	拆除的建筑物	 ▼ 142.00	室外整平标高
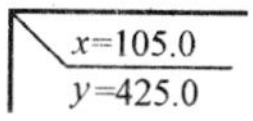 x=105.0 y=425.0	测量坐标	────────	原有的道路
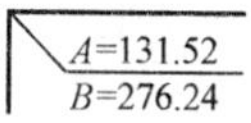 A=131.52 B=276.24	建筑坐标	 ── ── ──	计划的道路
 ▱	散状材料露天堆场	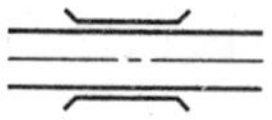 ══════	公路桥
 ⊠	其他材料露天堆场或露天作业场	 ══════	铁路桥
 ⌐ ─ ┐　○ └ ─ ┘	地下建筑物或构筑物	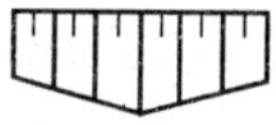 ⌄⌄⌄⌄⌄	护坡

总平面图的阅读示例，图 1-117 所示的是某单位培训楼的总平面图，绘图比例 1：500，图中用粗实线表示的轮廓是新设计建造的培训楼，右上角七个黑点表示该建筑为七层。该建筑的总长度和宽度为 31.90m 和 15.45m。右下角指北针显示该建筑物坐北朝南的方位。室外地坪 ▼ 10.40，室内地坪 ▽ 10.70 均为绝对标高，室内外高差 300mm。该建筑物南面是新建道路园林巷，西面为绿化用地，北面是篮球场，西北有两栋单层实验室，东北有四层办公楼和五层教学楼，东面是将来要建的四层服务楼。培训楼南面距离道路边线 9.60m，东面距离原教学楼 8.40m。

（3）建筑平面图

建筑平面图是把房屋用一个假想的水平剖切平面，沿门、窗洞口部位（指窗台以上，过梁以下的空间）水平切开，移出剖切平面以上的部分，把剖切平面以下的物体投影到水平面上，所得的水平剖面图，即为建筑平面图，简称平面图。

建筑平面图表示房屋的平面形状，内部布置及朝向，是施工放线、砌墙、安装门窗、室内装修及编制预算的重要依据。

原则上讲，房屋有几层，就应画出几个平面图，如底层平面图、二层平面图、……、顶层平面图。多层建筑存在许多平面布局相同的楼层，可用一个平面图来表达，称为"标准层平面图"或"×～×层平面图"。

底层平面图（一层平面图或首层平面图）：是指±0.000 地坪所在的楼层的平面图。它除表示该层的内部形状外，还画有室外的台阶（坡道）、花池、散水和雨水管的形状及

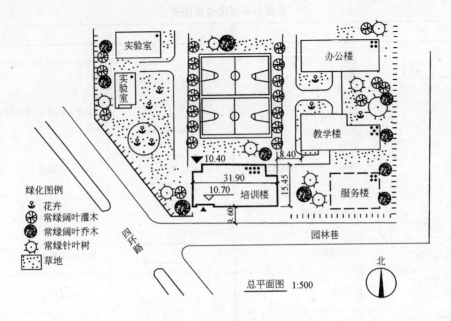

图 1-117　某单位培训楼总平面图

位置以及剖面的剖切符号，以便与剖面图对照查阅。底层平面图上应注指北针，其他层平面图上可以不再标出。

中间标准层平面图：中间标准层平面图除表示本层室内形状外，还需要画出本层室外的雨篷、阳台等。

顶层平面图：顶层平面图也可用相应的楼层数命名，其图示内容与中间层平面图的内容基本相同。

屋顶平面图：屋顶平面图是指将房屋的顶部单独向下所做的俯视图，主要是用来表达屋顶形式、排水方式及其他设施的图样。

1）建筑平面图的主要内容

① 建筑物平面的形状及总长、总宽等尺寸。

② 建筑物内部各房间的名称、尺寸、大小、承重墙和柱的定位轴线、墙的厚度、门窗的宽度等，以及走廊、楼梯（电梯）、出入口的位置。

③ 各层地面的标高。一层地面标高定为±0.000，并注明室外地坪的绝对标高，其余各层均标注相对标高。

④ 门、窗的编号、位置、数量及尺寸，一般图纸上还有门窗数量表用以配合说明。

⑤ 室内的装修做法，如地面、墙面及顶棚等处的材料做法。较简单的装修，一般在平面图内直接用文字注明；较复杂的工程应另列房间明细表及材料做法表。

⑥ 标注尺寸。在平面图中，一般标注三道外部尺寸。最外面一道尺寸为建筑物的总长和总宽，表示外轮廓的总尺寸，又称外包尺寸；中间一道为房间的开间及进深尺寸，表示轴线间的距离，称为轴线尺寸；里面一道尺寸为门窗洞口、墙厚等尺寸，表示各细部的位置及大小，称为细部尺寸。在平面图内还须注明局部的内部尺寸，如内门、内窗、内墙厚及内部设备等尺寸。此外，底层平面图中，还应标注室外台阶、花池、散水等局部尺寸。

⑦ 其他细部的配置和位置情况，如楼梯、搁板、各种卫生设备等。

⑧ 室外台阶、花池、散水和雨水管的大小与位置。

⑨ 在底层平面图上画指北针符号，另外还要画上剖面图的剖切位置符号和编号，以便与剖面图对照查阅。

2）建筑平面图的阅读方法

阅读平面图首先必须熟记建筑图例，常用建筑图例见表 1-10。现以某别墅的首层平面图（图 1-118）为例，说明平面图的内容及其阅读方法。

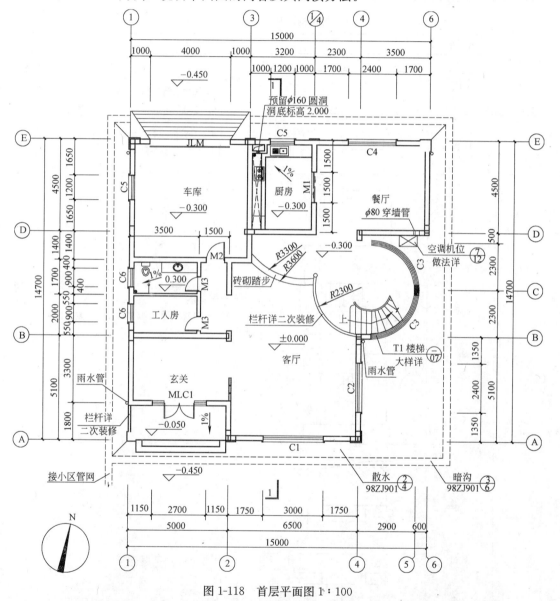

图 1-118　首层平面图 1∶100

① 看图名、比例。本例绘制的是首层平面图，比例是 1∶100。

② 看剖面的剖切符号及指北针。在底层平面图中了解剖切部位和建筑物朝向。

③ 从平面图的形状与总长总宽尺寸，可计算出房屋的用地面积。

④ 从图中墙的分隔情况和房间的名称,可了解到房屋内部各房间的配置、用途、数量及其相互间的联系情况。

⑤ 看楼地面标高。平面图中标注的楼地面标高为相对标高,且是完成面的标高。

⑥ 从图中定位轴线的编号及其间距,可了解到各承重构件的位置及房间的大小。从各道尺寸的标注,可了解到各房间的开间、进深、外墙与门窗及室内设备的大小和位置。

⑦ 看门窗的位置、编号和数量。一般情况下,在首页图上或在本平面图内,附有门窗表,列出门窗的编号、名称、尺寸、数量及其所选标准图集的编号等内容。

常用构造及配件图例　　　　　　　　　　　　　　　表1-10

序号	名称	图例	备注
1	墙体		应加注文字或填充图例表示墙体材料,在项目设计图纸说明中列材料图例表给予说明
2	隔断		① 包括板条抹灰、木制、石膏板、金属材料等隔断; ② 适用于到顶与不到顶隔断
3	楼梯	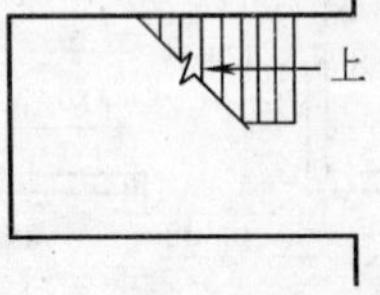 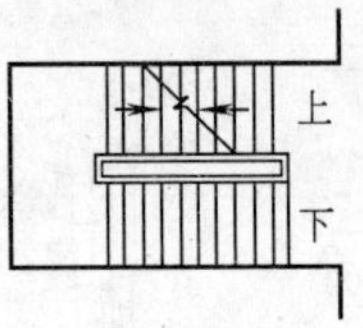 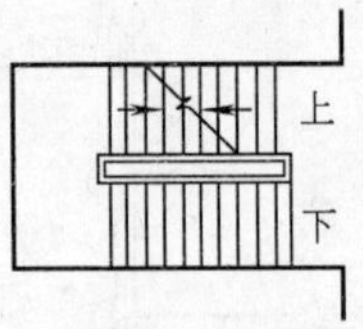	① 上图为底层楼梯平面,中图为中间层楼梯平面,下图为顶层楼梯平面; ② 楼梯及栏杆扶手的形式和梯段踏步数应按实际情况绘制
4	坡道	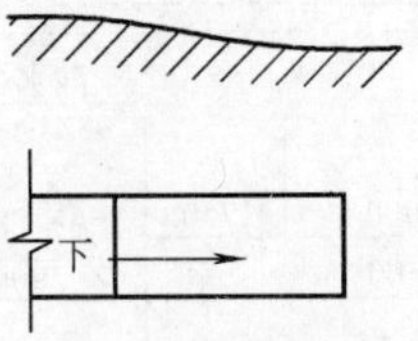 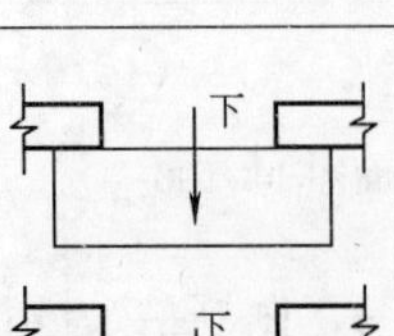 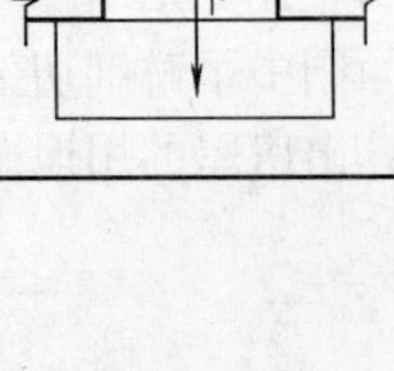	上图为长坡道,下图为门口坡道

续表

序号	名称	图例	备注
5	平面高差	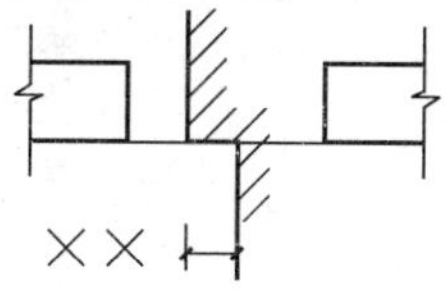	适用于高差小于100mm的两个地面或露面相接处
6	检查孔	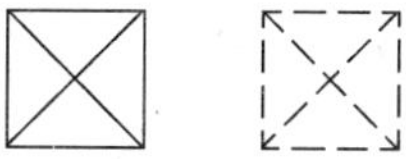	左图为可见检查孔,右图为不可见检查孔
7	孔洞		阴影部分可以涂色代替
8	坑槽		
9	墙预留洞	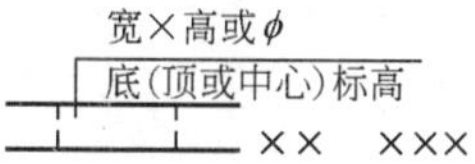 宽×高或ϕ 底(顶或中心)标高 ×× ×××	① 以洞中心或洞边定位; ② 宜以涂色区别墙体和留洞位置
10	墙预留槽	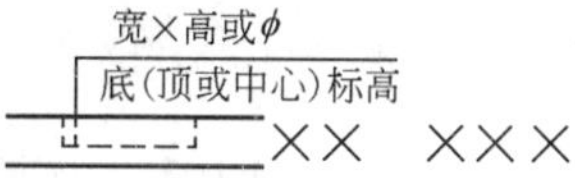 宽×高或ϕ 底(顶或中心)标高 ×× ×××	
11	空抹门洞	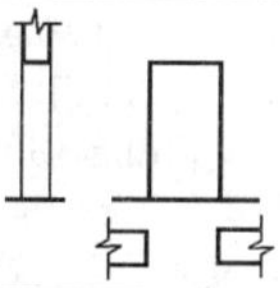	h为门洞高度
12	单扇门(包括平开或单面弹簧)	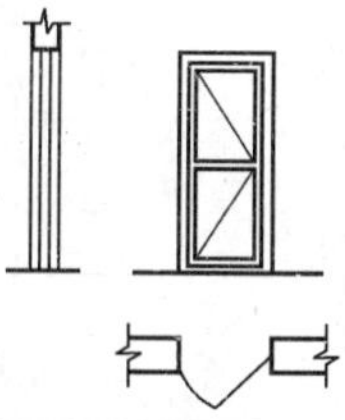	① 图例中剖面图左为外、右为内,平面图下为外、上为内; ② 立面图上开启方向线交角的一侧为安装铰链的一侧,实线为外开,虚线为内开; ③ 平面图上门线应90°或45°开启,开启弧线宜绘出; ④ 立面图上的开启方向线在一般设计图中可以表示,在详图及室内设计图上应表示; ⑤ 立面形式应按实际情况绘制
13	双扇门(包括平开或单面弹簧)	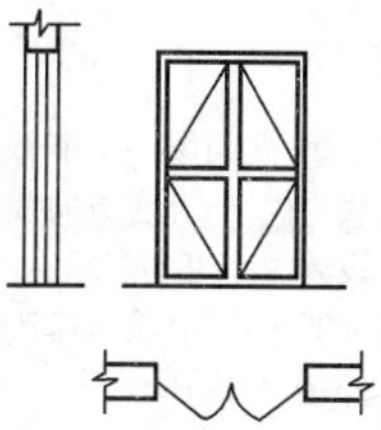	
14	对开折叠门	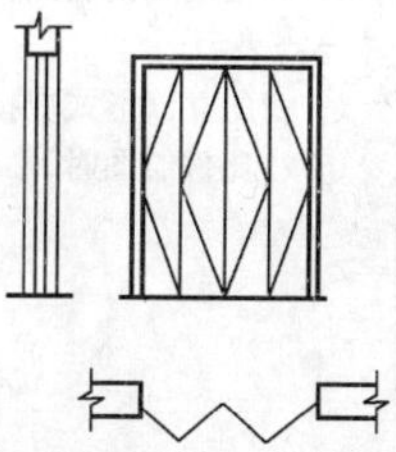	

续表

序号	名称	图例	备注
15	推拉门	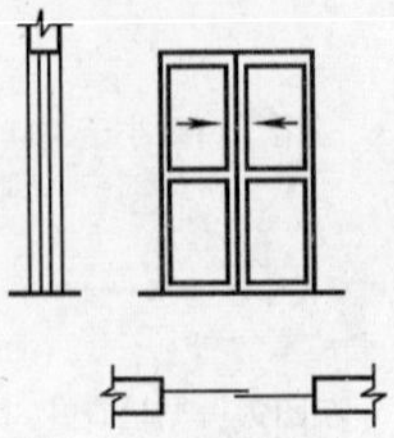	① 图例中剖面图左为外、右为内,平面图下为外、上为内; ② 立面形式应按实际情况绘制
16	墙外双扇推拉门		
17	单扇双面弹簧门	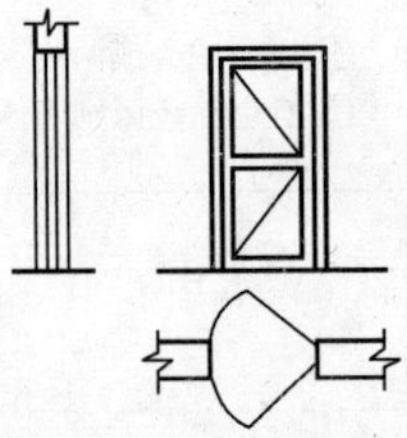	① 图例中剖面图左为外、右为内,平面图下为外、上为内; ② 立面图上开启方向线交角的一侧为安装铰链的一侧,实线为外开,虚线为内开; ③ 平面图上门线应 90°或 45°开启,开启弧线宜绘出; ④ 立面图上的开启方向线在一般设计图中可不表示,在详图及室内设计图上应表示; ⑤ 立面形式应按实际情况绘制
18	双扇双面弹簧门		
19	单层外开平开窗	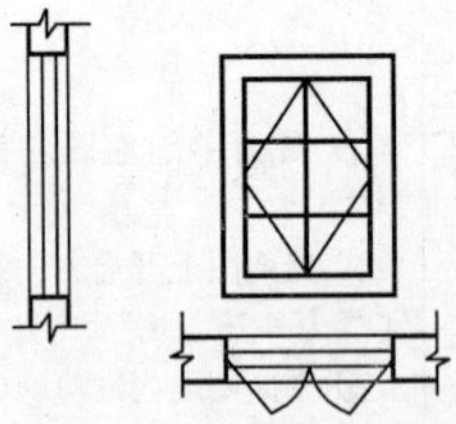	① 立面图中的斜线表示窗的开启方向,实线为外开,虚线为内开;开启方向线交角的一侧为安装铰链的一侧,一般设计图中可不表示; ② 图例中,剖面图所示左为外、右为内,平面图所示下为外、上为内; ③ 平面图和剖面图上的虚线仅说明开关方式,在设计图中不需表示; ④ 窗的立面形式应按实际绘制; ⑤ 小比例绘图时,平、剖面的窗线可用单粗实线表示
20	双层内外开平开窗		

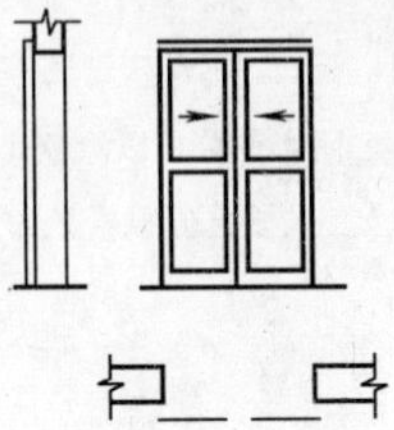

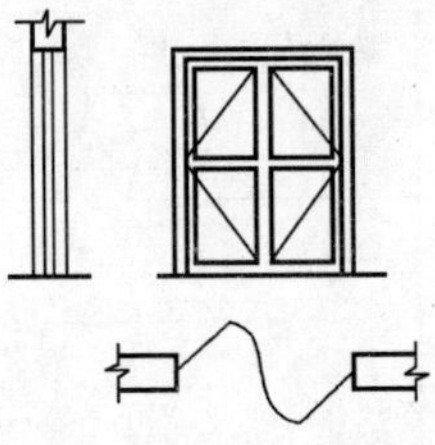

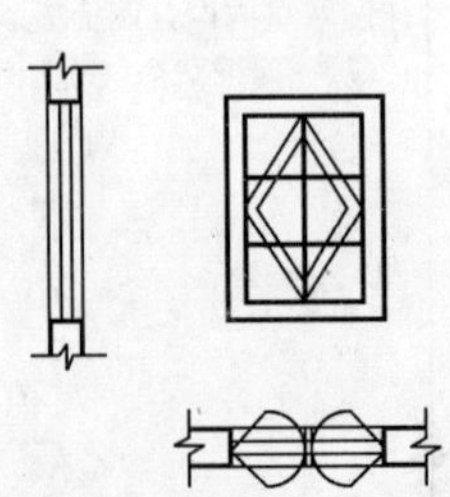

续表

序号	名称	图例	备注
21	推拉窗	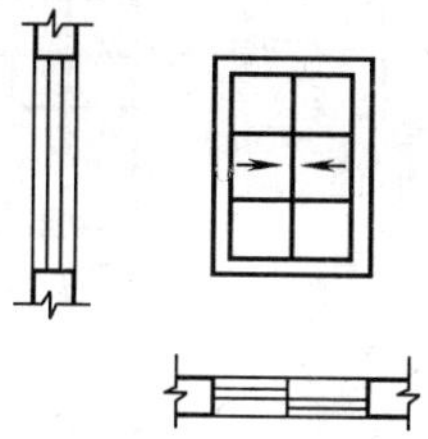	① 立面图中的斜线表示窗的开启方向,实线为外开,虚线为内开;开启方向线交角的一侧为安装铰链的一侧,一般设计图中可不表示; ② 图例中,剖面图所示左为外、右为内,平面图所示下为外、上为内; ③ 平面图和剖面图上的虚线仅说明开关方式,在设计图中不需表示; ④ 窗的立面形式应按实际绘制; ⑤ 小比例绘图时,平、剖面的窗线可用单粗实线表示
22	上推拉窗	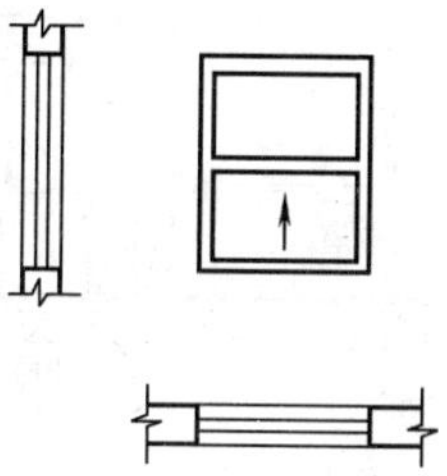	① 图例中,剖面图所示左为外、右为内,平面图所示下为外、上为内; ② 窗的立面形式应按实际绘制; ③ 小比例绘图时,平、剖面的窗线可用单粗实线表示
23	高窗	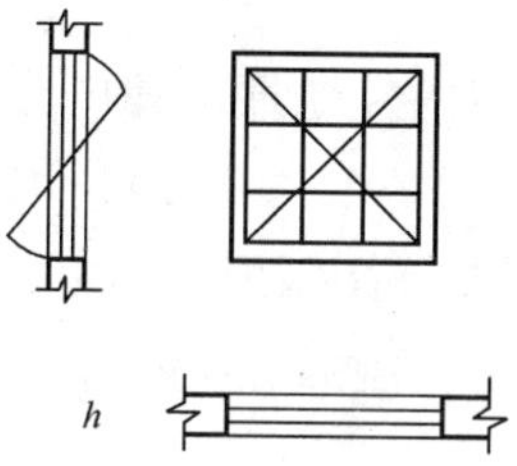	h 为窗底距本层楼地面的高度

（4）建筑立面图

建筑立面图是用平行建筑物的某一墙面的平面作为投影面,向其作正投影所得到的投影图。主要用于表示建筑物的体形和外貌、立面各部分配件的形状及相互关系、立面装饰要求及构造做法等。

建筑立面图命名有多种方式：按朝向命名,如东立面图、西立面图、南立面图、北立面图等；按轴线编号进行命名,如①—⑨立面图等。

1）建筑立面图的内容

① 表明建筑物的立面形式和外貌,外墙面装饰做法和分格。

② 表示室外台阶、花池、勒脚、窗台、雨篷、阳台、檐沟、屋顶以及雨水管等的位置、立面形状及材料做法。

③ 反映立面上门窗的布置、外形及开启方向（应用图例表示）。

④ 用标高及竖向尺寸表示建筑物的总高以及各部位的高度。

2）立面图的阅读方法

现以某别墅①—⑥立面图为例（图 1-119）,说明立面图的内容和阅读方法。

① 从图名或轴线的编号可知该图为房屋南向立面图,比例与平面图一致（1∶100）,以便对照阅读。

② 看房屋立面的外形、门窗、檐口、阳台、台阶等形状及位置。

61

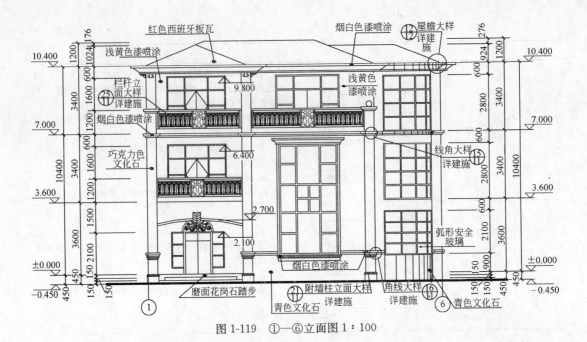

图 1-119　①—⑥立面图 1∶100

③ 看立面图中的标高尺寸。这主要包括室内外地坪、檐口、屋脊、女儿墙、雨篷、门窗、台阶等处的标高。

④ 看房屋外墙表面装修的做法、分格线以及详图索引标志等。如 $\frac{21}{11}$ 为墙柱立面详图的索引标志，21 表示详图的编号，11 表示详图所在图纸的编号。

（5）建筑剖面图

假想用一个平行于投影面的剖切平面，将房屋剖开，移去观察者与剖切平面之间的房屋部分，作出剩余部分的房屋的正投影，所得图样称为建筑剖面图，简称剖面图。将沿着建筑物短边方向剖切后形成的剖面图称为横剖面图，将沿着建筑物长边方向剖切形成的剖面图称为纵剖面图。一般多采用横向剖面图。

建筑剖面图是表示房屋的内部垂直方向的结构形式、分层情况、各层高度、楼面和地面的构造以及各配件在垂直方向上的相互关系等内容的图样。

剖面图的剖切部位，应根据图样的用途或设计深度，在平面图上选择能反映全貌、构造特征以及有代表性的部位剖切。一般在楼梯间、门窗洞口、大厅以及阳台等处。

1）建筑剖面图的内容

① 表示被剖切到的或可见到的房屋各部位，如各楼层地面、内外墙、屋顶、楼梯、阳台、散水、雨篷等。

② 高度尺寸内容。包括：

外部尺寸：门窗洞口（包括洞口上部和窗台）高度、层间高度及总高度（室外地面至檐口或女儿墙顶）。有时，后两部分尺寸可不标注。

内部尺寸：地坑深度，隔断、搁板、平台、墙裙及室内门窗的高度。

标高尺寸：主要是注出室内外地面、各层楼面、阳台、楼梯平台、檐口、圈梁、屋脊、女儿墙、雨篷、门窗、台阶等处的标高。

③ 表示建筑物主要承重构件的位置及相互关系，如各层的梁、板、柱及墙体的连接

关系等。

④ 表示屋顶的形式及泛水坡度等。

⑤ 索引符号。

2) 建筑剖面图的阅读方法

现以1—1剖面图为例（图1-120），说明剖面图的内容及其阅读方法。

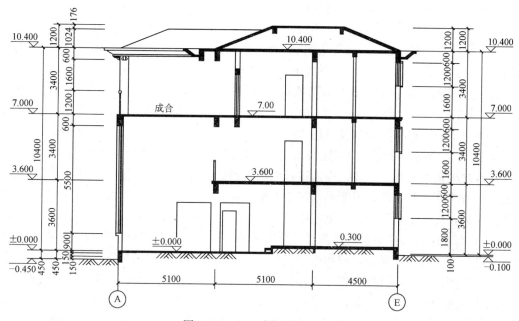

图1-120 1—1剖面图 1：100

① 从图名和轴线编号与平面图上的剖切符号相对照，可知1—1剖面图是一个剖切平面通过厨房、客厅，剖切后向左投影所得到的横剖面图。

② 看房屋内部的构造、结构形式和所用建筑材料等内容，如各层梁板、楼梯、屋面的结构形式、位置及其与墙（柱）的相互关系等。

③ 看房屋各部位竖向尺寸。

④ 看楼地面、屋面的构造。

在剖面图中表示楼地面、屋面的多层构造时，通常用通过各层引出线，按其构造顺序加文字说明来表示。有时将这一内容放在墙身剖面详图中表示。

阅读时要和平面图对照同时看，按照由外部到内部、由上到下，反复查阅，最后在头脑中形成房屋的整体形状，有些部位和详图结合起来一起阅读。

(6) 建筑详图

建筑详图就是把房屋的细部或构配件的形状、大小、材料和做法等，按正投影的原理，用较大的比例绘制出来的图样（也称为大样图或节点图）。它是建筑平面图、立面图和剖面图的补充，详图比例常用1：1～1：50。

某些建筑构造或构件的通用做法，可采用国家或地方制定的标准图集（册）或通用图集（册）中的图纸，一般在图中通过索引符号注明，不必另画详图。

建筑详图包括墙身剖面图和楼梯、阳台、雨篷、台阶、门窗、卫生间、厨房、内外装修等详图。

1) 外墙详图

外墙详图主要用来表示外墙各部位的详细构造、材料做法及详细尺寸，如檐口、圈梁、过梁、墙厚、雨篷、阳台、防潮层、室内外地面、散水等。

在多层建筑中，中间各层墙体的构造相同，则只画底层、中间层和顶层的三个部位组合图，有时也可单独绘制各个节点的详图。

① 墙的轴线编号、墙的厚度及其与轴线的关系。有时一个外墙身详图可适用于几个轴线。按"国标"规定：如一个详图适用于几个轴线时，应同时注明各有关轴线的编号。通用详图的定位轴线应只画圆，不注写轴线编号，轴线端部圆圈直径在详图中宜为10mm。

② 各层楼板等构件的位置及其与墙身的关系。

③ 门窗洞口、底层窗下墙、窗间墙、檐口、女儿墙等的高度，室内外地坪、防潮层、门窗洞的上下口、檐口、墙顶及各层楼面、屋面的标高。

④ 屋面、楼面、地面等为多层次构造。多层次构造用分层说明的方法标注其构造做法。多层次构造的共用引出线，应通过被引出的各层。文字说明宜用5号或7号字注写在横线的上方或横线的端部，说明的顺序由上至下，并应与被说明的层次相互一致。如层次为横向排列，则由上至下的说明顺序应与由左至右的层次相互一致。

⑤ 立面装修和墙身防水、防潮要求及墙体各部位的线脚、窗台、窗楣、檐口、勒脚、散水等的尺寸、材料和做法，或用引出线说明，或用索引符号引出另画详图表示。

外墙详图的识读，首先根据外墙详图剖切平面的编号，在平面图、剖面图或立面图上查找出相应的剖切平面的位置，以了解外墙在建筑物的具体部位；其次看图时，应按照从下到上的顺序，一个节点、一个节点的阅读，了解各部位的详细构造、尺寸、做法，并与材料做法表相对照，检查是否一致。先看位于外墙最底部部分，依次进行。

图1-121为别墅屋檐构造详图，从图中可知各细部构造尺寸及屋面做法。

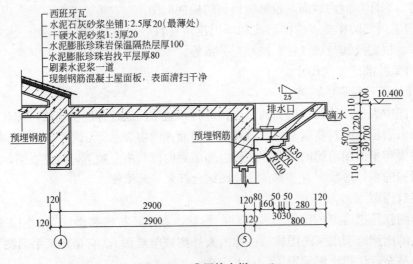

图1-121　⑫屋檐大样 1：20

2) 楼梯间详图

楼梯详图一般分建筑详图和结构详图，分开绘制并分别编入建筑施工图和结构施工图中。楼梯建筑详图包括楼梯平面图、楼梯剖面图以及栏杆（或栏板）、扶手、踏步等详图。

① 楼梯平面图。楼梯平面图是距楼地面1.0m以上的位置，用一个假想的剖切平面，沿着水平方向剖开（尽量剖到楼梯间的门窗），然后向下作投影得到的投影图。

楼梯平面图一般应分层绘制。如果中间几层的楼梯构造、结构、尺寸均相同的话，可以只画底层、中间层和顶层的楼梯平面图。

楼梯平面图中，各层被剖切到的梯段，按国标规定，均在平面图中以一根45°的折断线表示。在每一梯段处画有一长箭头，并注写"上"或"下"字和踏步级数，表明从该层楼（地）面往上或往下走多少步可到达上（或下）一层的楼（地）面。在底层平面图中还应注明楼梯剖面图的剖切位置和投影方向。

楼梯平面图主要表示楼梯平面的布置详细情况，如楼梯间的尺寸大小、墙厚、楼梯段的长度和宽度、楼梯上行或下行的方向、踏面数和踏面宽度、楼梯平台和楼梯位置等。

② 楼梯剖面图。楼梯剖面图主要表示楼梯段的长度、踏步级数、楼梯结构形式及所用材料、房屋地面、楼面、休息平台、栏杆和墙体的构造做法，以及楼梯各部分的标高和详图索引符号。

阅读楼梯剖面图时，应与楼梯平面图对照起来，要注意剖切平面的位置和投影方向。另外，在多层建筑中，如果中间各层的楼梯构造相同时，则剖面图可以只画出底层、中间层和顶层的剖面，中间用折断线断开。

③ 楼梯踏步、扶手、栏板（栏杆）详图。踏步详图表明踏步截面形状及大小、材料与面层及防滑条做法。栏杆（栏板）和扶手详图表明其形式、大小、材料和连接方式等。

3. 结构施工图的内容及识图方法

建筑施工图是在满足建筑物的使用功能、美观、防火等要求的基础上，表明房屋的外形、内部平面布置、细部构造和内部装修等内容。为了建筑物的安全，还应按建筑各方面的要求进行力学与结构计算，决定建筑承重构件（如基础、梁、板、柱等）的布置、形状、尺寸和详细设计的构造要求，并将其结果绘制成图样，用以指导施工，这样的图样称为结构施工图。

(1) 结构施工图的组成

结构施工图一般包括：结构设计图纸目录、结构设计总说明、结构平面图和构件详图。

1) 结构设计图纸目录和设计总说明

结构图纸目录可以使我们了解图纸的总张数和每张图纸的内容，核对图纸的完整性，查找所需要的图纸。结构设计总说明的主要内容包括以下方面：

① 设计的主要依据（如设计规范、勘察报告等）。

② 结构安全等级和设计使用年限、混凝土结构所处的环境类别。

③ 建筑抗震设防类别、建设场地抗震设防烈度、场地类别、设计基本地震加速度值、所属的设计地震分组以及混凝土结构的抗震等级。

④ 基本风压值和地面粗糙度类别。

⑤ 人防工程抗力等级。

⑥ 活荷载取值，尤其是荷载规范中没有明确规定或与规范取值不同的活荷载标准值及其作用范围。

⑦ 设计±0.000标高所对应的绝对标高值。

⑧ 所选用结构材料的品种、规格、型号、性能、强度等级，对水箱、地下室、屋面等有抗渗要求的混凝土的抗渗等级。

⑨ 结构构造做法（如混凝土保护层厚度、受力钢筋锚固搭接长度等）。

⑩ 地基基础的设计类型与设计等级，对地基基础施工、验收要求以及对不良地基的处理措施与技术要求。

2) 结构平面布置图

结构布置图是房屋承重结构的整体布置图，主要表示结构构件的位置、数量、型号及相互关系，与建筑平面图一样，属于全局性的图纸，通常包含基础布置平面图、楼层结构平面图、屋顶结构平面图、柱网平面图。

3) 结构构件详图

构件详图是表示单个构件形状、尺寸、材料、构造及工艺的图样，属于局部性的图纸。其主要内容有：基础详图，梁、板、柱等构件详图；楼梯结构详图；其他构件详图。

(2) 结构施工图的有关规定

房屋结构中的构件繁多，布置复杂，绘制的图纸除应遵守《房屋建筑制图统一标准》中的基本规定外，还必须遵守《建筑结构制图标准》GB/T 50105—2001。现将有关规定介绍如下：

1) 构件代号

在结构施工图中，为了方便阅读，简化标注。规范规定：构件的名称应用代号来表示，代号后应用阿拉伯数字标注该构件的型号或编号，也可为构件的顺序号。构件的顺序号采用不带角标的阿拉伯数字连续编排。当采用标准、通用图集中的构件时，应用该图集中的规定代号或型号注写。表示方法用构件名称的汉语拼音字母中的第一个字母表示。常用的结构构件代号见表1-11。

常用结构构件代号 表1-11

序号	名称	代号	序号	名称	代号	序号	名称	代号
1	板	B	15	吊车梁	DL	29	基础	J
2	屋面板	WB	16	圈梁	QL	30	设备基础	SJ
3	空心板	KB	17	过梁	GL	31	桩	ZH
4	槽形板	CB	18	连系梁	LL	32	柱间支撑	ZC
5	折板	ZB	19	基础梁	JL	33	水平支撑	SC
6	密肋板	MB	20	楼梯梁	TL	34	垂直支撑	CC
7	楼梯板	TB	21	檩条	LT	35	梯	T
8	盖板或沟盖板	GB	22	屋架	WJ	36	雨篷	YP
9	挡雨板或檐口板	YB	23	托架	TJ	37	阳台	YT
10	吊车安全走道板	DB	24	天窗架	CJ	38	梁垫	LD
11	墙板	QB	25	框架	KJ	39	预埋件	M
12	天沟板	TGB	26	刚架	GJ	40	天窗端壁	TD
13	梁	L	27	支架	ZJ	41	钢筋网	W
14	屋面梁	WL	28	柱	Z	42	钢筋骨架	G

注：预应力钢筋混凝土构件代号，应在构件代号前加注"Y-"，例如Y-KB表示预应力混凝土空心板。

2) 常用钢筋符号

钢筋按其强度和品种分成不同等级。普通钢筋一般采用热轧钢筋，符号见表1-12。

常用钢筋符号　　　　　　　表1-12

种类	强度等级	符号	强度标准值 f_{yk} (N/mm²)
热轧钢筋	HPB235(Q235)	Ⅰ	ϕ	235
	HRB335(20MnSi)	Ⅱ	Φ	335
	HRB400(20MnSiV、20MnSiNb、20MnTi)	Ⅲ	Φ	400
	RRB400(K20MnSi)	Ⅲ	Φ^R	400

3) 钢筋的名称、作用和标注方法

配置在钢筋混凝土结构构件中的钢筋，一般按其作用分为以下几类。

① 受力钢筋：它是承受构件内拉、压应力的受力钢筋，其配置根据通过受力计算确定，且应满足构造要求。梁、柱的受力筋亦称纵向受力钢筋，应标注数量、品种和直径，如4Φ18，表示配置4根HRB335钢筋，直径为18mm。板的受力筋，应标注品种、直径和间距，如ϕ10@150，表示配置HRB235钢筋，直径10mm，间距150mm（@是相等中心距符号）。

② 架立筋：架立筋一般设置在梁的受压区，与纵向受力钢筋平行，用于固定梁内钢筋的位置，并与受力筋形成钢筋骨架。架立筋是按构造配置的，其标注方法同梁内受力筋。

③ 箍筋：箍筋的作用是承受梁、柱中的剪力、扭矩和固定纵向受力钢筋的位置等。标注时应说明箍筋的级别、直径、间距，如ϕ8@100。构件配筋图中箍筋的长度尺寸，应指箍筋的里皮尺寸。

④ 分布筋：它用于单向板、剪力墙中。

单向板中的分布筋与受力筋垂直。其作用是将承受的荷载均匀地传递给受力筋，并固定受力筋的位置以及抵抗热胀冷缩所引起的温度变形。标注方法同板中受力筋。

剪力墙中布置的水平和竖向分布筋，除上述作用外，还可参与承受外荷载，其标注方法同板中受力筋。

⑤ 构造筋：因构造要求及施工安装需要而配置的钢筋，如腰筋、吊筋、拉结筋等。

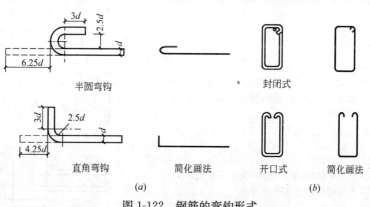

图1-122 钢筋的弯钩形式
(a)受力筋的弯钩；(b)箍筋的弯钩

4）钢筋的弯钩

为了增强钢筋与混凝土的粘结力，表面光圆的钢筋两端需要做弯钩。弯钩的形式如图1-122所示。

5）钢筋的常用表示方法

参见表1-13和表1-14。

一般钢筋的表示方法　　　　　　　　　　表1-13

序号	名称	图例	说明
1	钢筋横断面		
2	无弯钩的钢筋端部		下图表示长、短钢筋投影重叠时，短钢筋的端部用45°斜划线表示
3	带半圆形弯钩的钢筋端部		
4	带直钩的钢筋端部		
5	带丝扣的钢筋端部		
6	无弯钩的钢筋搭接		
7	带半圆形钩的钢筋搭接		
8	带直钩的钢筋搭接		
9	花篮螺栓钢筋接头		
10	机械连接的钢筋接头		用文字说明机械连接的方式（或冷挤压，或锥螺纹等）

钢筋在结构构件中的画法　　　　　　　　表1-14

序号	说明	图例
1	在结构平面图中配置双层钢筋时，底层钢筋的弯钩应向上或向左，顶层钢筋的弯钩则向下或向右	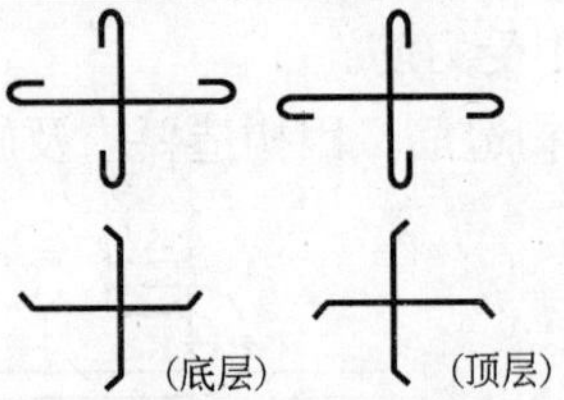 （底层）（顶层）
2	钢筋混凝土墙体配双层钢筋时，在配筋立面图中，远面钢筋的弯钩应向上或向左，而近面钢筋的弯钩向下或向右（JM近面；YM远面）	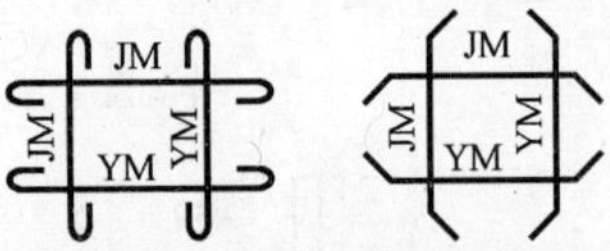
3	若在断面图中不能表达清楚的钢筋布置，应在断面图外增加钢筋大样图（钢筋混凝土墙、楼梯等）	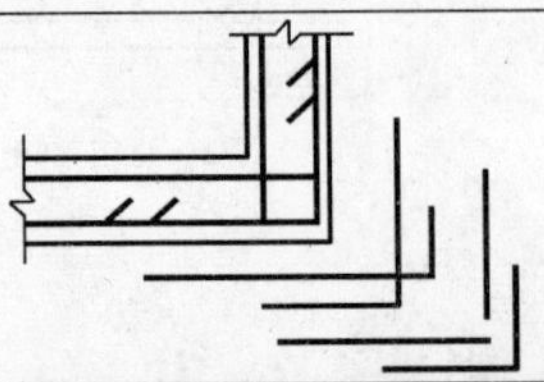

续表

序号	说 明	图 例
4	图中表示的箍筋、环筋等若布置复杂时,可加画钢筋大样图(如钢筋混凝土墙、楼梯等)	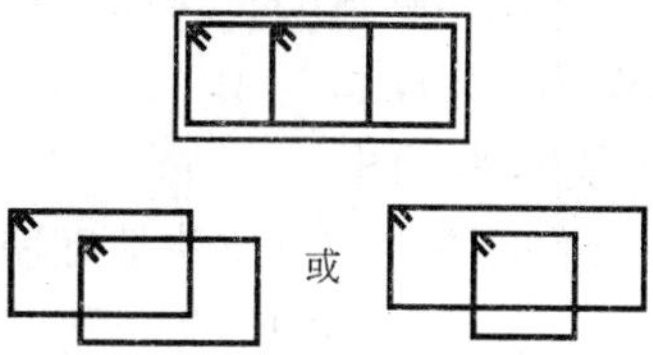 (图例) 或 (图例)
5	每组相同的钢筋、箍筋或环筋,可用一根粗实线表示,同时以一两端带斜短划线的横穿细线,表示其余钢筋及起止范围	 (图例)

6) 钢筋的保护层

为了防止构件中的钢筋被锈蚀,加强钢筋与混凝土的粘结力,构件中的钢筋不允许外露,构件表面到钢筋外缘必须有一定厚度的混凝土,这层混凝土被称为钢筋的保护层。保护层的厚度因构件不同而异,根据钢筋混凝土结构设计规范规定,一般情况下,梁和柱的保护层厚为25～30mm,板的保护层厚为10～15mm。

(3) 钢筋混凝土构件详图的图示方法

钢筋混凝土构件图是加工制作钢筋、浇筑混凝土的依据,其内容包括模板图、配筋图、钢筋表和文字说明四部分。

1) 模板图

模板图是为浇筑构件的混凝土而绘制的,主要表达构件的外形尺寸、预埋件的位置、预留孔洞的大小和位置。

2) 配筋图

配筋图就是钢筋混凝土构件(结构)中的钢筋配置图,主要表示构件内部所配置钢筋的形状、大小、数量、级别和排放位置。

(4) 结构布置平面图

结构平面图是表示建筑物各构件平面布置的图样,分为基础平面图、楼层结构布置平面图、屋面结构布置平面图。这里仅介绍民用建筑的楼层结构布置平面图。

楼层结构平面图是假想将房屋沿楼板面水平剖开后所得的水平剖面图,用来表示房屋中每一层楼面板及板下的梁、墙、柱等承重构件的布置情况或现浇楼板的构造和配筋。

楼层结构布置平面图的阅读方法:

① 看图名、轴线、比例。

② 看预制楼板的平面布置及其标注。

③ 看现浇楼板的布置。现浇楼板在结构平面图中的表示方法有两种:一种是直接在现浇板的位置处绘出配筋图,并进行钢筋标注;另一种是在现浇板范围内画一对角线,并注写板的编号,该板配筋另有详图。

④ 看楼板与墙体(或梁)的构造关系。在结构平面图中,配置在板下的圈梁、过梁、梁等钢筋混凝土构件轮廓线可用中虚线表示,也可用单线(粗虚线)表示,并应在构件旁侧标注其编号和代号。

（5）基础图

基础图表示房屋地面以下基础部分的平面布置和详细构造的图样。它是进行施工放线、基槽开挖和砌筑的主要依据，也是施工组织和预算的主要依据。基础图通常包括基础平面图和基础详图。

1）基础平面图

基础平面图中，只反映基础墙、柱以及它们基础底面的轮廓线，基础的细部轮廓线可省略不画。这些细部的形状，将具体反映在基础详图中。基础墙和柱是剖到的轮廓线，应画成粗实线，未被剖到的基础底部用细实线表示。基础内留有孔、洞的位置用虚线表示。由于基础平面图常采用1∶100的比例绘制，故材料图例的表示方法与建筑平面图相同，即剖到的基础墙可不画砖墙图例（也可在透明描图纸的背面涂成红色）、钢筋混凝土柱涂成黑色。

当房屋底层平面中开有较大门洞时，为了防止在地基反力作用下导致门洞处室内地面的开裂，通常在门洞处的条形基础中设置基础梁，并用粗点画线表示基础梁的中心位置。

在基础平面布置中主要有下列内容：

① 反映基础的定位轴线及编号，且与建筑平面图要相一致。
② 定位轴线的尺寸，基础的形状尺寸和定位尺寸。
③ 基础墙、柱、垫层的边线以及与轴线间的关系。
④ 基础墙身预留洞的位置及尺寸。
⑤ 基础截面图的剖切位置线及其编号。

2）基础详图

基础断面图表示基础的截面形状、细部尺寸、材料、构造及基底标高等内容。一般情况下，对于构造尺寸不同的基础应分别画出其详图，但是当基本构造形式相同，只是部分尺寸不同时，可以用一个详图来表示，但应注出不同的尺寸或列出表格说明。对于条形基础只需画出基础断面图；而独立基础除了画出基础断面图外，有时还要画出基础的平面图或立面图。

基础详图的内容：

① 表明基础的详细尺寸，如基础墙的厚度、基础底面宽度和它们与轴线的位置关系。
② 表明室内外、基底、管沟底的标高，基础的埋置深度。
③ 表明防潮层的位置和勒脚、管沟的做法。
④ 表明基础墙、基础、垫层的材料标号，配筋的规格及其布置。
⑤ 用文字说明图样不能表达的内容，如地基承载力、材料标号及施工要求等。

基础详图的识读：

① 看图名、比例。基础详图的图名常用1-1、2-2……断面或用基础代号表示。基础详图比例常用1∶20。根据基础详图的图名编号或剖切位置编号，以此去查阅基础平面图，两图应对照阅读，明确基础所在的位置。
② 看基础详图中的室内外标高和基底标高，可算出基础的高度和埋置深度。
③ 看基础的详细尺寸。
④ 看基础墙、基础、垫层的材料标号，配筋的规格及其布置。

4. 给水排水施工图的内容及识图方法

给水排水工程是现代城市建设的重要基础设施，包括给水工程、排水工程和室内给水排水工程（又称为建筑给水排水工程）三方面。

绘制给水排水施工图应遵守《给水排水制图标准》GB/T 50106—2001，还应遵守《房屋建筑制图统一标准》GB/T 50001—2001 中的各项基本规定。现以建筑给水排水工程为例，来介绍其施工图的内容和识读方法。

建筑给水排水施工图是指房屋内部的卫生设备或生产用水装置的施工图，它主要反映了这些用水器具的安装位置及其管道布置情况，同时也是基本建设概预算中施工图预算和组织施工的主要依据图纸。一般由平面布置图、系统轴测图、施工详图、设计说明及主要设备材料表组成。

（1）给水排水平面图

1）内容

① 各用水设备的类型及平面位置。

② 各干管、立管、支管的平面位置，立管编号和管道的敷设方式。

③ 管道附件，如阀门、消火栓、清扫口的位置。

④ 给水引入管和污水排出管的平面位置、编号以及与室外给水排水管网的联系。

2）特点

① 室内给水排水平面图一般采用与建筑平面图相同的比例，常用 1∶100，必要时也可采用 1∶50 或 1∶200。

② 管道与卫生器具相同的楼层可以只用一张给水排水平面图来表达，但底层必须单独绘制。当屋顶设水箱和管道时，应绘制屋顶给水排水平面图。

③ 给水排水工程图中，各种卫生器具、管件、附件等，均应按照国家标准中规定的图例绘制。其中常用的图例见表 1-15 和表 1-16。

常用室内给水器材图例 表 1-15

序号	名称	图例	序号	名称	图例
1	管道	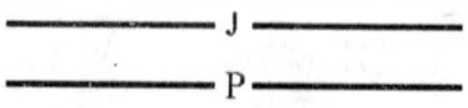 —— J —— / —— P ——	8	止回阀	
2	多孔管		9	龙头	
3	截止阀		10	室内消火栓（单口）	
4	闸阀		11	室内消火栓（双口）	
5	水表井		12	淋浴喷头	
6	水表		13	自动记压表	
7	泵		14		

室内排水器材及卫生设备图例　　　　表 1-16

序号	名　　称	图　例	序号	名　　称	图　例
1	S/P 存水弯		9	浴盆	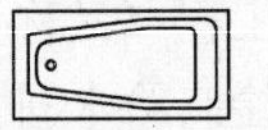
2	检查口	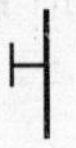	10	化验盆 洗涤盆	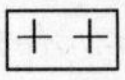
3	清扫口		11	污水池	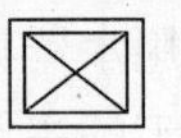
4	通气帽、钢丝球		12	挂式小便斗	
5	排水漏斗		13	蹲式大便器	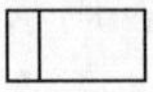
6	圆形地漏		14	坐式大便器	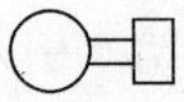
7	方形地漏		15	小便槽	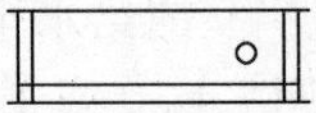
8	洗脸盆		16	矩形化粪池	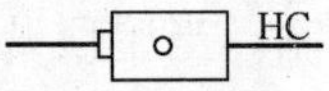

④ 当建筑物的给水引入管或排水排出管数量多于一根时，宜按系统编号。标注方法如图 1-123 所示。建筑物内穿过楼层的立管，其数量多于一根时，应用阿拉伯数字编号，表示形式为"管道类别和立管代号—编号"。标注方法如图 1-124 所示。

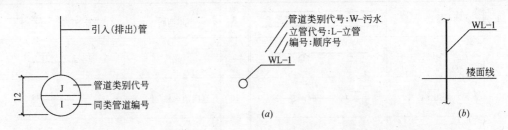

图 1-123　管道系统编号标注方法

图 1-124　立管编号标注方法
(a) 平面图标注法；(b) 系统图或剖面图标注法

(2) 给水排水轴测图

室内给水轴测图是表明室内管网、用水设备的空间关系及与房屋相对位置、尺寸等情况的图样，具有较好的立体感，能较好地反映给水系统的全貌，是对给水平面图的重要补充。

1) 内容

① 给水引入管、污水排出管、干管、立管、支管的空间位置和走向。
② 各种配件如阀门、水表、水龙头、地漏、清扫口等在管路上的位置和连接情况。
③ 各段管道的管径和标高等。
2）特点
① 轴测类型。系统图一般采用45°三等正面斜等轴测绘制。
② 绘图比例一般与平面图一致。
③ 轴测图一般应按给水、排水、热水供应、消防等各系统单独绘制。
④ 在系统图中，各段管道均注有管径，图中未注管径的管段，可在施工说明中集中写明。凡有坡度的横管都应注出坡度，坡度符号的箭头是指向下坡方向。在系统图中所注标高均为相对标高。
⑤ 给水施工详图是详细表明给水施工图中某一部分管道、设备、器材的安装大样图。目前国家及各省市均有相关的安装手册或标准图，施工时应参见有关内容。

（3）室内给水排水施工图的识读
① 熟悉图纸目录，了解设计说明，明确设计要求。
② 将给水、排水的平面图和系统图对照识读。

给水系统可从引入管起沿水流方向，经干管、立管、横管、支管到用水设备，将平面图和系统图一一对应阅读。弄清管道的走向、分支位置，各管段的管径、标高，管道上的阀门、水表、升压设备及配水龙头的位置和类型。

排水系统可从卫生器具开始，沿水流方向，经支管、横管、立管、干管到排出管依次识读。弄清管道的走向，管道汇合位置，各管道的管径、坡度、坡向、检查口、清扫口、地漏的位置，通风帽形式等。

③ 结合平面图、系统图及设计说明看详图。

图 1-125、图 1-126 为某别墅卫生间给水排水平面图和轴测图。

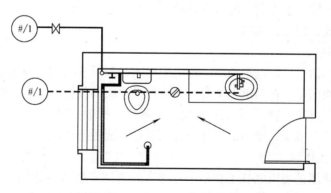

图 1-125 卫生间给水排水平面图

5. 建筑电气施工图的内容及识图方法

在现代房屋建筑内常需要安装各种电气设备，如家用电器、照明灯具、电视电话、网络接口、电源插座、控制装置、动力设备等，将这些电气设施的布局位置、安装方式、连接关系和配电情况表示在图纸上，就是建筑电气施工图。

绘制建筑电气施工图中遵守《房屋建筑统一制图标准》和《电气制图标准》中的有关

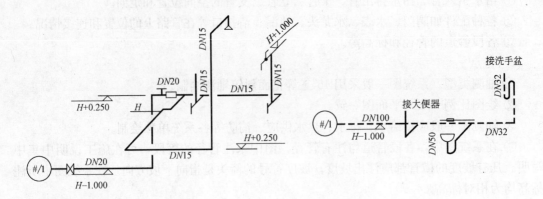

图 1-126 卫生间给水排水系统轴测图

规定。

(1) 电气施工图的组成和内容

室内电气照明施工图是以建筑施工图为基础（建筑平面图用细线绘制），并结合电气接线原理而绘制的，主要表明建筑物室内相应配套电气照明设施的技术要求，一般由下列内容组成。

1) 图纸目录及设计说明

目录表明电气照明施工图的编制顺序及每张图的图名，便于查阅。

设计说明包括建筑概况、工程设计范围、工程类别、供电方式、电压等级、主要线路敷设方式、工程主要技术数据、施工和验收要求及有关事项。

2) 电气系统图

电气系统图也称原理图或流程图，其内容包括：整个配电系统的联结方式，从主干线至各分支回路的路数，主要变、配电设备的名称、型号、规格及数量，主干线路及主要分支线路的敷设方式、型号、规格。

3) 电气平面图

电气平面图包括变、配电平面图、动力平面图、照明平面图、弱电平面图、室外工程平面图及防雷平面图等。在图纸上主要表明电源进户线的位置、规格、穿线管径；配电盘（箱）的位置；配电线路的敷设方式；配电线的规格、根数、穿线管径；各种电器的位置；各支线的编号要求；防雷、接地的安装方式以及在平面图上的位置等。

4) 电气安装大样图

电气安装大样图是表明电气工程中某一部位的具体安装节点详图或安装要求的图样，通常参见现有的安装手册，除特殊情况外，图纸中一般不予画出。

(2) 室内电气照明施工图的识读

建筑电气施工图的专业性较强，要看懂图不仅需要投影知识，还应具备一定的电气专业基础知识，如电工原理、接线方法、设备安装等，还要熟悉各种常用的电气图形符号、文字代号和规定画法。读图时，首先要阅读电气设计和施工说明，从中可以了解到有关的资料，如供电方式、照明标准、电力负荷、设备和导线的规格等情况。

电气设施的安装和线路的敷设与房屋的关系十分密切，所以还应该通过查阅建筑施工图，来搞清楚房屋内部的功能布局、结构形式、构造和装修等土建方面的基本情况。

（3）常用图形符号及标注方式

1）导线的表示法

电气图中导线用线条表示，方法如图1-127（a）所示。导线的单线表示法可使电气图更简洁，故最常用，如图1-127（b）、（c）所示，单线图中当导线为两根时通常可省略不注。

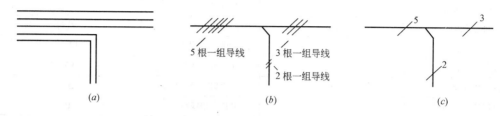

图1-127 导线的表示方法

（a）每根线表示一根导线；（b）斜短线表示一组导线的数量；（c）数字表示一组导线数量

2）电气图形符号和文字符号

电气图中包含有大量的电气图形符号，各种元器件、装置、设备等都是用规定的图形符号表示的。电气图中还常用文字代号注明元器件、装置、设备的名称、性能、状态、位置和安装方式等。电气文字代号分基本代号、辅助代号、数字代号、附加代号四部分。基本代号用拉丁字母（单字母或双字母）表示名称，如"G"表示电源，"GB"表示蓄电池。辅助符号也是用拉丁字母表示，如"AUT"表示自动，"PE"表示保护接地。具体规定可参见《建筑电气工程设计常用图形和文字符号》（图集号为00DX001）。

3）线路、照明灯具的标注方法

常用导线、照明灯具的型号、敷设方式、敷设部位和代号见表1-17。

电气照明施工图中文字标志的含义　　　　表1-17

Ⅰ.电力或照明配电设备	代　号	Ⅱ.线路的标注	代　号
a——设备编号； b——型号； c——设备容量(kW)； d——导线型号； e——导线根数； f——导线截面面积(mm^2)； g——导线敷设方式	$a\dfrac{b}{c}$ 或 $a-b-c$ $a\dfrac{b-c}{d(e\times f)-g}$	a——线路编号或线路用途的代号； b——导线型号； c——导线根数； d——导线截面面积； e——敷线方式符号及穿管管径； f——线路敷设部位代号	$a-b(c\times d)e-f$ 如 N3-BV(4×6)-SC25-WC，表示第N3回路的导线为铜芯聚氯乙烯绝缘线，四根，每根截面面积为$6mm^2$，穿直径为25mm^2的电线管沿墙暗敷设
Ⅲ.照明灯具的标注	代　号	Ⅳ.照明灯具安装方式	代　号
a——灯具数； b——型号； c——每盏灯具的灯泡数； d——灯泡容量(W)； e——安装高度(m)； f——安装方式	$a-b\dfrac{c\times d}{e}f$ 1. 2-BKB140 $\dfrac{3\times 40}{2.10}$B，表示二盏花篮壁灯，型号为BKB140，每盏三只灯泡，灯泡容量为40W，安装高度为2.10m，壁装式 2. 为简略图中标注，通常灯具型号可不注，而在施工说明中写出	线吊式 链吊式 管吊式 吸顶式 壁装式 嵌入式	X L G D B R

续表

V．线路敷设方式	代　号	VI．线路敷设部位	代　号
明敷	E	沿梁下弦	B
暗敷	C	沿墙	W
用钢索敷设	M	沿地板	F
用瓷瓶敷设	K	沿柱	C
塑料线卡敷设	PL	沿顶棚	CE
穿焊接钢管敷设	SC	VII．导线型号	代号
穿电线管敷设	T	铝芯塑料护套线	BLVV
穿硬塑料管敷设	PVC	铜芯塑料护套线	BVV
金属线槽敷设	MR	铝芯聚氯乙烯绝缘线	BLV
塑料线槽	PR	铜芯塑料绝缘线	BV
塑料管	P	铝芯橡皮绝缘电缆	XLV

二、力学与结构的基本知识

(一) 力的基本性质与建筑力学的基本概念

1. 力的基本性质

(1) 静力学的基本概念

1) 力

力是物体与物体之间的相互机械作用,这种作用使物体的机械运动状态和形状发生变化。力在我们的生产和生活中随处可见,例如物体的重力、摩擦力、水的压力等,人们对力的认识从感性认识到理性认识形成力的抽象概念。从力的定义可知:力不可能脱离物体而单独存在,既有受力物体,也有施力物体。例如梁受到的重力,梁是受力物体,地球是施力物体。

力有使物体的运动状态发生改变的效应,也有使物体发生变形的效应,前者称为力的运动效应(也称外效应),后者称为力的变形效应(也称内效应)。例如静止在地面上的物体,当用力推它时,它就开始运动,这就是力的运动效应;梁受力过大时,就会发生弯曲,这就是力的变形效应。

实践证明,力对物体的效应取决于力的大小、方向和作用点这三个因素,我们称之为力的三要素。

力的大小表示物体间机械作用的强弱程度,为了量度力的大小,必须规定力的单位,在国际单位制中,用牛顿(国际代号为 N)或千牛顿(国际代号为 kN)作为力的单位,$1kN=10^3 N$。力的方向是表示物体间的机械作用具有方向性,它包含方位和指向两个意思,如铅垂向下,水平向右等。力的作用点就是力在物体上的作用位置,实际工程中,力在物体中的作用位置并不集中于一点,而是作用于一定范围,例如重力是分布在物体的整个体积上的,称体积分布力,水对池壁的压力是分布在池壁表面上的,称面分布力,同理若分布在一条直线上的力,称线分布力,但是当力的作用范围相对于物体来说很小时可近似地看作一个点,作用于这个点上的力称为集中力。如力的作用范围较大,不能忽略不计,应按分布力来考虑。

力是一个既有大小又有方向的量,所以力是矢量,可以用一个带箭头的线段来表示,称为力的图示法。如图 2-1 所示,线段的长度按一定的比例表示力的大小,线段与某定直线的夹角表示力的方位,箭头表示力的指向,带箭头线段的起点或终点表示力的作用点。

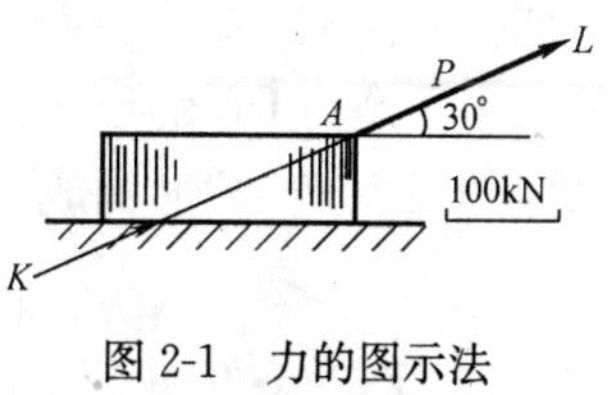

2) 力系

作用在物体上的一组力或一群力称为力系。按力系中各个力作用线分布情况可分为平面力系和空间力系。如各力的作用线在同一平面内称为平面力系,各力的作用线不全在同一平面内称为空间力系。

图 2-1 力的图示法

3) 平衡

平衡是指物体相对于地面保持静止或做匀速直线运动状态,是物体运动的一种特殊形式。如物体在力系的作用下保持平衡状态,这个力系称为平衡力系,力系平衡应满足的条件称为力系的平衡条件。我们本章主要讨论平面力系的平衡条件。

4) 刚体

刚体是指在力的作用下大小和形状保持不变的物体。实际上,任何物体在力的作用下都会发生变形,所以,理论上的刚体是不存在的,它只是一种理想化的力学模型。如物体的变形很小或变形对所研究的问题没有实质性影响时,可将物体视为刚体。一般在研究平衡问题时,可把研究的物体看为刚体。但当进一步研究物体在力作用下的变形和强度问题时,变形将成为主要因素而不能忽略,也就不能再把物体当作刚体,而要视为变形体。

(2) 静力学公理

静力学基本公理是指人们在生产和生活实践中长期积累和总结出来并通过实践反复验证的具有一般规律的定理和定律。它是静力学的理论基础,且不用加以数学推导

1) 二力平衡公理

作用在同一刚体上的两个力,使刚体平衡的充分和必要条件是:这两个力大小相等,方向相反且作用在同一直线上。

应当指出:二力平衡原理对刚体是必要且充分的,对变形体则是必要的,而不是充分的。

利用此原理可以确定力的作用线位置,例如刚体在两个力作用下平衡,若已知两个力的作用点,那么这两个作用点的连线即为力的作用线。

实际工程中把只受两个力作用而平衡的构件称为二力构件,若其为直杆,则称为二力杆。

2) 加减平衡力系公理

在作用于刚体上的力系中,加上或去掉任意一个平衡力系,不改变原力系对刚体的作用效果。此公理表明平衡力系对刚体不产生运动效应,其适用条件只是刚体。加减平衡力系公理是力系简化的重要依据。

由上述两个公理尚可导出一个推论。

推论:力的可传性原理

作用于刚体上的力可沿其作用线移动到刚体内任意一点,而不改变它对刚体的作用效应。

证明:如图 2-2 所示,设 F 作用在 A 点,在其作用线另一点 B 点上加上一对沿作用线的二力平衡力 F_1 和 F_2 且有 $F_1=-F_2=F$,则 F、F_1 和 F_2 构成新的力系,由加减平衡力系原理减去 F 和 F_2 构成二力平衡力,从而将 F 移动作用线的另一点 B 上。

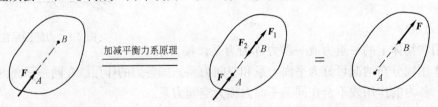

图 2-2 力的可传性

该推论表明，对于刚体来说，力的作用点在力的作用线上的位置不是决定其作用效应的要素，所以，力的三要素是力的大小、方向和作用线。

3）力的平行四边形法则

作用于物体上同一点的两个力可以合成为作用于该点的一个合力，其大小和方向由这两个力为邻边所构成的平行四边形的对角线来确定，如图 2-3 所示。R 为 F_1 和 F_2 的合力，即合力等于两个分力的矢量和，其表达式为

$$F = F_1 + F_2 \qquad (2-1)$$

由上述公理又可导出一个推论。

推论：三力平衡汇交定理

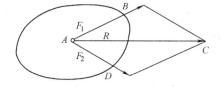

图 2-3 力的平行四边形法则

刚体在三个力的作用下平衡，若其中两个力的作用线交于一点，则第三个力的作用线必通过该汇交点，且三力共面。

证明：如图 2-4 所示，设刚体在三个力 F_1、F_2 和 F_3 作用下处于平衡，若 F_1 和 F_2 汇交于 O 点，将此二力沿其作用线移动汇交点 O 处，并将其合成 F_{12}，则 F_{12} 和 F_3 构成二力平衡力，所以 F_3 必通过汇交点 O，且三力必共面。

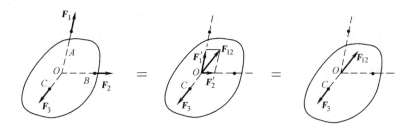

图 2-4 三力平衡汇交定理

应当指出，三力平衡汇交定理的条件是必要条件，不是充分条件。同时它也是确定力的作用线的方法之一，即若刚体在三个力作用下处于平衡，若已知其中两个力的作用线汇交于一点，则第三个力的作用点与该汇交点的连线即为第三个力的作用线，其指向再由二力平衡公理来确定。

4）作用与反作用公理

作用力和反作用力大小相等，方向相反，沿同一直线并分别作用在两个相互作用的物体上。

应当注意，作用力与反作用力与二力平衡力的区别，前者作用于两个不同的物体上，后者作用于同一个物体上。

(3) 约束和约束反力

工程上的对象所受到的力如重力、风压力、水压力等能主动引起物体运动或使物体有运动趋势，我们把这种力称为主动力。工程上的物体还受到与之相联系的其他对象的限制，如板受到梁的限制，梁受到柱的限制，柱受到基础的限制。一个对象的运动受到周围物体的限制，这些周围物体就称作为该物体的约束，例如前面所提到的，梁是板的约束，柱是梁的约束，基础是柱的约束。约束对于物体的作用称为约束反力，简称反力，其与约

束是相对应的，有什么样的约束，就有什么样的约束反力。

通常主动力的大小是已知的，而约束反力的大小是未知的，需借助力系的平衡条件求得。工程上常见的约束可简化成以下几种类型。

1) 柔体约束

由拉紧的不计自重的绳索、链条、胶带等构成的约束称为柔体约束，其约束反力的方向沿柔体的中心线，并且背离被约束的物体，表现为拉力，如图 2-5 所示。

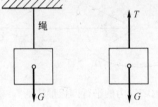

图 2-5 柔体约束

2) 光滑接触面约束

当物体与约束的接触面之间的摩擦力小到可以忽略不计时，即可看作光滑接触面约束，其约束反力通过接触点，并沿着接触面的公法线指向被约束的物体，如图 2-6 所示。

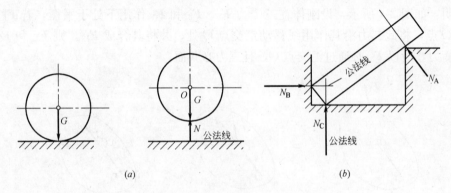

图 2-6 光滑接触面约束

3) 链杆约束

链杆是两端用光滑销钉与物体相连而中间不受力的直杆，如图 2-7（a）所示的支架，BC 杆就可以看成是 AB 杆的链杆约束。链杆的约束力沿着链杆中心线，但指向不定。如图 2-7（b）所示。

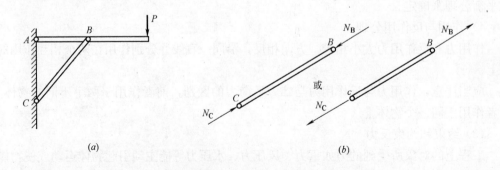

图 2-7 链杆约束

4) 固定铰支座与铰接

工程上常用一种叫做支座的部件，将一个对象支撑于基础或一静止对象上，如将对象用圆柱形光滑销钉与固定支座连接，该支座就成为固定铰支座，简称铰支座。如图 2-8 (a) 所示，固定铰支座的约束力在垂直于销钉轴线的平面内，通过销钉中心，方向不定。图 2-8 (b) 是固定铰支座的两种简化表示法，图 2-8 (c) 是固定铰支座约束反力的表示法。如两个构件用圆柱形光滑销钉连接，如图 2-9 (a) 所示，则称为铰接，而连接件在习惯上简称为铰，图 2-9 (b) 是铰接的表示法。其约束反力与铰支座相同。

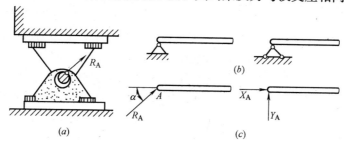

图 2-8　固定铰支座

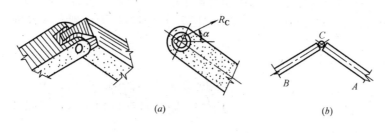

图 2-9　铰接

5）活动铰支座（辊轴支座）

将构件用销钉与支座连接，而支座可以沿着支承面运动，就称为活动铰支座，或称辊轴支座，如图 2-10 (a) 所示，其约束反力通过销钉中心，垂直于支承面，指向和大小待定。这种支座的简图如 2-10 (b) 所示，约束反力如图 2-10 (c) 所示。

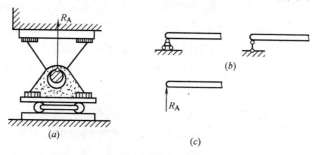

图 2-10　活动铰支座

6）固定端支座

通常在物体被嵌固时发生，其约束反力通常表示为两个相互垂直的分力和一个力偶，其分力和力偶的指向和大小待求，如图 2-11 所示。

(4) 物体受力分析和受力图

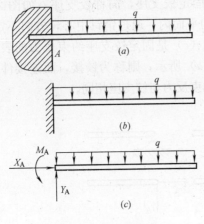

图 2-11 固定端支座

研究力学问题,首先要对物体进行受力分析,即分析物体受到哪些作用力。

在工程实际中,各个物体都通过一定的联系方式连在一起,如板和梁相连、梁和柱相连,因此,在对物体进行受力分析时,首先要明确研究对象,并设法将它从周围的物体分离出来,这样被分离出来的研究对象称为脱离体。在脱离体上画出周围物体对它的全部作用力(包括主动力和约束力),这样的图形称为受力图。

正确地对物体进行受力分析和画受力图是力学计算的前提和关键,画受力图的方法与步骤如下:

1)确定研究对象,并把它作为一个脱离体单独画出。
2)画出研究对象所受到的全部主动力,主动力一般是已知的,必须画出。
3)画出全部与去掉的约束相对应的约束反力。约束反力一般是未知的,要从解除约束处分析。

画受力图时应注意以下几点:

1)必须明确研究对象,将所研究的物体从周围的约束中分离出来,把它作为一个脱离体画出。研究对象可以取一个单一的物体,也可以取由几个物体组成的系统,研究对象不同,其受力图也不同。

2)画出全部的主动力和约束力,应根据连接处的受力特点进行受力分析,不能凭空捏造一个力,也不能漏掉一个力。

3)正确运用静力学原理,例如二力平衡原理、作用力与反作用力定律、三力平衡汇交定理等。当分析物体间相互作用时,作用力的方向一旦被假定,反作用力的方向必须与之相反。

4)画受力图时,要分清研究对象所受到的力是外力还是内力,只画外力,不画内力。外力是研究对象以外的物体施加给它的,而内力是研究对象内部之间的相互作用力。内力和外力是相对而言的,例如,对由 A 物体和 B 物体组成的系统来说,A 物体对 B 物体的作用力是内力,因此不用画出,而对 B 物体来说,A 物体对 B 物体的作用力则属于外力,必须画出。

5)约束反力必须与约束类型相对应,有什么样的约束,就有什么样的约束反力。

【例 2-1】 水平梁 AB 受均匀分布的荷载 q(N/m)的作用,梁的 A 端为固定铰支座,B 端为活动铰支座,如图 2-12(a)所示,试画出梁 AB 的受力图。

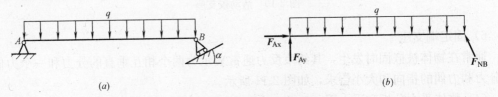

图 2-12 水平梁的受力图

【解】 1) 取水平梁 AB 为研究对象，并把它从周围的物体中分离出来，作为一个脱离体单独画出。

2) 画出水平梁 AB 所受到的全部主动力；由题意知：水平梁 AB 所受的主动力为均匀分布的荷载 q。

3) 画出水平梁 AB 所受到的约束反力。其约束反力为固定铰支座 A 端的正交分力 F_{Ax} 和 F_{Ay}，活动铰支座 B 端的法向约束力 F_{NB}。如图 2-12 (b) 所示。

2. 杆件及其承载力、刚度和稳定的概念

(1) 杆件的概念

实际构件的形状是各种各样的，如构件长度方向的尺寸远远大于其他两个横向尺寸，则称之为杆件。如房屋中的梁、柱，都可视为杆件。通常把垂直于杆件长度方向的截面称为横截面，各横截面形心的连线称为杆的轴线。轴线为直线的杆称为直杆，各横截面尺寸不变的杆件称为等截面杆。工程中常见的杆件是等截面杆。

(2) 杆件的承载力

杆件在外力的作用下，几何形状和尺寸都会产生一定程度的改变，这种几何形状和尺寸的改变称为变形。变形时，杆件内部各质点之间的相对位置发生变化，从而使各部分之间产生相互作用力，这种内部的相互作用力称为内力。由此可见，内力是由外力作用而产生的，且随外力增大而增大。而杆件所能承受的内力是有一定限度的，当内力超过这一限度，杆件就会破坏。如梁承受过大的力而发生的破坏。所以，为了保证杆件能够安全正常的工作，在使用过程中，要求杆件具有承受最大内力的能力，即具有足够的承载力。

(3) 杆件的刚度

杆件除了应满足强度要求，还需满足刚度要求。杆件的刚度是指杆件抵抗变形的能力。如杆件变形过大，虽然其强度满足要求，不至于发生破坏，但会影响其正常使用的要求。如楼面梁变形过大，会使下面的抹灰层开裂或脱落，因此梁的变形必须控制在规定的范围之内，以保证梁的正常工作。

(4) 杆件的稳定性

由工程经验和试验研究结果表明，对于细长的压杆，在还没有达到材料强度破坏时，会突然发生"屈曲"而失去平衡的稳定性，从而发生破坏，对于这种现象，我们称之为"失稳"。因此，对于压杆而言，除了应满足强度要求以外，还要求其在工作时具有保持平衡状态稳定性的能力，即具有足够的稳定性。

3. 应力、应变的基本概念

如前所述，杆件在外力的作用下，会产生变形和内力。由于杆件材料是连续的，所以内力连续分布在整个截面上。杆件内部截面上分布内力在某一点的集度称为该截面这一点的应力。应力的大小反映了截面上某点分布内力的强弱程度。如应力垂直于截面，称为正应力，用 σ 表示；如应力相切于截面，称为切应力，用 τ 表示。

应力的单位符号为 Pa。

$$1\text{Pa}=1\text{N/m}^2 \tag{2-2}$$

工程实际中应力数值较大，常用 MPa 或 GPa 作单位。

$$1\text{MPa}=10^6\text{Pa} \tag{2-3}$$

$$1\text{GPa}=10^9\text{Pa} \tag{2-4}$$

4. 杆件变形的基本形式

(1) 轴向拉伸和压缩变形

1) 轴向拉伸和压缩变形的概念

轴向拉伸和压缩变形是杆件的一种基本变形。如杆件受到的外力的合力作用线与杆件轴线重合，杆件将产生轴向伸长（缩短）变形，这种变形称为轴向拉伸（压缩）变形。产生轴向拉伸或压缩变形的杆件称为拉杆或压杆。如屋架的上弦杆是压杆，下弦杆是拉杆。其受力特点是：作用于杆件两端的外力大小相等，方向相反，作用线与杆件重合，即称轴向力。其变形特点是：杆件变形是沿轴线方向的伸长或缩短。

2) 拉、压杆的轴力与轴力图

拉杆或压杆在外力作用下会产生作用线与杆轴相重合的内力，称为轴力。用符号 N 表示。

拉杆或压杆任意横截面上的轴力，其大小等于该截面任意一侧所有外力沿杆轴方向投影的代数和。如外力背离所求截面，轴力为正；反之为负。如图 2-13 (a) 所示，杆件各横截面上的轴力 $N=P$；图 2-13 (b) 所示杆件，各横截面上的轴力 $N=-P$。

用平行于轴线的坐标表示横截面的位置，垂直于杆轴线的坐标表示各横截面轴力的大小，绘出的图形称为轴力图。轴力图可直观地反映轴力与横截面位置之间的关系。

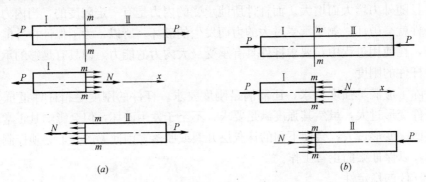

图 2-13 拉压杆的轴力与轴力图
(a) 拉杆的轴力；(b) 压杆的轴力

3) 拉、压杆的应力及强度条件

拉压杆的横截面上有轴力存在，它在杆件横截面上各点处产生正应力，且大小相等。正应力也随轴力有正负之分。

为了保证构件能安全地工作，杆内最大的应力不得超过材料的容许应力，这就是拉压杆的强度条件。即：

$$\sigma_{max}=N_{max}/A \leqslant [\sigma] \tag{2-5}$$

式中 $[\sigma]$ 表示材料的容许应力。

在拉压杆中，产生最大正应力的截面称为危险截面。对于等截面拉压杆来说，其轴力最大的截面就是危险截面。

4) 拉压杆的变形及虎克定律

杆件受轴向力作用时，沿轴向伸长

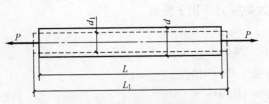

图 2-14 轴向拉伸变形

(缩短),称为纵向变形;同时,杆的横向尺寸将减小(增大),称为横向变形。如图 2-14 所示。设等直杆的原长为 L,横截面面积为 A。在轴向力作用下,长度由 L 变为 L_1。杆件在轴线方向的伸长,即纵向变形量为:

$$\Delta L = L_1 - L \tag{2-6}$$

若在图 2-14 中,设杆件的横截面为正方形,变形前横截面尺寸为 d,变形后相应尺寸为 d_1,则横向变形量为:

$$\Delta d = d_1 - d \tag{2-7}$$

杆件的变形程度,一般由单位长度的纵向变形量来反映,单位长度的纵向变形量称为纵向线应变。用 ε 来表示,即

$$\varepsilon = \Delta L / L = (L_2 - L_1)/L \tag{2-8}$$

试验证明,当杆的应力未超过比例极限时,满足下列关系式:

$$\Delta L = NL / EA \tag{2-9}$$

或

$$\sigma = E \cdot \varepsilon \tag{2-10}$$

上式称为虎克定律,它揭示了材料内力与应变之间的关系。式中的 E 为材料的弹性模量。

(2) 扭转变形

1) 扭转变形的概念

扭转变形是杆件的一种基本变形。其受力特点是:在杆件两端垂直于杆轴线的平面内作用一对大小相等、方向相反的外力偶——扭转力偶。其相应内力分量称为扭矩。其变形特点是:各横截面绕杆的轴线发生相对转动,出现扭转变形。杆件任意两截面的相对角位移称为扭转角,一般用 φ 表示,如图 2-15 所示。发生扭转变形的构件为受扭构件。如建筑工地上的卷扬机在工作时就是受扭构件,房屋建筑中的雨

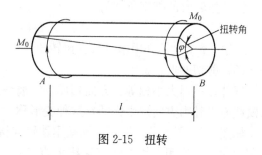

图 2-15 扭转

篷、框架结构的边梁,受力后除了发生弯曲变形外,也会发生扭转变形。

2) 扭矩和扭矩图

杆件在外力偶作用下,产生扭转变形,在横截面上会产生内力偶,我们把横截面上产生的内力偶矩 M_n 称为扭矩。

杆件内任意横截面上的扭矩,其大小等于该截面任意一侧所有外力偶的力偶矩的代数和,用右手四指环绕的方向表示外力偶的转向,如大拇指的指向背离截面,扭矩为正,反之为负,如图 2-16 所示。

用平行于轴线的坐标表示横截面的位置,垂直于杆轴线的坐标表示各截面的扭矩绘出的图形,称为扭矩图,扭矩图可直观反映各横截面扭矩的变化规律。

3) 圆轴扭转时的应力及强度、刚度条件

圆截面直杆(统称圆轴)的扭转问题是最基本、最简单的扭转问题,在此,我们只讨论圆轴的扭转问题。

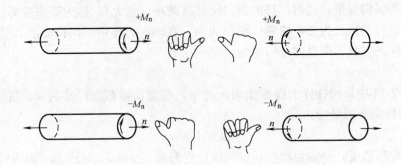

图 2-16 扭矩

圆轴扭转时，横截面上的应力为剪应力。对于圆轴来说，横截面上的最大剪应力 τ_{max} 在圆周处，其计算结果为：

$$\tau_{max} = M_n / W_P \tag{2-11}$$

式中的 W_P 为抗扭截面系数，与截面的形状和尺寸有关。对直径为 D 的实心圆轴来说，

$$W_P = \pi D^3 / 16 \tag{2-12}$$

圆轴扭转时的强度条件为：

$$\tau_{max} = M_n / W_P \leq [\tau] \tag{2-13}$$

式中 $[\tau]$ 为扭转时材料的容许剪应力，可由有关手册中查到。

杆件扭转时的刚度条件为：

$$\phi / L \leq [\phi / L] \tag{2-14}$$

式中 $[\phi / L]$ 是许用单位长度扭转角。

(3) 剪切变形

杆件在一对大小相等、方向相反、距离很近的横向力（与杆轴垂直的力）作用下，相邻横截面沿外力方向发生错动，这种变形称为剪切变形。

如图 2-17 所示是上下两块钢板用铆钉连接，铆钉承受由钢板传来的力，上部力向右，下部力向左，作用力均与铆钉轴线垂直，相距很近，铆钉将产生剪切变形。两力之间的 m-m 截面为剪切面。当力 P 足够大时，杆件将沿剪切面剪断。

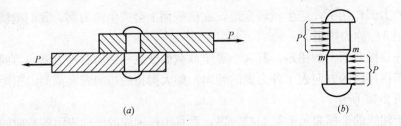

图 2-17 剪切变形

为了保证构件在剪切情况下的安全性，必须使构件在外力作用下所产生的剪应力不超过材料的容许剪应力。

剪切时的强度条件为：
$$\tau = V/A \leq [\tau] \tag{2-15}$$
式中 $[\tau]$ 为材料的容许剪应力，可由有关手册查到；V 为剪切面上的内力，其与横截面平行，称为剪力。在图 2-17 中，$V=P$。 (2-16)

(4) 弯曲变形

1) 弯曲变形的概念

杆件受到垂直于杆轴的外力作用或在纵向平面内受到力偶作用，杆轴由直线变成曲线，这种变形称为弯曲变形。梁是以弯曲变形为主要变形的杆件。

梁在发生弯曲变形后，梁的轴线由直线变成一条连续光滑的曲线，这条曲线叫梁的挠曲线。如图 2-18 所示，每个横截面都发生了移动和转动。横截面形心在垂直于梁轴方向的移动叫做截面挠度，通常用 y 表示，并以向下为正；梁的任一横截面相对于原来位置所转动的角度称为梁的转角，用 θ 表示，并以顺时针转动为正。在建筑工程中，通常不需要得出梁的挠曲线和转角，只需要求出梁的最大挠度。

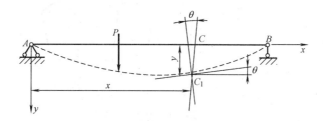

图 2-18 梁的弯曲变形

2) 单跨静定梁的形式

工程中的梁有静定梁和超静定梁。其支座反力能由静力平衡方程完全确定的梁为静定梁，反之，则为超静定梁。

工程中常见的单跨静定梁有三种形式：

A. 悬臂梁：梁一端为固定端支座，另一端为自由端，如图 2-19 (a)。
B. 简支梁：梁的一端为铰支座，另一端为活动铰支座，如图 2-19 (b)。
C. 外伸梁：梁一端或两端伸出支座的简支梁，如图 2-19 (c)。

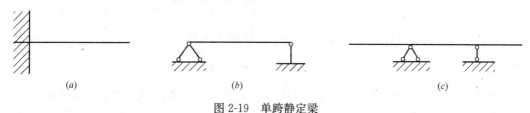

图 2-19 单跨静定梁

3) 梁的内力和内力图

梁在外力作用下，会产生相切于横截面的内力 Q 及作用面与横截面相垂直的内力偶矩 M，我们分别称之为剪力和弯矩。

梁内任一横截面上的剪力 Q，其大小等于该截面一侧与截面平行的所有外力的代数和。若外力对所求截面产生顺时针方向转动趋势时，剪力为正，反之为负（图

2-20)。

梁内任一截面上的弯矩,其大小等于该截面一侧所有外力对该截面形心力矩的代数和。将所求截面固定,若外力矩使梁下部受拉,弯矩为正,反之为负(图2-21)。

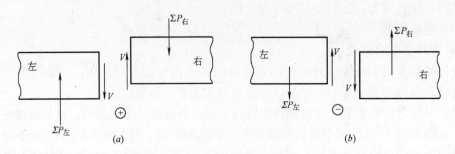

图 2-20 梁内任一横截面上的剪力

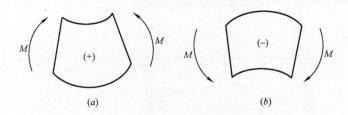

图 2-21 梁内任一截面上的弯矩

剪力的单位为牛顿(N)或千牛顿(kN),弯矩的单位为 N·m 或 kN·m。

以平行于梁轴的横坐标表示横截面的位置、以纵坐标表示相应截面的剪力的图形称为剪力图;以纵坐标表示相应截面的弯矩的图形称为弯矩图。剪力图和弯矩图可分别表示剪力和弯矩沿梁轴线的变化规律。

4) 梁弯曲时的应力及强度条件

梁的横截面上有剪力 V 和弯矩 M 两种内力存在,它们在梁横截面上分别产生剪应力 τ 和正应力 σ。剪应力沿截面高度呈抛物线形变化,中性轴处剪应力最大;正应力的大小沿截面高度呈线性变化,中性轴上各点为零,上下边缘处最大。

一般情况下,梁的弯曲强度是由正应力控制的,为了保证梁的强度,必须使截面上的最大正应力 σ_{max} 不超过材料的许用应力 $[\sigma]$,其表达式为:

$$\sigma_{max} = M_{max}/W_z \leqslant [\sigma] \tag{2-17}$$

式中 W_z 为抗弯截面系数,它是一个与截面形状和尺寸有关的参量,反映了截面形状与尺寸对梁强度的影响。

对高为 h、宽为 b 的矩形截面,其抗弯截面系数为:

$$W_z = bh^2/6 \tag{2-18}$$

对直径为 d 的圆形截面,其抗弯截面系数为:

$$W_z = d^3/32 \tag{2-19}$$

（二）平面力系的平衡方程及杆件内力分析

1. 平面汇交力系的平衡方程及应用

（1）力在坐标轴上的投影

从力的始端和末端分别向某一选定的坐标轴作垂线，从两垂线在坐标轴上所截取的线段并加上正号或负号即表示该力在坐标轴上的投影，如图 2-22 所示。从力始端垂足 a（a'）到垂足 b（b'）的方向与坐标轴正向相同时，其投影为正值，反之，其投影为负值。力的投影数值可用下式计算：

$$\left.\begin{array}{l} X = \pm F\cos\alpha \\ Y = \pm F\sin\alpha \end{array}\right\} \quad (2\text{-}20)$$

式中 X、Y 分别表示力 F 在 x 轴、y 轴上的投影，F 表示力的大小，α 表示力 F 与 X 轴的夹角。

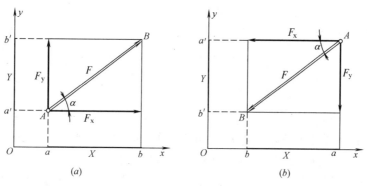

图 2-22 力对坐标轴的投影

【例 2-2】 如图 2-23 所示，已知力 $F=400\text{kN}$，其与 x 轴的夹角为 $30°$，求其在 x 轴和 y 轴的投影。

【解】 $X = F\cos\alpha = 400\cos30° = 346\text{kN}$

$Y = F\sin\alpha = 400\sin30° = 200\text{kN}$

（2）平面汇交力系的平衡方程

平面汇交力系是指各力的作用线在同一平面内且全部汇交于一点的力系。其平衡方程为：

$$\left.\begin{array}{l} \sum X = 0 \\ \sum Y = 0 \end{array}\right\} \quad (2\text{-}21)$$

即平面汇交力系平衡的充要条件是力系中各个力在任意两个坐标轴上投影的代数和均等于零。

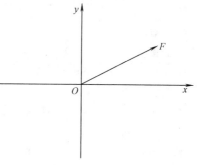

图 2-23 力在坐标轴上的投影

（3）平面汇交力系平衡方程的应用

用平面汇交力系的平衡方程解题时，坐标轴的方向可以任意选择。因为平衡力系在任何方向都不会有合力存在，任取坐标可列出无数个投影方程，但独立的平衡方程只有两个。因此，利用平面汇交力系的平衡方程解题时，可以求解两个未知量，也只能求解两个未知量。一般来说，杆件受到的主动力是已知的，可以利用平面汇交力系平衡方程求出两个约束反力的大小。

例如，如图 2-24 所示简支梁，在跨中承受一已知主动力作用，由约束类型可知：B

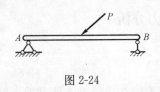

图 2-24

支座的约束反力 R_B 沿竖直方向，其与力 P 的作用线交于一点，由三力平衡汇交定理可知，A 支座的约束反力 R_A 必通过 R_B 与力 P 的交点。三个力形成平面汇交力系，利用平面汇交力系的平衡条件可以列出两个平衡方程，从而求出梁的两个支座反力。

2. 力矩、力偶的特性及应用

(1) 力矩的概念

力既可以使物体移动，也可以使物体转动。力对物体的转动效应是用力矩来度量的。它等于力的大小 F 与力臂 d 的乘积，力臂是指转动中心到力的作用线的垂直距离，转动中心称为力矩中心，简称矩心。在平面问题中力矩是代数量，一般规定力使物体绕矩心逆时针方向转动为正，反之为负，即

$$M_O(F)=\pm Fd \tag{2-22}$$

力 F 对 O 点的力矩值，也可用以力 F 为底边，以点 O 为顶点所构成的三角形面积的两倍来表示（如图 2-25），故力矩又可表示为

$$M_O(F)=\pm 2\triangle OAB \tag{2-23}$$

力矩的单位为 N·m。

由力矩的定义可知：

1) 当力的作用线通过矩心时，力臂为零，力矩亦为零；

2) 力沿其作用线移动时，因其大小、方向和力臂均没有改变，所以力矩亦不变。

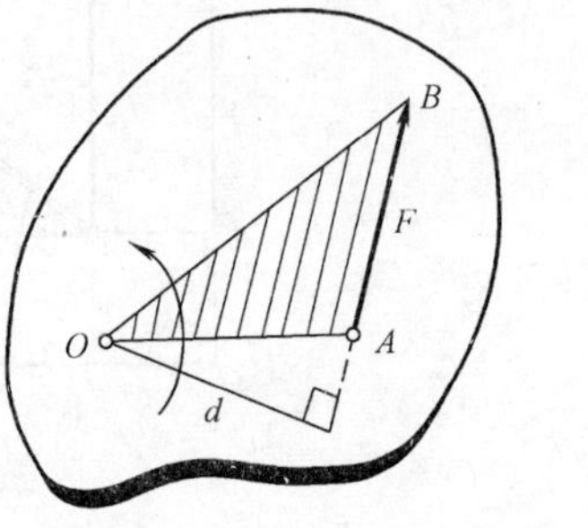

(2) 合力矩定理

图 2-25 力对某点的矩

合力矩定理的内容是：平面汇交力系的合力 R 对平面内任一点之矩，等于力系中各分力对同一点力矩的代数和。其表达式为：

$$M_O(R)=\sum_{i=1}^{n}M_O(F_i) \tag{2-24}$$

合力矩定理可用来确定物体的重心位置，亦可用来简化力矩的计算。例如在计算力对某点之矩时，如力臂不易求出，可将此力分解成相互垂直的分力，分别计算两分力的力矩，然后相加即可求出原力对该点之矩。

(3) 力偶的概念

平面内作用在同一物体上的一对等值、反向且不在同一直线上的平行力称为力偶。两个相反力之间的垂直距离 d 叫力偶臂（如图 2-26）。力偶只产生转动效应，可用力偶矩来度量，力偶矩 M 等于力与力偶臂的乘积并加上正号或负号，而与矩心的位置无关，即

$$M=\pm Fd \tag{2-25}$$

只要保持力偶矩的大小，转向不变，力偶在其作用平面内的位置可以任意旋转或平移，在受力分析中常用一带箭头的弧线来表示力偶矩，箭头表示转向。

一般规定力偶使物体逆时针方向转动为正，反之为负。力偶矩的单位为 N·m。

(4) 力偶的基本性质

1) 力偶无合力。因力偶在任意坐标轴上的投影为零，所以其对物体只有转动效应，而

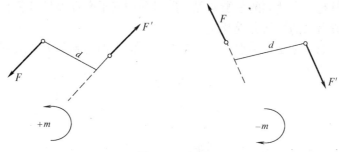

图 2-26 力偶

一个力在通常情况下对物体既有转动效应，还有移动效应。由此可知，力和力偶的作用效应不同，不能用一个力来代替力偶，也就是说，力偶不能与力平衡，力偶只能与力偶平衡。

2) 力偶对其作用面内任意点的力矩值恒等于其力偶矩，而与其矩心位置无关。

3) 在同一平面内的两个力偶，如果它们的力偶矩大小相等、转向相同，则这两个力偶等效。

由以上力偶的性质可得到以下两个推论。

推论1：力偶可在其平面内任意移动和转动，而不改变其对物体的转动效应。也就是说，力偶对物体的转动效应与其在平面内的位置无关。

推论2：在力偶矩大小不变的条件下，可以改变力偶中力的大小和力偶臂的长短，而不改变其对物体的转动效应。

由此可知，度量力偶转动效应的三要素是：力偶矩的大小、力偶的转向、力偶的作用平面。

(5) 平面平行力系的平衡方程及应用

平面内各力的作用线互相平行的力系称为平面平行力系。其平衡方程为

$$\left.\begin{array}{l}\sum Y=0\\ \sum M_O=0\end{array}\right\} \quad (2\text{-}26)$$

上式表明，平面平行力系平衡的必要与充分条件是：力系中各力在与力平行的轴上投影之代数和为零，且这些力对任意一点力矩的代数和为零。

平面平行力系的平衡方程还可写成两力矩式，即

$$\left.\begin{array}{l}\sum M_A=0\\ \sum M_B=0\end{array}\right\} \quad (2\text{-}27)$$

式中 A、B 两点的连线与各力作用线不平行。

平面平行力系只有两个独立的平衡方程，所以利用其平衡方程只能求解两个未知量。

(6) 平面力偶系的平衡方程及应用

平面力偶系合成的结果为一合力偶，合力偶矩为各分力偶矩的代数和，即

$$M=\sum_{i=1}^{n}M_i \quad (2\text{-}28)$$

平面力偶系的平衡方程为

$$\sum M_i=0 \quad (2\text{-}29)$$

上式表明，平面力偶系平衡的必要与充分条件是此力偶系中各力偶矩的代数和为零。

平面力偶系只有一个独立的平衡方程，所以利用其平衡方程只能求解一个未知量。

(7) 平面一般力系的平衡方程及应用

各力的作用线既不全交于一点，也不完全平行的平面力系称为平面一般力系。其平衡方程为：

$$\begin{cases} \sum X = 0 \\ \sum Y = 0 \\ \sum M_O = 0 \end{cases} \quad (2\text{-}30)$$

上式是平面一般力系平衡方程的基本形式，它表明，平面一般力系平衡的必要与充分条件是：力系中各个力在两个坐标轴上的投影代数和均为零，各个力对任意一点的力矩代数和亦为零。

平面一般力系的平衡方程还有两力矩形式和三力矩形式，分别为

$$\begin{cases} \sum X = 0 \\ \sum M_A = 0 \\ \sum M_B = 0 \end{cases} \quad (2\text{-}31)$$

$$\begin{cases} \sum M_A = 0 \\ \sum M_B = 0 \\ \sum M_C = 0 \end{cases} \quad (2\text{-}32)$$

式 (3-29) 式中的 x 轴不与 A、B 两点的连线垂直。式 (2-32) 中，A、B、C 三点不在同一直线上。

由此可知，无论采用哪一种平衡方程形式，平面一般力系都有三个独立的平衡方程，因此，可利用平面一般力系的平衡方程求解三个未知量。

【例 2-3】 水平梁 AB，A 端为固定铰支座，B 端为水平面上的滚动支座，受力及几何尺寸如图 2-27 (a) 所示，试求 A、B 端的约束力。

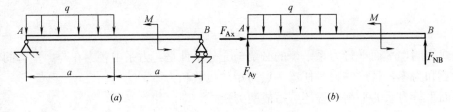

图 2-27　梁的支座反力

【解】 (1) 选梁 AB 为研究对象，作用在它上的主动力有：均布荷载 q，力偶矩为 M 的力偶；约束反力为固定铰支座 A 端的 $\boldsymbol{F}_{Ax}$、$\boldsymbol{F}_{Ay}$ 两个分力，滚动支座 B 端的铅垂向上的法向力 $\boldsymbol{F}_{NB}$，如图 2-27 (b) 所示。

(2) 建立坐标系，列平衡方程。

$$\sum_{i=1}^{n} M_A(\boldsymbol{F}_i) = 0, \quad F_{NB} \cdot 2a + M - \frac{1}{2}qa^2 = 0 \quad (a)$$

$$\sum_{i=1}^{n} X = 0, \quad F_{Ax} = 0 \quad (b)$$

$$\sum_{i=1}^{n} Y = 0, \quad F_{Ay} + F_{NB} - qa = 0 \quad (c)$$

由式（a）、（b）、（c）解得 A、B 端的约束力为

$$F_{NB}=-\frac{qa}{4}\ (\downarrow) \qquad F_{Ax}=0 \qquad F_{Ay}=\frac{5qa}{4}\ (\uparrow)$$

负号说明原假设方向与实际方向相反。

3. 用截面法计算单跨静定梁的内力

单跨静定梁任一横截面上的内力，都可以用截面法求出。其计算步骤为：

1) 计算支座反力。根据梁的平衡写出相应的平衡方程，即可求出梁的支座反力。

2) 用假想的截面在需求内力处将梁截成两段，任取一段为研究对象。

3) 画出研究对象的受力图。把研究对象作为一个脱离体单独画出，画出它所受到的所有外力，包括已知的主动力和求出的支座反力，抛去的一段对剩下部分的作用力用横截面上的内力来代替。

4) 建立平衡方程，求出内力。

【**例 2-4**】 水平简支梁如图 2-28 所示，试求 1-1 截面上的剪力和弯矩。

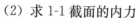

图 2-28 单跨简支梁

【**解**】（1）求支座反力

取整体为研究对象，设 R_A、R_B 向上，由对称关系可得：$R_A=R_B=20\text{kN}$

（2）求 1-1 截面的内力

在 1-1 截面处将梁截开，取左段为研究对象，并设剪力向下，弯矩逆时针转，如图 2-29 所示。列平衡方程求解。

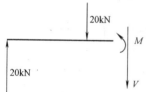

图 2-29 左半部分受力图

由 $\sum Y=0$ 得 $20-20-V=0$
$$V=0$$
由 $\sum M_C=0$ 得 $-20\times 4+20\times 1+M=0$
$$M=60\text{kN}\cdot\text{m}$$

4. 静定平面桁架的内力计算

桁架是由若干根杆件在两端用铰链连接而成的结构。桁架中的铰链称为节点。工程中的屋架结构、场馆的网状结构、桥梁以及电视塔架等均可看成桁架结构。

这部分只研究简单静定桁架结构的内力计算问题。实际的桁架受力较为复杂，为了便于工程计算采用以下假设：

1) 桁架所受力（包括重力、风力等外荷载）均简化在节点上；

2) 桁架中的杆件是直杆，主要承受拉力或压力；

3) 桁架中铰链忽略摩擦视为光滑铰链。

这样的桁架称为理想桁架。若桁架的杆件位于同一平面内，则称平面桁架。若以三角形为基础组成的平面桁架，称为平面简单静定桁架，例如图

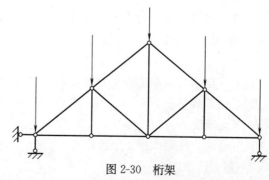

图 2-30 桁架

2-30所示的屋架结构。在节点荷载作用下，桁架各杆只产生轴力。

平面简单静定桁架的内力计算方法有两种：节点法和截面法。以桁架节点为脱离体，由节点平衡条件求出杆件内力的方法为节点法。截面法是用一截面将桁架截开成两部分，取其中一部分为脱离体（所取脱离体不止包含一个节点），根据其平衡方程计算所截断杆件的内力。

（1）节点法求内力

1）节点法求内力的顺序

一般来说，静定平面桁架各杆的内力均可由节点法求出。由于各节点承受的力组成一平面汇交力系，故对每一节点只能列出两个独立的平衡方程，因此，节点法应从未知力不多余两个的节点开始求解。在利用节点法求内力之前，应先求出支座反力。

2）未知杆件的轴力

画节点的受力图时，所有未知杆的轴力都假设为拉力（背离节点），由平衡方程求得的结果若为正，则假定正确，说明此轴力为拉力；若为负则和假设相反，为压力。

节点的受力图时，假设未知内力杆件的轴力为拉力（背离节点），如计算结果为正值，说明此轴力为拉力，反之，则为压力。

3）已知杆件的轴力

A. 按实际轴力方向代入平衡式，本身无正负。

B. 由假定方向列平衡方程式，代入相应数值时考虑轴力本身的正负号。

C. 内力本身的正负和平衡方程的正负属两套符号系统。

4）投影轴的选择

列平衡方程时，视实际情况选取合适的投影轴。尽量使每个平衡方程只含一个未知力，避免解联立方程。

5）节点平衡的特殊形式

A. 不共线的两杆节点无荷载作用时，此两杆内力均为零；

B. 三杆节点上无荷载作用，且两杆在一条直线上，则第三个杆的内力为零，在一条直线上的两个杆内力大小相同，符号相同。

C. 三杆相交的节点，二杆共线，另一杆有共线的外力 P 作用，则单杆的内力为 P，其余两共线直杆内力相等；

D. 四杆节点无荷载作用，且四杆两两成直线，则同一直线上两杆轴力大小相等，性质相同。

6）零杆

"零杆"是指杆件轴力为零的杆件，"零杆"虽不受轴力，但不能理解成多余的杆件。

一般情况下，求桁架内力之前，先判别一下有无"零杆"和内力相同的杆件，以简化计算。

7）节点法求解简单桁架的计算步骤：

A. 几何组成分析；

B. 求支座反力；

C. 节点法：注意次序。

（2）截面法求内力

1）截面法的要点

根据求解问题的需要，用一个合适的截面切断拟求内力的杆件，将桁架分成两部分，从桁架中取出受力简单的一部分作为脱离体（至少包含两个节点），脱离体受到的力（荷载、反力、已知杆轴力、未知杆轴力）组成一个平面一般力系，由力系的平衡可以建立三个独立的平衡方程，由此可以求出三个未知杆的轴力。一般情况下，选截面时，截开未知杆的数目不能多于三个，不互相平行，也不交于一点。截面截开后，画受力图时，未知杆的轴力和已知杆轴力的画法与节点法相同。

2）平衡方程形式和投影轴的选择

A. 投影法：若三个未知力中有两个力的作用线互相平行，将所有作用力都投影到与此平行线垂直的方向上，并写出投影平衡方程，从而直接求出另一未知内力。

B. 力矩法：以三个未知力中的两个内力作用线的交点为矩心，写出力矩平衡方程，直接求出另一个未知内力。

C. 力的分解：确定脱离体后，利用合力矩定理，可以将力沿着其作用线移动到某一个节点进行分解，不影响脱离体的平衡（不易确定力臂时）。

D. 平面一般力系的平衡方程有三种形式：基本形式、二力矩形式和三力矩形式。二力矩形式的投影轴不能垂直于两个矩心的连线，三力矩形式的三个矩心不能在同一条直线上。可以根据需要选取矩心。矩心的选择，尽量选多个未知力的交点，投影轴尽量平行（或垂直）于多个未知力的作用线方向。

3）截面法求解简单桁架的计算步骤

A. 求支座反力；

B. 用一假想截面把所求内力的杆件截断，把桁架分成两部分，截取截面所有的未知内力的数目一般不超过三个（特殊情况除外），它们的作用线不能全部交于一点，也不能全部互相平行；

C. 取其中一部分为脱离体，根据平衡条件，计算所求杆件的内力。在写平衡方程时，应尽可能使每个方程只包含一个未知力。

（三）建筑结构的基本知识

1. 建筑结构的类型及应用

建筑物中由若干构件通过各种形式连接而成的能承受"作用"的体系称为建筑结构，一般简称结构。这里所说的"作用"是使结构产生效应（如结构或构件的内力、应力、位移、应变、裂缝等）的各种原因的统称。作用分为直接作用和间接作用。直接作用即为外荷载，系指施加在结构上的外力，如结构的自重、楼面荷载、雪荷载、风荷载等。间接作用指引起结构构件应力变化除荷载以外的其他原因，如地基沉降、混凝土收缩、温度变化、地震作用等。

建筑结构可用不同的方法分类。

（1）按所用材料的不同分类

1）混凝土结构

混凝土结构是钢筋混凝土结构、预应力混凝土结构和素混凝土结构的总称，其中钢筋混凝土结构应用最为广泛。

钢筋混凝土结构具有以下优点：

A. 易于就地取材。

B. 耐久性好。在钢筋混凝土结构中，钢筋被混凝土紧紧包裹而不致锈蚀，也不被腐蚀性环境侵蚀。

C. 抗震性能好。钢筋混凝土结构具有很好的整体性，能减缓地震作用所带来的危害。

D. 可模性好。混凝土可根据工程需要制成各种形状和尺寸的构件。

E. 耐火性好。钢筋被混凝土包裹着，而混凝土的导热性很差，钢筋不至于在发生火灾时很快软化而造成结构破坏。

钢筋混凝土的主要缺点是自重大，抗裂性能差，现浇结构模板用量大、工期长等。

2) 砌体结构

由砖、石材、砌块、块体等，通过砂浆砌筑而成的结构称为砌体结构。

砌体结构主要有以下优点：

A. 取材方便，造价低廉，且能废物利用。

B. 耐火性及耐久性好。

C. 具有良好的保温、隔热、隔声性能，节能效果好。

D. 施工方法简单，技术上易于掌握，也无需特殊设备。

砌体结构的主要缺点是自重大，整体性差，砌筑劳动强度大。

砌体结构在多层建筑中应用相当广泛，尤其是在多层民用建筑中，砌体结构占绝大多数。

3) 钢结构

钢结构系指以钢材为主制作的结构。钢结构具有以下主要优点：

A. 材料强度高，自重轻，塑性和韧性好，材质均匀。

B. 便于工厂生产和机械化施工，便于拆卸。

C. 抗震性能优越。

D. 没有污染、可以再生，节能符合建筑可持续发展的原则。

钢结构的缺点是易腐蚀，需经常油漆维护，故维护费用较高。钢结构的耐火性差。当温度达到250℃时，钢结构的材质将会发生较大变化，强度只有常温下强度的一半左右；当温度达到500℃时，钢材完全软化，结构会瞬间崩溃，承载能力完全丧失。

钢结构的应用正日益增多，尤其是在高层建筑及大跨度结构（如屋架、网架、悬索等结构）中。

4) 木结构

木结构是指全部或大部分用木材制作的结构。易于就地取材，这种结构由于制作简单，过去应用相当普遍。但木材用途广泛，用量日增，而产量却受自然条件的限制，因此已很少采用。

(2) 按承重结构类型分类

按承重结构类型的不同来分，又可分为两大方面。一方面是解决跨度问题的结构，另一方面是解决高度问题的结构。

1) 解决跨度问题的结构包括

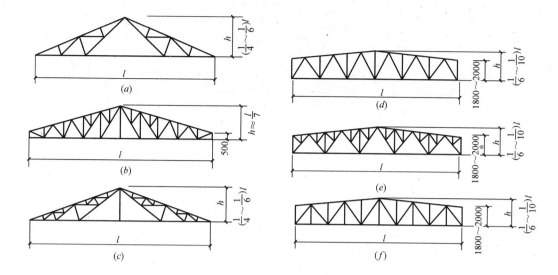

图 2-31 桁架结构

A. 桁架结构。桁架是由上弦杆、下弦杆、腹杆通过铰连接成的一个平面结构,图 2-31 是桁架的几种形式。

B. 单层刚架结构。刚架是指梁与柱的连接为刚性连接的结构,图 2-32 所示是刚架的几种形式。

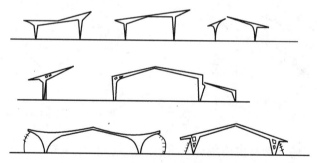

图 2-32 单层刚架结构

C. 拱式结构。拱是一种十分古老,而现代仍在大量应用的结构形式。它是以承受轴向压力为主的结构,这对混凝土、砖、石等抗压强度高而抗拉强度低的脆性材料是十分适宜的。

上述几种是应用较少的平面结构,跨度有限,当需要采用更大跨度时,则可以采用下面这些结构。

D. 薄壳结构。将平面板变成曲面板后形成的结构,有圆顶(图 2-33)、筒壳(图 2-34)、双曲扁壳(图 2-35)、双扁壳曲面坐标(图 2-36)。

E. 网架结构。网架结构平面布置灵活,空间造型美观,便于建筑造型处理和装饰、装修,能适应不同跨度、不同平面形状、不同支承条件、不同功能需要的建筑物。特别是在大、中跨度的屋盖结构中,网架结构更显示出其优越性,被大量应用于大型体育建筑

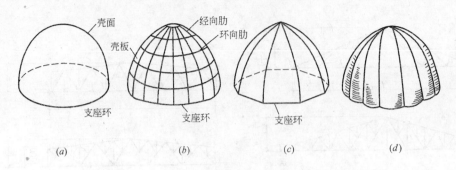

图 2-33 圆顶的壳身结构

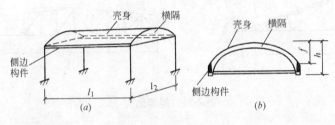

图 2-34 筒壳结构

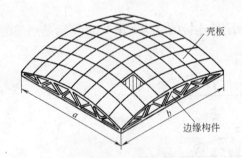

图 2-35 双曲扁壳的结构

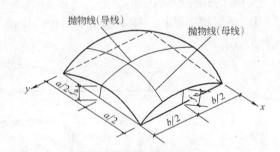

图 2-36 双曲扁壳的曲面坐标

（如体育馆、练习馆、体育场看台雨篷等）、公共建筑（如展览馆、影剧院、车站、码头、候机楼等）、工业建筑（如仓库、厂房、飞机库等）中。图 2-37 所示为中国科技馆球形影院。

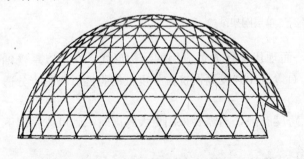

图 2-37 中国科技馆球形影院

F. 悬索结构。悬索结构由受拉索、边缘构件和下部支承构件所组成，如图 2-38 所示。拉索按一定的规律布置可形成各种不同的体系，边缘构件和下部支承构件的布置则必须与拉索的形式相协调，有效地承受或传递拉索的拉力。拉索一般采用由高强钢丝组成的钢绞线、钢丝绳或钢丝束，边缘构件和下部支承构件则常常为钢筋混凝土结构。

2）解决高度问题的结构

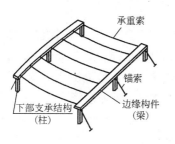
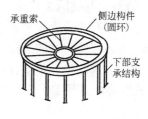

图 2-38 悬索结构的组成

解决高度问题的结构主要有砖混结构、框架结构、剪力墙结构、框架—剪力墙结构、筒体结构等。

(3) 建筑结构上的荷载

1) 荷载分类

结构上的荷载按其作用时间的变异可分为三类：

A. 永久荷载。在设计基准期内，作用在结构上荷载的大小、方向、作用形式等参数如果不随时间变化，该荷载就称为永久荷载。如结构自重、土压力等。永久荷载也称为恒载。

B. 可变荷载。在设计基准期内，作用在结构上荷载的大小、方向、作用形式等参数如果随时间变化，该荷载就称为可变荷载，如施工安装荷载、楼（屋）面活荷载、积灰荷载、风荷载、雪荷载、吊车荷载等。可变荷载也称为活载。

C. 偶然荷载。偶然作用在设计基准期内不一定出现，而一旦出现则是值很大且持续时间很短，会对结构产生很不利影响的荷载，如地震、爆炸、撞击等。

2) 荷载代表值

不确定的量，如荷载可根据不同的设计要求，采用不同的称为荷载代表值。永久荷载采用标准值作为代表值，可变荷载则采用标准值、准永久值或组合值为代表值。

A. 荷载的标准值。荷载的标准值相当于结构在使用期间内正常情况下可能出现的最大荷载，可用概率的方法确定。目前主要根据实践经验来确定。永久荷载的标准值 G_k 根据结构的设计尺寸、材料和构件的单位自重计算确定。对某些变异性较大的材料或结构件（如现场制作的保温材料），考虑到结构的可靠性，其单位自重应根据对结构有利或不利分别取其自重的下限值或上限值。常用材料和构件自重。

B. 可变荷载的准永久值 Q_g。可变荷载准永久值是按正常使用极限状态荷载效应准永久值组合设计时采用的荷载代表值，它是在结构预定使用期内经常达到和超过的荷载值，它对结构的影响，在性质上类似于永久荷载。准永久值一般依据在设计基准期内，荷载达到和超过该值的总持续时间与设计基准期的比值为 1/2 的原则确定的。

C. 可变荷载的组合值 Q_c。当结构上同时作用有两种或两种以上可变荷载时，它们同时以各自的标准值出现的可能性比较小，而将其中某些荷载予以折减后的荷载值。

2. 混凝土结构的受力特点及构造

(1) 钢筋和混凝土的共同工作

1) 将两者结合在一起共同工作的目的

钢筋混凝土由钢筋和混凝土两种物理力学性能完全不同的材料组成。混凝土的抗压能力较强而抗拉能力很弱,而钢材的抗拉和抗压能力都很强,为了充分利用材料的性能扬长避短,将混凝土和钢筋这两种材料结合在一起共同工作,使混凝土主要承受压力,钢筋主要承受拉力,从而既可以满足工程结构的使用要求,又较为经济。

图 2-39 为两根截面尺寸、跨度和混凝土强度等级完全相同的简支梁,其中一根为没配钢筋的素混凝土梁。由试验得知,素混凝土梁在较小荷载作用下,便由于受拉区混凝土被拉裂而突然折断。但如在梁的受拉区配置纵向钢筋,配置在受拉区的钢筋明显地加强了受拉区的抗拉能力,从而使钢筋混凝土梁的承载能力比素混凝土梁的承载能力大大提高。这样,钢筋和混凝土两种材料的强度均得到了较充分的利用。

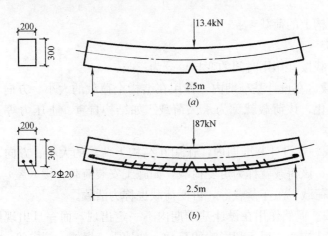

图 2-39 钢筋和混凝土共同工作

2) 两者结合共同工作的原因

钢筋和混凝土是两种性质不同的材料,之所以能有效地共同工作,是由于下述原因:

A. 钢筋和混凝土之间存在着粘结力,能将二者牢固结成整体,受力后变形一致,不会产生相对滑移。这是钢筋和混凝土共同工作的主要条件。

B. 钢筋和混凝土的温度线膨胀系数大致相同(钢筋为 1.2×10^{-5},混凝土为 $1.0 \sim 1.5 \times 10^{-5}$)。因此,当温度变化时,不致因应变相距过大而破坏两者之间的粘结。

C. 混凝土对钢筋的包裹,可以防止钢筋锈蚀,从而保证了钢筋混凝土构件的耐久性。

3) 钢筋与混凝土的粘结

钢筋与混凝土能共同工作的主要原因是二者之间存在较强的粘结力,这个粘结力是由以下三部分组成的:

A. 水泥遇水后产生化学反应与钢筋表面产生的胶结力;

B. 混凝土结硬收缩时,与钢筋握裹产生的摩擦力;

C. 变形钢筋表面的凸凹或光面钢筋的弯钩与混凝土之间的机械咬合力。

钢筋与混凝土的粘结面上所能承受的平均剪应力的最大值称为粘结强度。其大小与钢筋表面形状、直径、混凝土强度等级、保护层厚度、横向钢筋、侧向压力、浇筑位置有关。

我国设计规范采用钢筋的搭接长度、锚固长度、保护层厚度、钢筋净距、受力的光面钢筋端部要做弯钩等有关构造措施来保证钢筋与混凝土的粘结强度（图 2-40）。

（2）钢筋混凝土受弯构件——梁、板

受弯构件是指截面上同时有弯矩 M 和剪力 V 作用的构件。在房屋结构中广为应用的梁和板均属于受弯构件。受弯构件在弯矩作用下，可能沿正截面发生破坏；在弯矩和剪力的共同作用下，也可能发生沿斜截面的破坏，如图 2-41 所示。

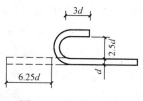

图 2-40　钢筋的弯钩

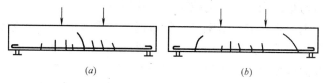

图 2-41　受弯构件破坏情况
(a) 正截面破坏；(b) 斜截面破坏

1）板和梁的构造要求

A. 截面尺寸：

A）板的厚度。

板的最小厚度一般根据刚度要求确定，并且应满足承载力、经济性及施工上的要求。从刚度条件看，板的厚度可参照下表 2-1 确定，板厚以 10mm 为模数。为了保证施工质量，现浇钢筋混凝土板的厚度不应小于表 2-2 规定的数值。

不作挠度验算的板的厚度（mm）　　　　表 2-1

支座构造特点	板的厚度	支座构造特点	板的厚度
简支	≥L/30	悬臂	≥L/10
弹性约束	≥L/40		

注：L 为板的跨度。

现浇钢筋混凝土板的最小厚度　　　　表 2-2

板的类别		最小厚度(mm)
单向板	屋面板	60
	民用建筑楼板	60
	工业建筑楼板	70
	车道下的楼板	80
双向板		80
密肋板	肋间距≤700mm	40
	肋间距＞700mm	50
悬臂板	板的悬臂长度≤500mm	60
	板的悬臂长度＞500mm	80
无梁楼板		150

B）梁的截面形式和尺寸。

梁的常见截面形式有矩形、T形、工字形以及花篮形等，其截面尺寸要满足承载力、刚度和裂缝宽度限值三方面的要求，截面高度 h 可根据梁的跨度来确定。

常见的梁高（mm）有 240、250、300、350、…、700、800、900、1000 等。

梁的截面宽度 b 通常由高宽比控制，即矩形截面梁的高宽比通常取 $h/b=2.0\sim2.5$；T形、工字形截面梁的高宽比通常取 $h/b=2.5\sim4.0$；常用的梁宽（mm）有 120、150、180、200、240、250、300、350、370、400 等。

B. 配筋。

A) 板中配筋。

板中通常布置两种钢筋：受力钢筋和分布钢筋，如图 2-42 所示。受力钢筋沿板的受力方向布置，承受由弯矩作用而产生的拉应力，其用量由计算确定。分布钢筋是布置在受力钢筋内侧且与受力钢筋垂直的构造钢筋。分布钢筋与受力钢筋绑扎或焊接在一起，形成钢筋骨架，将荷载更均匀地传递给受力钢筋，并可起到在施工过程中固定受力钢筋位置、抵抗因混凝土收缩及温度变化而在垂直受力钢筋方向产生的拉应力。

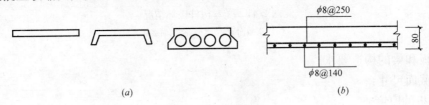

图 2-42 板的配筋
(a) 板的截面图；(b) 配筋方式

受力钢筋的作用是承受由弯矩产生的主拉正应力。受力钢筋的直径（mm）通常采用 6、8、10、12、14、16 等。当钢筋采用绑扎时，受力钢筋的间距一般不小于 70mm，当板厚 $t\leqslant150$mm 时，不应大于 200mm；当板厚 $t>150$mm 时，不应大于 $1.5t$，且不宜大于 250mm。板中伸入支座下部的钢筋，其间距不应大于 400mm，其截面面积不应小于跨中受力钢筋截面面积的 1/3。

分布钢筋作用主要是固定受力钢筋的位置，将荷载更有效地传递给受力钢筋，同时抵抗因混凝土收缩、温度变化等原因在平行于受力筋方向产生的裂缝。分布钢筋的截面面积不应小于单位长度上受力钢筋截面面积的 15%，且配筋率不宜小于 0.15%，其间距不大于 250mm，直径不宜小于 6mm。

B) 梁中配筋。

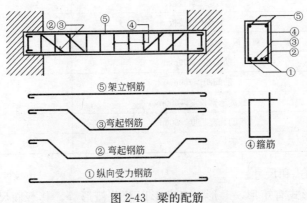

图 2-43 梁的配筋

梁中一般配置下面几种钢筋：纵向受力钢筋、箍筋、弯起钢筋、纵向构造钢筋（架立钢筋和腰筋），如图 2-43 所示。

纵向受力钢筋　布置在梁的受拉区，承受由弯矩作用而产生的拉应力。数量由计算确定，但不得少于 2 根（当梁宽度 $b<150$mm 时，可仅设一根）。常用的直径为 10～28mm。当混凝土抗压能力不足而截面尺寸受到限制时，在构件受压区也配置纵向受力钢筋与混凝土共同承受压力。但这种做法是不经济的，所以很少采用。

设置箍筋可以提高构件的抗剪承载力，同时也与纵向受力钢筋、架立筋一起形成钢筋骨架。箍筋的直径和间距由计算确定，当按计算不需要箍筋时，对截面高度 $h>300$mm 的梁，也应沿梁全长按照构造要求设置箍筋，且箍筋的直径不得小于箍筋的最小直径 d_{min}，箍筋的间距不得小于箍筋的最大间距 S_{max}；箍筋的最小直径 d_{min}、箍筋的最大间距 S_{max}、箍筋的形式如表 2-3、表 2-4、表 2-5 所示。

箍筋的最小直径 d_{min}　　　　　　　　　　　表 2-3

梁高 h/(mm)	箍筋最小直径(mm)	梁高 h/(mm)	箍筋最小直径(mm)
$h\leqslant 800$	6	$h>800$	8

注：当有受压钢筋时，箍筋的直径不得小于 $d/4$（d 为受压钢筋的最大直径）。

箍筋的最大间距 S_{max}　　　　　　　　　　　表 2-4

梁高 h/(mm)	$V>0.7f_tbh_0$	$V\leqslant 0.7f_tbh_0$
$150<h\leqslant 300$	150	200
$300<h\leqslant 500$	200	300
$500<h\leqslant 800$	250	350
$h>800$	300	400

箍筋的肢数和形式　　　　　　　　　　　表 2-5

梁宽 b(mm)	肢数	形式
$b\leqslant 150$	单肢	
$150<b\leqslant 350$	双肢	
$b>350$	四肢	

注：当一排内纵向钢筋多于 5 根，或受压钢筋多于 3 根也采用四肢。

梁中纵向受力钢筋在靠近支座的地方承受的拉应力较小，为了增加斜截面的受剪承载能力，可将部分纵向受力钢筋弯起来伸至梁顶，形成弯起钢筋。弯起钢筋的弯起角度一般为 45°，当梁高较大（$h>800$mm）时可取 60°。

为了固定箍筋，以便与纵向受力钢筋形成钢筋骨架，并抵抗因混凝土收缩和温度变化产生的裂缝，在梁的受压区沿梁轴线设置架立钢筋。如在受压区已有受压纵筋时，受压纵筋可兼作架立钢筋。架立钢筋应伸至梁端，当考虑其承受负弯矩时，架立钢筋两端在支座内应有足够的锚固长度。架立钢筋的直径可参考表2-6选用。

架立钢筋直径   表 2-6

梁跨度(m)	最小直径(mm)	梁跨度(m)	最小直径(mm)
$L_0<4$	≥8	$L_0>6$	≥12
$4≤L_0≤6$	≥10		

当截面有效高度 h_0 或腹板高度 $h_w ≥ 450$ mm，为了加强钢筋骨架的刚度，以及防止当梁太高时由于混凝土收缩和温度变化在梁侧面产生的竖向裂缝，应在梁的两侧沿梁高每200mm处各设一根直径不小于10mm的梁侧构造筋，俗称腰筋，其截面面积不小于腹板截面面积 bh_w 的 0.1%，两根腰筋之间用 $\phi6$～$\phi8$ 的拉筋联系，拉筋间距一般为箍筋间距的2倍，如图2-44所示。

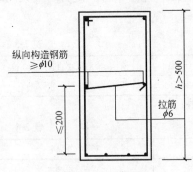

图 2-44 腰筋布置

C. 混凝土保护层厚度 c 和截面有效高度 h_0 及纵向受力钢筋净距。

A) 混凝土保护层厚度。钢筋外边缘至混凝土表面的距离称为钢筋的混凝土保护层厚度。其主要作用，一是保护钢筋不致锈蚀，保证结构的耐久性；二是保证钢筋与混凝土间的粘结；三是在火灾等情况下，避免钢筋过早软化。纵向受力钢筋的混凝土保护层不应小于钢筋的公称直径，并符合表2-7规定。

混凝土保护层最小厚度（mm）   表 2-7

环境类别		板、墙、壳			梁			柱		
		≤C20	C25～C45	≥C50	≤C20	C25～C45	≥C50	≤C20	C25～45	≥C50
一		20	15	15	30	25	25	25	30	30
二	a	—	20	20	—	30	30	—	30	30
	b	—	25	20	—	35	30	—	35	30
三		—	30	25	—	40	35	—	40	35

注：1. 基础中纵向受力钢筋的混凝土保护厚度不应小于40mm；当无垫层时不应小于70mm。

2. 处于一类环境中且由工厂生产的预制构件，当混凝土强度等级不低于C20时，其保护层厚度可按表中规定减少5mm，但预制构件中的预应力钢筋的保护层不应小于15mm；处于二类环境中且工厂生产的预制构件，当表面采取有效保护措施时，保护层厚度可按表中一类环境数值采用。

3. 预制钢筋混凝土受弯构件钢筋端头的保护层厚度不应小于10mm；预制肋形板主肋钢筋的保护层厚度应按梁的数值取用。

4. 板、墙、壳中分布钢筋的保护层厚度不应小于表中相应数值减10mm，且不小于10mm。梁、柱箍筋和构造钢筋的保护层不应小于15mm。

混凝土保护层厚度过大不仅会影响构件的承载能力，而且会增大裂缝宽度。实际工程中，一类环境中梁、板的混凝土保护层厚度一般取为：混凝土强度等级不大于C20时，梁 30mm，板 20mm；混凝土强度等级大于等于 C25 时，梁 25mm，板 15mm。

B) 截面的有效高度 h_0。在计算梁、板承载能力时，梁、板因受弯开裂、受拉区混凝土退出工作，裂缝处的拉力由钢筋承担。此时梁、板能发挥作用的截面高度应为受拉钢筋截面的重心到受压混凝土边缘的距离，此距离称截面的有效高度，用 h_0 表示，截面的有效高度在设计计算时，可按下面方法估算：

对于梁：一排钢筋 $h_0 = h - c - d/2 = h - 25\text{mm} - 20\text{mm}/2 = h - 37.5\text{mm}$

可近似取 $h_0 = h - 35\text{mm}$

两排钢筋 $h_0 = h - c - d - 25\text{mm}/2 - d/2$
$= h - 25\text{mm} - 20\text{mm} - 25\text{mm}/2 - 20\text{mm}/2 = h - 57.5\text{mm}$

可近似取 $h_0 = h - 60\text{mm}$

对于板：$h_0 = h - c - d/2 = h - 15\text{mm} - 10\text{mm}/2 = h - 20\text{mm}$

当钢筋直径较大时，应按实际尺寸计算。

C) 梁内纵向受力钢筋净距。为了保证钢筋周围的混凝土浇筑密实，避免钢筋锈蚀而影响结构的耐久性，梁的纵向受力钢筋间必须留有足够的净间距，其要求如图 2-45 所示。

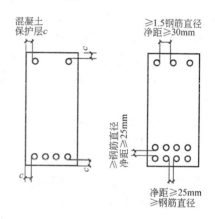

图 2-45 受力钢筋的排列

2) 受弯构件的破坏特征

A. 正截面破坏。

试验结果表明，梁的正截面破坏形式与纵向受力钢筋的用量、混凝土强度等级、梁的截面形式等有关，影响最大的是梁内纵向受力钢筋的用量。梁内纵向钢筋的相对用量用配筋率 ρ 表示，其计算公式为

$$\rho = A_s / bh_0 \tag{2-33}$$

式中 A_s——纵向受拉钢筋的截面面积；
　　　b——梁截面的宽度；
　　　h_0——梁截面的有效高度。

随着纵向受拉钢筋率 ρ 的不同，钢筋混凝土梁正截面有适筋梁、超筋梁和少筋梁三种不同的破坏形式。

A) 适筋梁。配置适量纵向受力钢筋的梁称为适筋梁。适筋梁从开始加载到完全破坏，其应力变化经历了三个阶段，如图 2-46 所示。

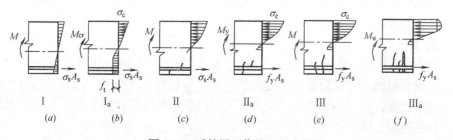

图 2-46 适筋梁工作的三个阶段

第Ⅰ阶段（弹性工作阶段）：荷载很小时，混凝土的压应力及拉应力都很小，应力和应变几乎呈直线关系，如图2-46（a）所示。

当弯矩增大时，受拉区混凝土表现出明显的塑性特征，应力和应变不再呈直线关系，应力分布呈曲线。当受拉边缘纤维的应变达到混凝土的极限拉应变 ε_{tu} 时，截面处于将裂未裂的极限状态，即第Ⅰ阶段末，用Ⅰ$_a$表示，此时截面所能承担的弯矩称抗裂弯矩 M_{cr}，如图2-46（b）所示。Ⅰ$_a$阶段的应力状态是抗裂验算的依据。

第Ⅱ阶段（带裂缝工作阶段）：当弯矩继续增加时，受拉区混凝土的应变超过其极限拉应变 ε_{tu}，受拉区出现裂缝，截面即进入第Ⅱ阶段。裂缝出现后，在裂缝截面处，受拉区混凝土大部分退出工作，拉力几乎全部由受拉钢筋承担。随着弯矩的不断增加，裂缝逐渐向上扩展，中和轴逐渐上移，受压区面积逐渐减少，如图2-46（c）所示。第Ⅱ阶段的应力状态是裂缝宽度和变形验算的依据。

当弯矩继续增加，钢筋应力达到屈服强度 f_y，这时截面所能承担的弯矩称为屈服弯矩 M_y。它标志着截面进入第Ⅱ阶段末，以Ⅱ$_a$表示，如图2-46（d）所示。

第Ⅲ阶段（破坏阶段）：弯矩继续增加，受拉钢筋的应力保持屈服强度不变，钢筋的应变迅速增大，受拉区混凝土的裂缝迅速向上扩展，受压区面积进一步减少。如图2-46（e）所示，到本阶段末（即Ⅲ$_a$阶段），受压边缘混凝土压应变达到极限压应变，受压区混凝土产生近乎水平的裂缝，混凝土被压碎，截面宣告破坏，此时截面所承担的弯矩即为破坏弯矩 M_u。Ⅲ$_a$阶段的应力状态作为构件承载力计算的依据。

由上可知，适筋梁的破坏始于受拉钢筋屈服。从受拉钢筋屈服到受压区混凝土被压碎，需要经历较长过程。由于钢筋屈服后产生很大塑性变形，使裂缝急剧开展和挠度急剧增大，给人以明显的破坏预兆，这种破坏称为延性破坏。适筋梁的材料强度能得到充分发挥。

B）超筋梁。纵向受力钢筋配筋率大于最大配筋率的梁称为超筋梁。这种梁由于纵向钢筋配置过多，受压区混凝土在钢筋屈服前即达到极限压应变被压碎而破坏。破坏时钢筋的应力还未达到屈服强度，因而裂缝宽度均较小，且形不成一根开展宽度较大的主裂缝，梁的挠度也较小。这种单纯因混凝土被压碎而引起的破坏，发生得非常突然，没有明显的预兆，属于脆性破坏，并且钢筋的力学性能没有得到充分发挥，造成材料浪费，实际工程中不采用超筋梁。

C）少筋梁。配筋率小于最小配筋率的梁称为少筋梁。这种梁破坏时，裂缝往往集中出现一条，不但开展宽度大，而且沿梁高延伸较高。一旦出现裂缝，钢筋的应力就会迅速增大并超过屈服强度而进入强化阶段，甚至被拉断。这种破坏与素混凝土梁的破坏特征一样，也是突然的，表现出"一裂即坏"的特征，没有明显预兆，也属于脆性破坏。实际工程中不应采用少筋梁。

B. 斜截面破坏

A）斜拉破坏。当箍筋配置过少，且剪跨比较大（$\lambda>3$）时，常发生斜拉破坏。其特点是一旦出现斜裂缝，与斜裂缝相交的箍筋应力立即达到屈服强度，随后斜裂缝迅速延伸到梁的受压区边缘，构件裂为两部分而破坏，斜拉破坏的破坏过程急剧，与少筋梁的破坏相类似，具有很明显的脆性。

B）斜压破坏。当梁的箍筋配置过多过密或者梁的剪跨比较小（$\lambda<1$）时，斜截面破

坏形态将主要是斜压破坏。这种破坏是因梁的剪弯段腹部混凝土被一系列平行的斜裂缝分割成许多倾斜的受压柱体,在正应力和剪应力共同作用下混凝土被压碎而导致的,破坏时箍筋应力尚未达到屈服强度,与超筋梁的破坏特征相类似,斜压破坏属脆性破坏。

C) 剪压破坏。构件的箍筋适量,且剪跨比适中($\lambda=1\sim3$)时将发生剪压破坏。当荷载增加到一定值时,首先在剪弯段受拉区出现斜裂缝,荷载进一步增加,与临界斜裂缝相交的箍筋应力达到屈服强度。随后,斜裂缝不断扩展,斜截面末端剪压区不断缩小,最后剪压区混凝土在正应力和剪应力共同作用下达到极限状态而压碎,与适筋梁的破坏特征相类似。剪压破坏具有明显预兆,属于塑性破坏。

3) 变形及裂缝宽度验算

A. 变形验算。

钢筋混凝土受弯构件在荷载作用下会产生挠曲变形。过大的挠度会影响结构的正常使用。因此,受弯构件除应满足承载力要求外,必要时还需进行变形验算,以保证其不超过正常使用极限状态,确保结构构件的正常使用。

钢筋混凝土受弯构件的挠度应满足:

$$f \leqslant [f] \tag{2-34}$$

式中 $[f]$——钢筋混凝土受弯构件的挠度限值。对屋盖、楼盖及楼梯构件 $[f]=(1/400\sim 1/200)L_0$,吊车梁 $[f]=(1/600\sim1/500)L_0$,其中 L_0 为构件计算跨度。

当不能满足式(2-34)时,说明受弯构件的弯曲刚度不足,应采取措施后重新验算。其最有效的措施是增加梁的截面高度。

B. 裂缝宽度验算。

钢筋混凝土受弯构件的裂缝有两种:一种是由于混凝土的收缩或温度变形引起的;另一种则是由荷载引起的。对于前一种裂缝,主要是采取控制混凝土浇筑质量,改善水泥性能,选择集料成分,改进结构形式,设置伸缩缝等措施解决,不需进行裂缝宽度计算。以下所说的裂缝均指由荷载引起的裂缝。

混凝土的抗拉强度很低,荷载还较小时,构件受拉区就会开裂,因此我们说钢筋混凝土受弯构件基本上是带裂缝工作的。但裂缝过大时,会使钢筋锈蚀,从而降低结构的耐久性,并且裂缝的出现和扩展还会降低构件的刚度,从而使变形增大,甚至影响正常使用。

影响裂缝宽度的主要因素如下:

A) 纵向钢筋的应力。裂缝宽度与钢筋应力近似呈线性关系。

B) 纵筋的直径。当构件内受拉纵筋截面相同时,采用细而密的钢筋则会增大钢筋表面积,因而使粘结力增大,裂缝宽度变小。

C) 纵筋表面形状。带肋钢筋的粘结强度较光面钢筋大得多,可减少裂缝宽度。

D) 纵筋配筋率。构件受拉区混凝土截面的纵筋配筋率越大,裂缝宽度越小。

E) 保护层厚度。保护层越厚,裂缝越大。

钢筋混凝土受弯构件在荷载长期效应组合作用下的最大裂缝宽度 w_{max} 应满足:

$$w_{max} \leqslant w_{lim} \tag{2-35}$$

式中 w_{lim}——最大裂缝宽度限值。对钢筋混凝土结构构件,$w_{lim}=0.2\sim0.4\text{mm}$。

当不能满足式(2-33)时,说明裂缝宽度过大,应采取措施后重新验算。减小裂缝宽度的措施包括:①增大钢筋截面积;②在钢筋截面面积不变的情况下,采用较小直径的钢筋；③采用变形钢筋；④提高混凝土强度等级；⑤增大构件截面尺寸；⑥减小混凝土保护层厚度。其中，采用较小直径的变形钢筋是减小裂缝宽度最简单而经济的措施。

(3) 混凝土受压构件

钢筋混凝土受压构件，依据轴向压力作用线与构件截面形心线间关系的不同，可分为轴心受压构件和偏心受压构件两大类。当轴向压力的作用线与构件的截面形心线相重合时，称为轴心受压构件，如图2-47（a）所示；当轴向压力的作用线偏离构件的截面形心线时，称为偏心构件，如图2-47（b）所示，轴向压力的作用线到构件截面形心线之间的距离 e_0 称为轴向压力的偏心距。

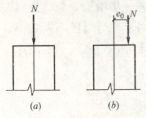

图2-47 受压构件
(a) 轴心受压构件；
(b) 偏心受压构件

其构造要求如下：

A. 材料强度等级。混凝土强度等级对受压构件的承载力影响较大，为使其抗压强度得到充分利用，设计时宜采用强度等级较高的混凝土。一般情况下，混凝土强度等级不低于C25。柱中不宜采用高强度钢筋，因其强度不能充分发挥。

B. 截面形状及尺寸。为便于施工，轴心受压柱一般采用正方形或矩形截面。当有特殊要求时，也可采用圆形或多边形截面。偏心受压柱一般采用矩形截面。当截面尺寸较大时，为减轻自重、节约混凝土，常采用工字形截面。柱截面尺寸，主要依据内力的大小和柱的计算长度而定。为了充分利用材料强度，使柱的承载力不致因长细比过大而降低太多，截面尺寸不宜太小。一般要求 $b \geqslant L_0/30$，$h \geqslant L_0/25$。对于现浇柱，截面尺寸不宜小于250mm×250mm。柱截面尺寸还应符合模数要求，边长在800mm以下时，以50mm为模数；边长在800mm以上时，以100mm为模数。

C. 纵向钢筋。纵向钢筋的作用是和混凝土一起承担外荷载，承受因温度改变及收缩而产生的拉应力，改善混凝土的脆性性能。为此，《混凝土结构设计规范》规定了纵向钢筋的最小配筋率 $\rho_{\min}$。纵向钢筋的直径不宜小于12mm，通常在12～40mm范围内选择。纵向钢筋的根数至少应保证在每个阳角处设置一根；圆柱中纵向钢筋根数不宜少于8根，且不应少于6根，轴心受压时，应沿截面四周均匀、对称设置。纵向钢筋的净距离不应小于50mm，中距不大于350mm。对于在水平位置上浇筑的预制柱，其纵向钢筋的净距离要求与梁相同。当偏心受压柱的截面高度 $h \geqslant 600$mm时，在截面侧边应设置直径10～16mm的纵向构造钢筋，用以承受由于温度变化及混凝土收缩产生的拉应力，同时，应相应设置附加箍筋或拉筋。

D. 箍筋。柱中配置箍筋，不仅可以提高柱的受剪承载力，还可以防止纵向钢筋压屈，同时还能够固定纵向钢筋并与其形成钢筋骨架，因此，柱中箍筋应做成封闭式。

箍筋一般采用HPB235级钢筋，其直径不应小于 $d/4$，且不应小于6mm，d 为纵向受力钢筋的最大直径。

箍筋的间距不应大于400mm，且不应大于柱截面的短边尺寸 b，同时，不应大于 $15d$，在搭接接头区段内，当搭接钢筋为受拉时，其箍筋间距不应大于 $5d$，且不应大于100mm；在搭接钢筋为受压时，其箍筋间距不应大于 $10d$，且不应大于200mm。

当柱中全部纵向受力钢筋的配筋率超过3%时，箍筋直径应不小于8mm，且宜焊成封闭式，其间距不应大于 $10d$ 及200mm；箍筋末端应做成135°弯钩且弯钩末端平直段长度不应小于箍筋直径的 10 倍。

箍筋的形式及布置应根据截面形状、尺寸及纵向受力钢筋的根数确定。当柱截面各边纵向钢筋不多于 3 根，或当柱子短边尺寸不大于 400mm 且纵向钢筋不多于 4 根时，可设置单个箍筋，否则，应设置复合箍筋，使纵向钢筋每隔一根位于箍筋转角处。柱中不允许采用有内折角的箍筋。图 2-48 为几种常用的箍筋形式。

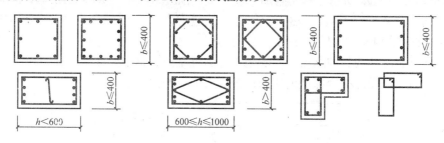

图 2-48　常用箍筋形式

(4) 钢筋混凝土受扭构件的受力特点及构造

1) 受扭构件的类型及配筋形式

截面上作用有扭矩的构件即为受扭构件。在建筑结构中，受纯扭的构件很少，一般在受扭的同时还受弯、受剪。雨篷梁、框架的边梁和厂房中的吊车就是这样的例子。

2) 配筋构造

A. 抗扭纵筋。

抗扭纵筋应沿构件截面周边均匀对称布置。矩形截面的四角以及 T 形和工字形截面各分块矩形的四角，均必须设置抗扭纵筋。抗扭纵筋的间距不应大于 200mm，也不应大于梁截面短边长度。

弯剪扭构件纵向钢筋的配筋率，不应小于受弯构件纵向受力钢筋的最小配筋率与受扭构件纵向受力钢筋的最小配筋率之和。受扭构件纵向受力钢筋的最小配筋率为：

$$\rho_{tl,min} = 0.6\sqrt{\frac{T}{Vb}}\frac{f_t}{f_y} \tag{2-36}$$

当 $\frac{T}{Vb} > 2$ 时，取 $\frac{T}{Vb} = 2$。

式中　T——构件截面所承受的扭矩设计值；

　　　V——构件截面所承受的剪力设计值；

　　　b——矩形截面宽度。

B. 抗扭箍筋。

抗扭箍筋必须为封闭式，其间距应满足箍筋最大间距的要求。受扭箍筋的末端应做成 135°弯钩，弯钩端头平直段长度不应小于 10d（d 为箍筋直径）。当采用复合箍筋时，位于截面内部的箍筋不计入受扭所需的箍筋面积。

(5) 预应力混凝土构件简介

1) 预应力混凝土的基本原理

A. 预应力混凝土的概念：预应力混凝土是指在构件承受荷载之前，用某种方法在混凝土的受拉区预先施加压应力（产生预压变形），当结构承受由荷载产生的拉应力时，必须先抵消混凝土的预加压应力，然后才能随着荷载的增加使混凝土受拉，进而出现裂缝。

图 2-49 为一简支梁，在使用荷载作用下，横截面上的正应力分布如图 2-49b 所示，截面的下边缘产生拉应力 σ。若在构件承受荷载之前在其两端施加一对集中力，横截面上的正应力分布如图 2-49a 所示。利用叠加原理，可得预应力混凝土梁在使用阶段的横截面正应力分布图如图 2-49c 所示。显然横截面上的拉应力大大减小了。若使 $\sigma_c > \sigma$，则梁在压力和荷载共同作用下，截面将不产生拉应力，梁不会产生裂缝。这说明在预应力作用下提高了构件的抗裂度和构件的刚度。实际上预应力混凝土就是按照需要预先引入某种量值与分布的内应力，以局部或全部抵消使用荷载应力的一种混凝土。

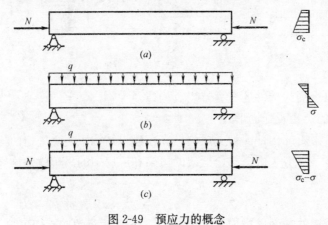

图 2-49 预应力的概念

B. 预应力的特点：与普通钢筋混凝土结构相比，预应力混凝土结构具有如下的一些特点：

A）改善结构的使用性能，在使用荷载下不出现裂缝或大大地延迟裂缝的出现，减小在使用荷载下钢筋拉应力很高的构件的裂缝宽度。

B）在使用荷载作用下，预应力混凝土结构基本处于弹性阶段，材料力学的公式可应用到构件截面开裂为止。

C）合理采用高强度钢筋和高强度等级的混凝土，从而节省材料和减轻结构自重，特别用于跨度大或承受大荷载的构件。

D）由于抗裂度得到了提高，从而提高了构件的刚度和耐久性。

E）由于受拉区的混凝土得到了充分利用，预应力混凝土可比普通钢筋混凝土的混凝土用量节约 20%～40%；由于充分利用了高强钢材的强度，预应力钢筋用量的节约更高达 60%～80%。

F）由于材料单价高，辅助材料（如锚夹具、孔道套管等）多，施工复杂等原因，预应力混凝土与普通钢筋混凝土单个构件相比，不一定有明显的经济效果。但自重的减轻可以降低有关支撑构件和基础的荷载与造价。所以，从整个工程来看，采用预应力混凝土一般比普通钢筋混凝土经济。

C. 预应力混凝土的分类：预应力混凝土按施工方法可分为先张法预应力混凝土结构与后张法预应力混凝土结构。先张法是指先张拉预应力筋后浇筑混凝土的一种生产方法。适用于固定性的预制工厂。后张法是指先浇筑混凝土，等达到规定强度后再张拉预应力筋的生产方法。预应力筋可以放在构件的预留孔内，也可放在构件的混凝土里面。

2) 预应力混凝土的材料及主要构造要求

A. 钢筋：

A) 性能要求

a. 强度应该较高。由于预应力混凝土从制作到使用的各个阶段，预应力钢筋一直处于高拉应力状态，使钢筋的强度等级不能过低。

b. 塑性、可焊性应该较好。高强度的钢筋塑性性能一般较低，为了保证结构在破坏之前有较大的变形，使之为塑性破坏，必须有足够的塑性性能。

c. 先张法构件的钢筋应该有良好的粘结性。先张法是通过粘结力传递预压应力，所以纵向受力钢筋宜选用直径较细的钢筋，高强度的钢丝表面要进行"刻痕"或"压波"处理，以增加其粘结性。

d. 应力松弛应该低。预应力钢筋在长度不变的前提下，其应力随着时间的延长而慢慢降低的现象称为应力松弛。不同的钢筋松弛量不同，应选用松弛小的钢筋。

B) 预应力钢筋的种类：

a. 热处理钢筋。热处理钢筋是将合金钢经过调质热处理而成，从而达到提高抗拉强度（$f_{py}=1040\text{N/mm}^2$），且塑性降低不多的目的。

b. 消除应力钢丝。是用高碳镇静钢轧制成的盘圆钢筋，经过加温、淬火、酸洗、冷拔、回火矫直等处理工序来消除应力而成的，可提高抗拉强度，消除应力钢丝的强度高，应力松弛，则较低。

c. 钢绞线。它是一根直径较粗的钢丝为芯，并用边丝围绕它进行螺旋状绞捻而成，钢绞线的强度高，应力松弛低，伸直性好，比较柔软，盘弯方便，粘结性也较好。

B. 混凝土。用于预应力混凝土结构的混凝土应符合下列要求：

A) 高强度。《混凝土结构设计规范》规定：预应力混凝土结构强度等级不应低于C30，当采用钢绞线、钢丝、热处理钢筋时预应力混凝土结构强度等级不宜低于C40。

B) 收缩小、徐变小。由于混凝土收缩徐变的不利影响，使得混凝土产生预应力损失，所以在结构设计中应采取措施减小混凝土收缩徐变。

C. 构造要求：

A) 预应力钢筋的净距及保护层应满足表2-8的要求。

先张法构件预应力钢筋净距要求　　　　　　　　　　　表2-8

种　　类	钢丝及热处理钢筋	钢 绞 线	
		1×3	1×7
钢筋净距	≥15mm	≥15mm	≥20mm	≥25mm
备注	1. 钢筋保护层厚度同普通梁； 2. 除满足上述净距要求外，预应力钢筋净距不应小于其公称直径d或等效直径d_{eq}的1.5倍，双并筋$d_{eq}=1.4d$、三并筋$d_{eq}=1.7d$			

B) 端部加强措施：

a. 对单根预应力钢筋，其端部宜设置长度≥150mm，如图2-50（a）所示且不少于4

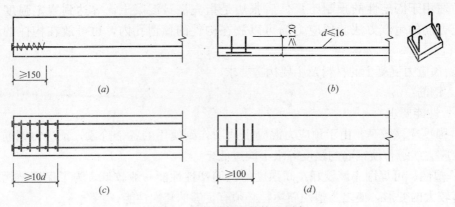

图 2-50 构件端部配筋构造要求

圈螺旋筋，当有可靠经验时，亦可利用支座垫板上的插筋代替螺旋筋，但不少于 4 根，长度≥120mm，如图 2-50（b）所示。

b. 对多根预应力钢筋，其端部 $10d$ 范围内应设置 3～5 片与预应力钢筋垂直的钢筋网。

(6) 钢筋混凝土梁板结构

1) 现浇钢筋混凝土楼（屋）盖结构

按施工方法分可分为现浇楼盖、装配式楼盖和装配整体式楼盖。现浇钢筋混凝土楼（屋）盖目前是工业与民用建筑结构楼盖的常用结构形式。现浇楼盖按组成形式又可分为肋梁楼盖、无梁楼盖、密肋楼盖等形式。按照楼板的形式可把有梁楼盖分为单向板肋梁楼盖和双向板肋梁楼盖（包括井字梁楼盖）。

2) 现浇肋形楼盖

板的支承有单向支承和双向支承之分。当板单向支承时，板上荷载通过板单向受弯，沿一个方向传递到支承上，称为单向板；而当板双向支承时，板上荷载通过板双向受弯，沿两个方向传递到支承上，称为双向板。肋形楼盖由板、横梁、纵梁组成，三者整体相连，通常为多跨连续的超静定结构。每一区格的板一般四边均有支承，板上的荷载通过双向受弯传到四边支承的构件上。但当区格板的长边 L_1 与短边 L_2 之比较大时，板上的荷载主要沿短边方向传递到其支承构件上，而沿长边方向传递的荷载较小，可忽略不计。《混凝土结构设计规范》规定，当 $L_2/L_1 \leqslant 2.0$ 时应按双向板计算；当 $L_2/L_1 > 3.0$ 时可按单向板计算。双向板沿长边传递的荷载及板在长跨方向的弯曲均较大而不能忽略，在设计中考虑板双向受弯。单向板与双向板的示意图如图 2-51 所示。

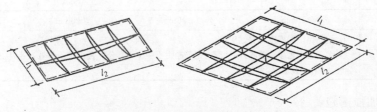

图 2-51 单向板与双向板

A. 单向板肋形楼盖。单向板肋形楼盖构造简单、施工方便；双向板肋形楼盖较单向板受力好、刚度大，但构造较复杂、施工不够方便。在实际工程中，采用何种形式，应视房屋的性质、用途、平面尺寸、荷载大小及经济指标等诸方面因素确定。

A) 结构平面布置

单向板肋形楼盖中，次梁的间距决定板的跨度；主梁的间距决定次梁的跨度；柱或墙的间距决定主梁的跨度。在实际工程中，单向板肋形楼盖各构件的常用跨度为：单向板 1.7～2.5m，一般不宜超过 3m；次梁 4～6m；主梁 5～8m。

单向板肋形楼盖的结构平面布置通常有以下三种方案：

a. 主梁横向布置，次梁纵向布置。如图 2-52（a）所示，其优点是主梁和柱可形成横向框架，房屋横向抗侧移刚度大，各榀横向框架间由纵向次梁相连，整体性较好。又由于次梁沿外纵墙方向布置，使外纵墙上窗户高度可开得大些，有利于室内采光。

b. 主梁纵向布置，次梁横向布置。如图 2-52（b）所示，其优点是减小了主梁的截面高度，增加了室内净高，适用于横向柱距比纵向柱距大得多的情况。

c. 只布置次梁，不布置主梁。如图 2-52（c）所示，仅适用于有中间走道的砌体墙承重的混合结构房屋。

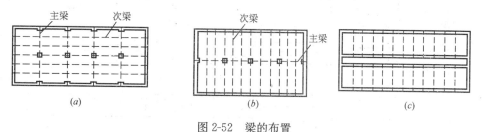

图 2-52 梁的布置
(a) 主梁沿横向布置；(b) 主梁沿纵向布置；(c) 不设主梁

B) 板的构造：

a. 板厚。为保证刚度，单向板板厚一般取 $L_0/40 \sim L_0/35$，悬臂板可取 $L_0/12 \sim L_0/10$（L_0 为板的计算跨度）。

b. 板中受力钢筋：

板中受力钢筋的常用直径为 6～12mm。板中受力钢筋的间距，当板厚 $h \leqslant 150$mm 时，不宜大于 200mm；当板厚 $h > 150$mm 时，不宜大于 $1.5h$，且不宜大于 250mm，钢筋间距也不宜小于 70mm。对于简支板或连续板下部纵向钢筋伸入支座的锚固长度不应小于 $5d$（d 为下部纵向受力钢筋直径）。

为方便施工，选择板内正、负钢筋时，一般宜使它们的间距相同而直径不同，但直径不宜多于两种。

连续单向板中受力钢筋的配筋方式有弯起式和分离式两种（图 2-55）。

弯起式配筋锚固较好，整体性强，用钢量少，但施工较复杂，工程中应用较少。

分离式配筋锚固稍差，耗钢量略高，但设计和施工都比较方便，是目前工程中常用的配筋方式。

连续单向板内受力钢筋的弯起和截断，一般可按图 2-53（a）取值，当相邻跨度之差不超过 20%，可按下列规定采用：

当 $q/g \leqslant 3$ 时，$a = L_n/4$；
当 $q/g > 3$ 时，$a = L_n/3$。
其中 L_n 为板的净跨；q、g 分别为板上均布活荷载和均布恒荷载。

c. 板中构造钢筋：

分布钢筋：在垂直于受力钢筋方向布置的分布钢筋，放在受力筋的内侧。单位长度上分布钢筋的截面面积不宜小于单位宽度上受力钢筋截面面积的15%，且每米宽度内不少于3根，分布钢筋的间距不宜大于250mm，直径不宜小于6mm。

与主梁垂直的板面负筋：由于力总是按最短距离传递，所以主梁梁肋附近的板面，荷载大部分传给主梁，使主梁处板面存在一定负弯矩。为此在主梁上部的板面应配置附加短钢筋，其直径不宜小于8mm，间距不大于200mm，且单位长度内的总截面面积不宜小于板中单位宽度内受力钢筋截面面积的1/3，伸入板内的长度从梁边算起每边不宜小于板计算跨度 L_0 的1/4，如图2-53所示。

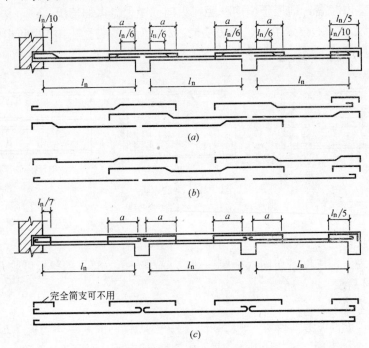

图2-53 连接单向板的配筋方式

与承重砌体墙垂直的附加负筋：嵌固在承重砌体墙内的板，由于支座处的嵌固作用将产生负弯矩。所以，沿承重砌体墙应配置不少于 $\phi 8@200$ 的附加负筋，伸出墙边长度 $\geqslant L_0/7$，如图2-54所示。

d. 板角附加短钢筋：两边嵌入砌体墙内的板角部分，应在板面双向配置不少于 $\phi 8@200$ 的附加短钢筋，每一方向伸出墙边长度 $\geqslant L_0/4$，如图2-54所示。

C) 次梁的构造：

次梁的截面高度一般为跨度的1/20～1/15，梁宽为梁高的1/3～1/2。

次梁的一般构造要求与受弯构件的配筋构造相同。

次梁的配筋方式有弯起式和连续式。当次梁的跨度相等或相邻跨跨度相差不超过

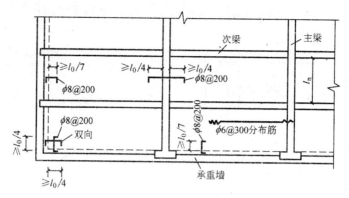

图 2-54 墙边和角部附加负筋

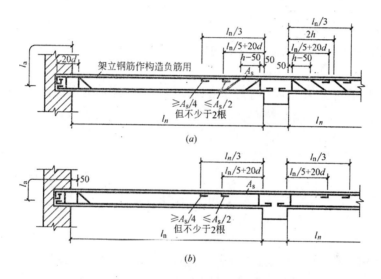

图 2-55 次梁的钢筋布置
(a) 有弯起钢筋；(b) 无弯起钢筋

20%，且活荷载与恒荷载之比 $q/g \leqslant 3$ 时，梁中纵向钢筋沿梁长的弯起和截断可参照图2-55采用。

位于次梁下部的纵向钢筋除弯起钢筋以外，应全部伸入支座，不得在跨间截断。

D) 主梁的构造：

主梁的截面高度一般为跨度的 1/18～1/12，梁宽为梁高的 1/3～1/2。

主梁的一般构造要求与次梁相同。主梁支座截面的钢筋位置如图 2-56 所示。

次梁与主梁相交处，次梁传来的集中荷载有可能在主梁上产生斜裂缝而引起局部破坏，所以，在主梁与次梁的交接处应设置附加横向钢筋。位于梁下部或梁截面高度范围内的集中荷载，应全部由附加横向钢筋（箍筋、吊筋）承担，附加横向钢筋宜

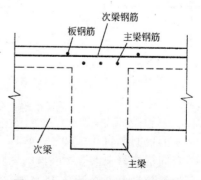

图 2-56 主梁支座截面的钢筋位置

优先采用箍筋。附加横向钢筋应布置在长度为 $s=2h_1+3b$ 的范围内，如图 2-57 所示。

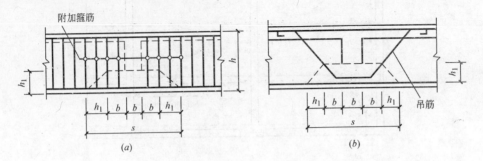

图 2-57　附加横向钢筋布置

B. 双向板肋形楼盖

A) 双向板的受力特点：

a. 双向板沿两个方向弯曲和传递荷载，即两个方向共同受力，所以两个方向均需配置受力钢筋。

b. 如图 2-58 所示为双向板破坏时板底面及板顶面的裂缝分布图，加载后在板底中部出现第一批裂缝，随荷载加大，裂缝逐渐沿 45°角向板的四角扩展，直至板底部钢筋屈服而裂缝显著增大。当板即将破坏时，板顶面四角产生环状裂缝，这些裂缝的出现促进了板底面裂缝的进一步扩展，最后板破坏。

c. 双向板在荷载作用下，四角有翘起的趋势，所以板传给四边支座的压力沿板长方向不是均匀的，中部大、两端小，大致按正弦曲线分布。

d. 细而密的配筋较粗而疏的配筋有利。

B) 双向板的构造：

双向板的板厚不宜小于 80mm。为满足板的刚度要求，简支板板厚应 $\geqslant L_{01}/45$，连续板应 $\geqslant L_{01}/50$（L_{01} 为短边的计算跨度）（图 2-59）。

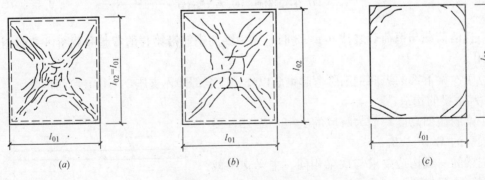

图 2-58　双向板的裂缝分布
(a) 正方形板板底裂缝；(b) 矩形板板底裂缝；(c) 矩形板板面裂缝

双向板的配筋方式也有弯起式和分离式两种。

双向板按跨中正弯矩求得的钢筋数量为板的中央处的数量，靠近板的两边，其弯矩减小，钢筋数量也可逐渐减少。为方便施工，可将板在 L_{01} 和 L_{02} 方向各划分为两个宽为

$L_{01}/4$（L_{01}为短跨）的边缘板带和一个中间板带，见图 2-59 所示。边缘板带的配筋量按中间板带钢筋数量一半均匀布置，但每米不得少于三根。对于连续板支座上承受负弯矩的钢筋，应按计算值沿支座均匀布置，并不在板带内减少。

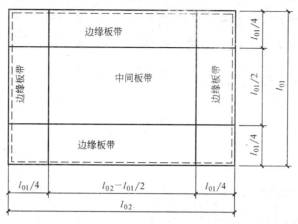

图 2-59 板带的划分

双向板中受力钢筋的直径、间距和弯起点、切断点的位置，以及沿墙边、墙角处的构造钢筋要求，均与单向板的有关规定相同。

3）装配式楼盖

A. 结构平面布置方案：根据墙体的支承情况，装配式楼盖的平面布置有以下几种布置方案：

A）横墙承重：住宅、宿舍等建筑因其开间不大，横墙间距较小，可采用横墙承重，将楼板直接搁置在横墙上，如图 2-60 所示。这类布置方案楼盖横向刚度较大。

B）纵墙承重：教学楼、办公楼、食堂等建筑因内部空间要求较大，横墙间距较大，一般可采用纵墙承重，将楼板直接搁置在纵向承重墙上或将楼板铺设在梁上，如图 2-61 所示。这类布置方案结构平面布置灵活。

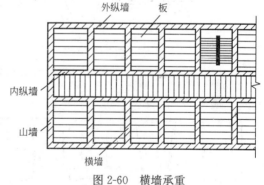

图 2-60 横墙承重

C）纵横墙承重：如图 2-62 所示，楼板一部分搁置在横墙上，一部分搁置在大梁上，而大梁则搁置在纵墙上，这类布置方案称为纵横墙承重方案。

D）内框架承重：如图 2-63 所示，楼板沿纵向搁置在大梁上，大梁一端搁置在纵墙上，另一端则与柱整体相连，形成内框架。这类布置方案常用于仓库、商店等要求有较开阔平面的建筑。

B. 构件的形式：

A）预制板形式（图 2-64）。

B）梁的形式。楼盖大梁有预制和现浇之分。其截面形式有矩形、工字形、T 形、倒 T 形、十字形及花篮形等，如图 2-65 所示。

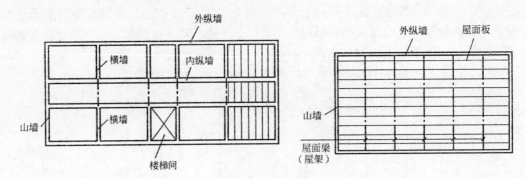

图 2-61 纵墙承重

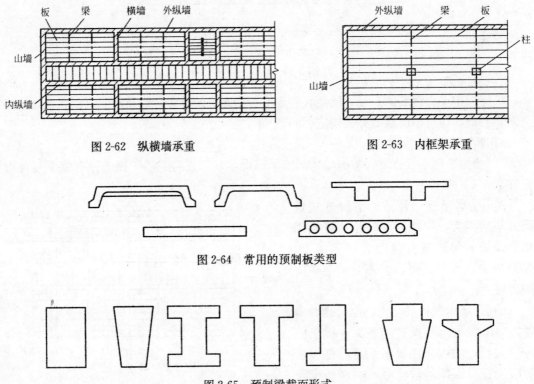

图 2-62 纵横墙承重　　　　图 2-63 内框架承重

图 2-64 常用的预制板类型

图 2-65 预制梁截面形式

C）装配式楼盖的连接。装配式楼盖由单个预制构件装配而成。构件间的连接，对于保证楼盖的整体工作以及楼盖与其他构件间的共同工作，使之形式整体是至关重要的。装配式楼盖的连接包括板与板之间、板与墙（梁）之间以及梁与墙之间的连接。

a. 板与板的连接：板与板的连接，一般应采用不低于 C15 的细石混凝土或 M15 的水泥砂浆灌缝，如图 2-66（a）所示。当楼板有振动荷载或不允许开裂以及对楼盖整体性要求较高时，可在板缝内加短钢筋，如图 2-66（b）所示。

b. 板与墙或板与梁的连接：板与支承墙或支承梁的连接可采用在支座上坐浆 10～20mm 厚，且板在砖墙上的支承长度不应小于 100mm，在混凝土梁上不应小于 60～80mm，如图 2-67 所示。空心板两端的孔洞应用混凝土块或砖块堵实，以避免在灌缝或浇

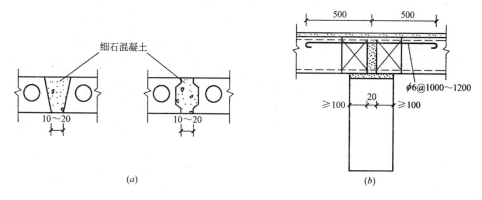

图 2-66 板与板的连接

筑混凝土面层时漏浆。板与非支承墙的连接一般采用细石混凝土灌缝，如图 2-68（a）所示。当板长大于等于 5m 时，应配置锚拉筋，以加强其与墙的连接，如图 2-68（b）所示；若横墙上有圈梁，则可将灌缝部分与圈梁连成整体，以加强其整体性，如图 2-68（c）所示。

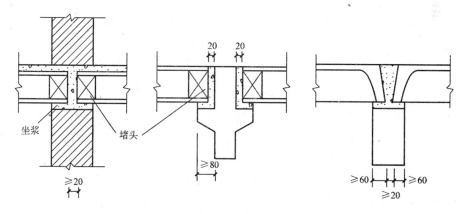

图 2-67 板与支承墙（梁）的连接

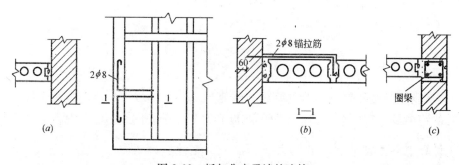

图 2-68 板与非支承墙的连接
（a）板与非支承墙连接；（b）板长大于等于 5m 时配锚拉筋；（c）与圈梁的连接构造

c. 梁与墙的连接：梁在砖墙上的支承长度，应满足梁内受力纵筋在支座处的锚固要求及支承处砌体局部受压承载力要求。预制梁的支承处应坐浆，必要时可在梁端设拉结钢筋。

4) 楼梯

A. 楼梯的类型。楼梯一般采用钢筋混凝土结构,按施工方法可分为整体式、装配式及装配整体式。按其结构形式又可分为梁式楼梯、板式楼梯、悬挑式楼梯和螺旋式楼梯。

A) 梁式楼梯。梁式楼梯是指梯段做成梁式结构的楼梯,其踏步板支承在斜梁上,斜梁支承在平台梁上。

B) 板式楼梯。板式楼梯是指将楼梯段做成板式结构的楼梯,其梯段斜板直接支承在平台梁上。

C) 悬挑式楼梯。悬挑式楼梯的梯段板及休息平台均为悬挑构件,它必须有可靠的支座来支撑。多用于居住建筑中人流不多的楼梯或次要楼梯。

D) 螺旋形楼梯。螺旋形楼梯外形美观新颖,既满足功能要求,又丰富了建筑造型,故在许多高级民用及大型公共建筑中多有采用。

B. 现浇梁式楼梯的组成与构造:

A) 踏步板。梁式楼梯的踏步板为两端斜放在斜梁上的单向板,如图 2-69 中 1-1 截面所示。踏步板按竖向简支构件计算,其配筋需计算确定,且每一级踏步受力钢筋不得少于 2ϕ8,同时应配置负弯矩钢筋,一般两根受力钢筋中有一根伸入支座后再弯向上部,如图 2-69(a) 1-1 截面所示。

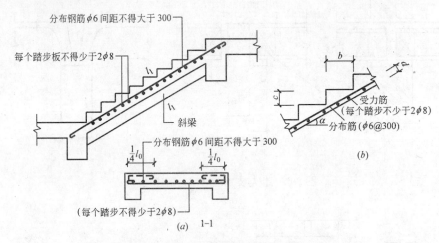

图 2-69 梁式楼梯踏步板的构造
(a) 踏步板的配筋;(b) 踏步板截面尺寸

B) 楼梯斜梁。楼梯斜梁两端支承在平台梁上(图 2-69a)。与前述板式楼梯的分析相同,斜梁的跨中最大弯矩也按其水平投影跨度和水平投影长度线荷载计算。因斜梁刚度较大,弯矩计算中不考虑平台梁的约束作用,按简支计算,即取跨中最大弯矩 $M_{\max} = \frac{1}{8} pl_0^2$,此处 l_0 为斜梁的水平投影跨度。

C) 平台板与平台梁。

梁式楼梯平台板的计算及构造与板式楼梯相同。

平台梁支承在两侧楼梯间的楼墙上,按简支梁计算,承受斜梁传来的集中荷载、平台板传来的均布荷载以及平台梁的自重,其计算简图如图 2-70 所示。

平台梁的高度应保证斜梁的梁底主筋能放在平台梁的梁底主筋之上,即在平台梁与斜梁相交处,平台梁的底面应低于斜梁的底面或与斜梁的底面平齐。

C. 现浇板式楼梯的组成与构造。板式楼梯斜板承受均布面荷载作用,两端支承在平台梁上;平台板随均布面荷载作用,两端支承在平台梁或墙上;平台梁承受楼梯斜板和平台板传来的均布线荷载作用,并传至墙体,由墙体再传给建筑物的基础。

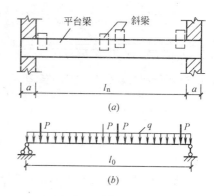

图 2-70 梁式楼梯平台梁计算简图
(a) 斜梁作用位置;(b) 计算简图

A) 斜板。斜板的厚度 $h \geqslant (1/30 \sim 1/25)l_0$,一般可取 $h = 100 \sim 120 \text{mm}$。为避免斜板在支座处产生过大的裂缝,斜板上部应配置适量钢筋,一般为 $\phi 8@200$,钢筋距支座的距离为 $l_n/4$(l_n 为水平净跨度)。斜板内分布钢筋应在受力钢筋的内侧,可采用 $\phi 6$ 或 $\phi 8$,并在每踏步下设置不少于 1 根,如图 2-71 所示。

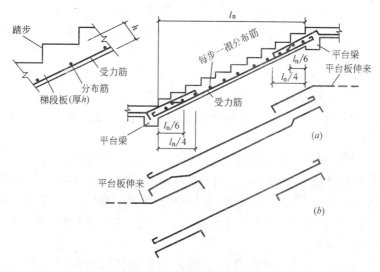

图 2-71 板式楼梯的配筋
(a) 弯起式;(b) 分离式

B) 平台板与平台梁。平台板因板支座的转动会受到一定约束,所以一般将板下部钢筋在支座附近弯起一半或在板面支座处另加短钢筋,其伸出支承边缘长为 $l_n/4$,如图 2-72 所示。

5) 雨篷的破坏形式和一般构造

雨篷由雨篷板和雨篷梁组成(图 2-73)。雨篷梁除支承雨篷板外,还可兼作过梁。雨篷板通常都做成变厚度的,根部不小于 70mm,板端部不小于 50mm;雨篷板

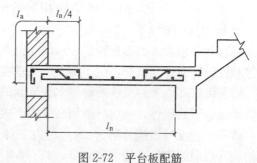

图 2-72 平台板配筋

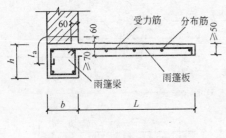

图 2-73 雨篷板配筋

的悬挑长度通常为 600～1200mm。雨篷梁宽度一般与墙厚相同，高度可按一般梁的高跨比选取。

雨篷是悬臂结构，其破坏有三种情况，即雨篷板根部断裂、雨篷梁弯剪扭破坏和整个雨篷倾覆。因此，雨篷的设计计算应包括雨篷板承载力计算、雨篷梁承载力计算和雨篷抗倾覆验算。

3. 砌体结构的受力特点及构造要求

（1）砌体的材料及力学性能

1) 砌体材料

A. 块材。砌体的块材有烧结普通砖、烧结多孔砖以及不经过焙烧的硅酸盐砖、砌块和石材等。

A) 烧结普通砖和烧结多孔砖。烧结普通砖强度等级有：MU30、MU25、MU20、MU15 和 MU10 五级。为了减轻墙体自重、改善砖砌体的技术经济指标，生产了孔洞率不小于 25%、竖孔尺寸小而数量多、主要用于承重部位的烧结多孔砖。

B) 非烧结硅酸盐砖。常用的有蒸压灰砂砖和蒸压粉煤灰砖。强度等级分 MU25、MU20、MU15、MU10 四级。

C) 砌块。实心砖、空心砖和石材以外的块体都可称为砖块。其中由普通混凝土或轻骨料（浮石、火山渣、煤矸石、陶粒等）混凝土制成，空心率在 25%～50% 的空心砖块称混凝土小型空心砌块，简称混凝土砖块。砌块的强度等级分 MU20、MU15、MU10、MU7.5 和 MU5 五级。

D) 石材。天然石材一般常采用重力密度大于 $18kN/m^3$ 的花岗岩、砂岩、石灰岩等几种，多用于房屋的基础和勒脚部位。石材按其加工后的外形规则程度可分为料石和毛石。石材的强度等级分 MU100、MU80、MU60、MU50、MU40、MU30、MU20 七级。

B. 砂浆。砌体中采用的砂浆主要有水泥砂浆、混合砂浆和未掺入水泥的非水泥砂浆，包括石灰砂浆、黏土砂浆等。

水泥砂浆是由水泥与砂加水拌合而成的，是不掺任何塑性掺合料的纯水泥砂浆。水泥砂浆强度高、耐久性好，但其拌合后保水性较差，砌筑前会游离出较多的水分，砂浆摊铺在砖面上后这部分水分将很快被砖吸走，使铺砌发生困难，因而会降低砌筑质量。此外，失去一定水分的砂浆还将影响其正常硬化，减少砖与砖之间的粘结，而使强度降低。因此，在强度等级相同的条件下，采用水泥砂浆砌筑的砌体强度要比用其他砂浆时低。

混合砂浆包括水泥石灰砂浆、水泥黏土砂浆等。这类砂浆具有一定的强度和耐久性、且保水性、和易性均较好，便于施工，质量容易保证，是一般墙体中常用的砂浆。

石灰砂浆和黏土砂浆这两种非水泥砂浆的强度不高，耐久性也差，不能用于地面以下或防潮层以下的砌体，一般只能用在受力不大的简易建筑或临时建筑中。

砂浆的强度等级按龄期为 28 天的立方体试块（70.7mm×70.7mm×70.7mm）所测得的抗压极限强度的平均值来划分，共有 M15、M10、M7.5、M5 和 M2.5 五级。如砂浆强度在两个等级之间,则采用相邻较低值。

当验算施工阶段尚未硬化的新砌砌体时,可按砂浆强度为零确定其砌体强度。对五层及五层以上房屋的墙,以及受振动或层高大于6m的墙、柱所用材料的最低强度等级:砖为MU10,砌块为MU7.5,石材为MU30,砂浆为M5。对安全等级为一级或设计使用年限大于50年的房屋,墙、柱所用材料的最低强度等级应至少提高一级。

地面以下或防潮层以下的砌体,潮湿房间的墙,所用材料最低强度等级应符合表2-9的要求。

地面以下或防潮层以下的砌体、潮湿房间墙所用材料的最低强度等级　　表2-9

基土的潮湿程度	烧结普通砖、蒸压灰砂砖		混凝土砌块	石材	水泥砂浆
	严寒地区	一般地区			
稍潮湿的	MU10	MU10	MU7.5	MU30	MU5
很潮湿的	MU15	MU10	MU7.5	MU30	MU5
含水饱和的	MU20	MU15	MU10	MU40	M10

注:1. 在冻胀地区,地面以下或防潮层以下的砌体,不宜采用多孔砖,如采用时,其孔洞应用水泥砂浆灌实。当采用混凝土砌块砌体时,其孔洞应采用强度等级不低于C20的混凝土灌实;
　　2. 对安全等级为一级或设计使用年限大于50年的房屋,表中材料强度等级应至少提高一级。

2) 砌体种类

A. 无筋砌体。根据块材种类不同,无筋砖体分砖砌体、砌块体和石砌体。

砖砌体是采用最常用的一种砌体。当采用标准尺寸砖砌筑时,墙厚有120mm(半砖)、240mm(1砖)、370mm $\left(1\frac{1}{2}砖\right)$、490mm(2砖)、620mm $\left(2\frac{1}{2}砖\right)$等,还可结合侧砌做成180mm、300mm、420mm等厚度。

砌块砌体为建筑工厂化、工业废料的应用、加快建设速度、减轻结构自重开辟了新的途径。我国目前采用最多的是混凝土小型空心砌块砌体。

石砌体的类型有料石砌体、毛石砌体和毛石混凝土砌体。

B. 配筋砖体。为了提高砌体的承载力和减小构件尺寸,可在砌体内配置适当的钢筋形成配筋砌体。配筋砌体有网状配筋砖砌体(图2-74a)、砖砌体和钢筋混凝土面层或钢筋砂浆面层形成的组合砖砌体(图2-74b)、砖砌体和钢筋混凝土构造柱形成的组合墙(图2-74c)及配筋砌块砌体剪力墙结构(图2-74d)等。

3) 砌体抗压的力学性能

在工程中,由于砌体的抗压强度较高,而抗拉、弯、剪的强度较低,所以,砌体主要用于承压,受拉、受弯、受剪的情况很少采用。

影响砌体抗压强度的因素有:

A. 块材和砂浆的强度。块材和砂浆的强度是影响砌体强度的重要因素,其中块材的强度又是最主要的因素。砂浆强度过低将加大块材与砂浆横向变形的差异,对砌体抗压强度不利,但是单纯提高砂浆强度并不能使砌体抗压强度有很大提高。

B. 块材的尺寸和形状。增加块材的厚度可提高砌体强度,块材形状的规则与否也直接影响砌体的抗压强度。块材表面不平、形状不整,在压力作用下其弯、剪应力将增大,会使砌体的抗压强度降低。

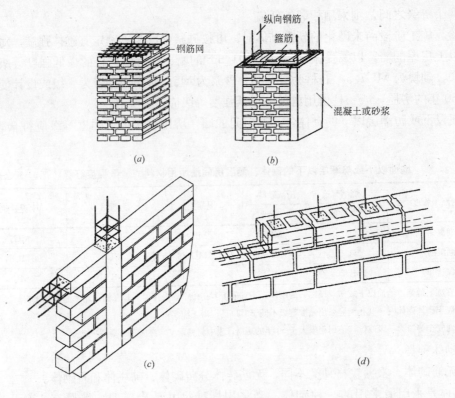

图 2-74 配筋砌体
(a) 配筋砖砌体；(b) 组合砖砌体；(c) 组合墙；(d) 配筋砌块砌体剪力墙

C. 砂浆铺砌时的流动性。砂浆的流动性大，容易铺成均匀、密实的灰缝，可减小块材的弯、剪应力，可以提高砌体强度。但当砂浆的流动性过大时，硬化受力后的横向变形也大，砌体强度反而降低。因此砂浆除应具有符合要求的流动性外，也要有较高的密实性。

D. 砌筑质量。砌筑质量也是影响砌体抗压强度的重要因素。在砌筑质量中，水平灰缝是否均匀饱满对砌体强度的影响较大。一般要求水平灰缝的砂浆饱满度不得小于 80%。

(2) 混合结构房屋的承重体系

根据建筑物竖向荷载传递路线的不同，可将混合结构房屋的承重体系划分为下列四种类型。

1) 横墙承重体系

在横墙承重体系的房屋中，横墙是主要的承重墙，纵墙主要起围护、隔断和将横墙连接成整体的作用。荷载的主要传递路线是：板→横墙→基础→地基，如图 2-75 (a) 所示。横墙承重体系房屋的横向刚度较大，整体性好，对抵抗风荷载、地震作用和地基的不均匀沉降等较为有利，适用于横墙间距较密的住宅、宿舍、旅馆、招待所等民用建筑。

2) 纵墙承重体系

在纵墙承重体系的房屋中，纵墙是主要的承重墙，横墙主要起分隔和将纵墙连接成整体的作用，荷载的主要传递路线是：板（梁）→纵墙→基础→地基，如图 2-75 (b)

所示，纵墙承重体系房屋的平面布置灵活，室内空间较大，但横向刚度和房屋的整体性较差，适用于使用上要求有较大空间的教学楼、实验楼、办公楼、厂房和仓库等工业与民用建筑。

3）纵横墙承重体系

在有些房屋中，纵横墙均为承重墙，如图 2-75（c）所示。这种结构房屋受屋面、楼面传来荷载的，有的是纵墙，有的是横墙。这种房屋在两个相互垂直的方向上的刚度均较大，有较强的抗风和抗震能力，应用广泛。荷载的主要传递路线是：屋（楼）面荷载→纵墙或横墙→基础→地基。

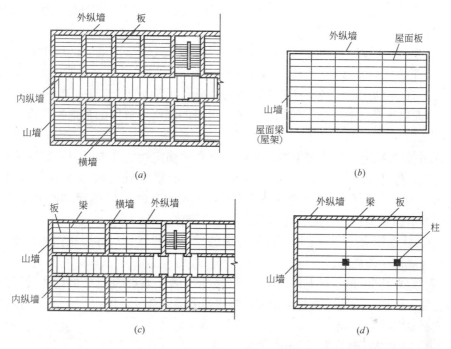

图 2-75 混合结构房屋的承重体系
(a) 横墙承重体系；(b) 纵墙承重体系；(c) 纵横墙承重体系；(d) 内框架承重体系

4）内框架承重体系

在混合结构房屋中，屋（楼）面荷载由设置在房屋内部的钢筋混凝土框架和外部的砖墙、柱共同承重，如图 2-75（d）所示。内框架承重多用于工业厂房、仓库、商店等建筑。此外，某些建筑的底层，为取得较大的使用空间，往往也采用这种体系。但这种房屋的整体性和总体刚度较差，在抗震设防地区不宜采用。

(3) 砌体房屋的构造要求

1）墙、柱高厚比的限制

墙、柱的高厚比验算是保证砌体房屋稳定性与刚度的重要构造措施之一。所谓高厚比是指墙、柱计算高度 H_0 与墙厚 h（或与柱的计算高度相对应的柱边长）的比值，用 β 表示。

$$\beta = \frac{H_0}{h} \tag{2-37}$$

砌体墙、柱的允许高厚比系指墙、柱高厚比的允许限值，用 $[\beta]$ 表示。它与承载力无关，只是根据墙、柱在正常使用及偶然情况下的稳定性和刚度要求，由经验确定。

计算高度是指对墙、柱进行承载力计算或验算高厚比时所采用的高度，用 H_0 表示，它是由实际高度 H 并根据房屋类别和构件两端支承条件确定。

2) 一般构造要求

为了保证砌体结构房屋有足够的耐久性和良好的整体工作性能，必须采取合理的构造措施。

A. 材料强度等级。工程调查发现，砖强度等级低于 MU10 或采用石灰砂浆砌筑的普通黏土砖砌体，其耐久性差，容易腐蚀风化，处于潮湿环境或有腐蚀性介质侵入时强度及质量的要求更高。因此规范规定：

A）五层及五层以上房屋的墙以及受振动或层高大于 6m 的墙、柱所用材料的最低强度等级为：砖 MU10，砌块 MU7.5，石材 MU30，砂浆 M5。对安全等级为一级或设计使用年限大于 50 年的房屋，墙、柱所用材料的最低强度等级至少应该提高一级。

B）地面以下及防潮层以下的砌体、潮湿房间的墙所用材料的最低强度等级应符合表 2-9 的要求。

B. 最小截面规定。为了避免墙柱截面过小导致稳定性能变差，以及局部缺陷对构件的影响增大，规范规定了各种构件的最小尺寸。承重的独立砖柱截面尺寸不应小于 240mm×370mm。毛石墙的厚度不宜小于 350mm。毛料石柱截面较小边长不宜小于 400mm。当有振动荷载时，墙、柱不宜采用毛石砌体。

C. 墙、柱连接构造。为了增强砌体房屋的整体性和避免局部受压损坏，墙、柱连接构造应符合规范相关规定：

A）跨度大于 6m 的屋架和跨度大于下列数值的梁，应将支承处的砌体设置为混凝土或钢筋混凝土垫块；当墙中设有圈梁时，垫块与圈梁宜浇成整体：

a. 对砖砌体为 4.8m；

b. 对砌块和料石砌体为 4.2m；

c. 对毛石砌体为 3.9m。

B）当梁的跨度大于或等于下列数值时，其支承处宜加设壁柱或采取其他加强措施：

a. 对 240mm 厚的砖墙为 6m，对 180mm 厚的砖墙为 4.8m；

b. 对砌块、料石墙为 4.8m。

C）预制钢筋混凝土板的支承长度，在墙上不宜小于 100mm；在钢筋混凝土圈梁上不宜小于 80mm；当利用板端伸出钢筋拉结和混凝土浇筑时，其支承长度可为 40mm，但板端缝宽不小于 80mm，灌缝混凝土不宜低于 C20。

D）预制钢筋混凝土梁在墙上的支承长度应为 180～240mm，支承在墙、柱上的吊车梁、屋架以及跨度大于或等于下列数值的预制梁的端部，应采用锚固件与墙、柱上的垫块锚固：

a. 砖砌体为 9m；

b. 砌块和料石砌体为 7.2m。

E）填充墙、隔墙应采取措施与周边构件可靠连接。一般是在钢筋混凝土结构中预埋拉结筋，在砌筑墙体时将拉结筋砌入水平灰缝内。

F) 山墙处的壁柱宜砌至山墙顶部，屋面构件应与山墙可靠拉结。

D. 砌块砌体房屋。

A) 砌块砌体应分皮错缝搭砌，上下皮搭砌长度不得小于90mm。当搭砌长度不满足上述的不得小于90mm时，应在水平灰缝内设置不少于2φ4的焊接钢筋网片（横向钢筋间距不宜大于200mm），网段均应超过该垂直缝，其长度不得小于300mm。

B) 砌块墙与后砌隔墙交界处应沿墙400mm在水平灰缝内设置不少于2φ4、横距不大于200mm的焊接钢筋网片，如图2-76所示。

C) 混凝土砌块房屋，宜将纵横墙交接处距墙中心线每边不小于300mm范围内的孔洞采用不低于C20灌孔混凝土将孔洞灌实。

D) 混凝土砌块墙体的下列部位，如未设圈梁或混凝土垫块，应采用不低于C20灌孔混凝土将孔洞灌实：

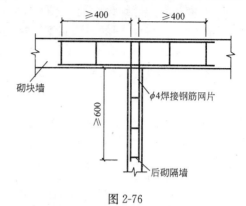

图2-76

a. 搁栅、檩条和钢筋混凝土楼板的支承面下，高度不应小于200mm的砌体；

b. 屋架、梁等构件的支承面下，高度不应小于600mm，长度不应小于600mm的砌体；

c. 梁支承面下，距墙中心线每边不应小于300mm，高度不应小于600mm的砌体。

(4) 圈梁、过梁与挑梁

1) 圈梁

在墙体的某些部位设置现浇钢筋混凝土圈梁的目的，是为了增强砌体结构房屋的整体刚度，防止由于地基的不均匀沉降或较大的振动荷载等对房屋引起的不利影响，而不是用以提高其承载力。

A. 圈梁的设置。在多层房屋中，圈梁可参照下列规定设置：

A) 多层砖砌体民用房屋，如宿舍、办公楼等，且层数为3~4层时，宜在檐口标高处设置圈梁一道；当层数超过4层时应在所有纵横墙上隔层设置。

B) 多层砌体工业房屋，应每层设置现浇钢筋混凝土圈梁。

C) 设置墙梁的多层砌体房屋应在托梁、墙梁顶面和檐口标高处设置现浇钢筋混凝土圈梁，其他楼层处应在所有纵横墙上每层设置。

D) 采用现浇钢筋混凝土楼（屋）盖的多层砌体结构房屋，当层数超过5层时，除在檐口标高设置圈梁外，可隔层设置圈梁，并与楼（屋）面板一起现浇。未设圈梁的楼面板嵌入墙内的长度不应小于120mm，并沿墙长配置不少于2φ10的纵向钢筋。

E) 砖砌体房屋，檐口标高为5~8m时，应在檐口标高处设置圈梁一道，檐口标高大于8m时，应增加设置数量。

F) 砌块及料石砌体房屋，檐口标高为4~5m时，应在檐口标高处设置圈梁一道，檐口标高大于5m时，应增加设置数量。

G) 对有吊车或较大振动设备的单层工业厂房，除在檐口或窗顶标高处设置现浇钢筋混凝土圈梁外，尚应增加设置数量。

B. 圈梁的构造要求：

A) 钢筋混凝土圈梁的宽度宜与墙厚相同，当墙厚 $h \geqslant 240 \mathrm{mm}$ 时，其宽度不宜小于 $2h/3$，圈梁高度不应小于 120mm。纵向钢筋不宜少于 $4\phi 10$，绑扎接头的搭接长度按受拉钢筋考虑，箍筋间距不宜大于 300mm。

B) 圈梁宜连续地设在同一水平面上并交圈封闭。当圈梁被门窗洞口截断时，应在洞口上部增设与截面相同的附加圈梁，附加圈梁与圈梁的搭接长度不应小于垂直间距 H 的 2 倍，且不得小于 1000mm（图 2-77）。

C) 纵横墙交接处的圈梁应有可靠的连接，可设附加钢筋予以加强（图 2-78）。刚弹性和弹性方案房屋，圈梁应与屋架、大梁等构件可靠连接。

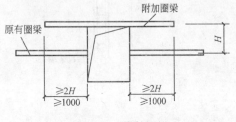

图 2-77 附加圈梁

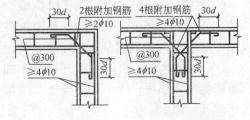

图 2-78 房屋转角及丁字交叉处圈梁构造

D) 圈梁兼作过梁时，过梁部分的钢筋应按计算用量另行增配。

2) 过梁的种类及构造

过梁是门窗洞口上用以承受上部墙体和楼盖传来的荷载的常用构件，有砖砌平拱、砖砌弧拱、钢筋砖过梁和钢筋混凝土过梁等（图 2-79）。

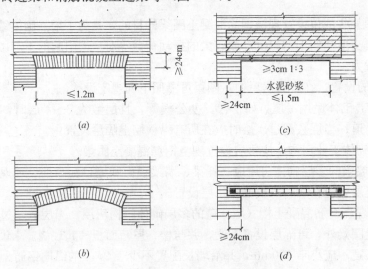

图 2-79 过梁的类型
(a) 砖砌平拱；(b) 砖砌弧拱；(c) 钢筋砖过梁；(d) 钢筋混凝土过梁

砖砌平拱的跨度不应超过 1.2m，采用竖砖砌筑，竖砖砌筑部分的高度应不小于 240mm。

砖砌弧拱采用竖砖砌筑，竖砖砌筑高度不小于 120mm。当拱高 $f=(1/12 \sim 1/8)L$ 时，弧拱的最大跨度为2.5~3.5m；当$f=(1/6~1/5)L$时，为3~4m。这种过梁因施工复杂，已较少采用。

钢筋砖过梁的跨度不应超过1.5m，底面砂浆层处的钢筋直径不应小于5mm，间距不宜大于120mm，钢筋伸入支座砌体内的长度不宜小于240mm，砂浆层的厚度不宜小于30mm，砂浆不宜低于M5。

对跨度较大或有较大振动的房屋及可能产生不均匀沉降的房屋，均不宜采用砖砌过梁，而应采用钢筋混凝土过梁。目前砌体结构中已大量采用钢筋混凝土过梁。钢筋混凝土过梁端部支承长度不宜小于240mm。

3) 挑梁的构造

挑梁是指一端埋入墙体内，一端挑出墙外的钢筋混凝土构件。挑梁应进行抗倾覆验算、挑梁下砌体的局部压承载力验算及挑梁本身承载荷力计算。挑梁设计除应符合国家现行《混凝土结构设计规范》外，还应满足下列要求：

A. 纵向受力钢筋至少应有1/2的钢筋面积伸入梁尾端，且不少于$2\phi12$。其余钢筋伸入支座的长度不应小于$2/3L_1$。

B. 挑梁埋入砌体的长度L_1与挑出长度L之比L_1/L宜大于1.2，当挑梁上无砌体时，L_1/L宜大于2。

4. 钢结构的受力特点及构造

(1) 钢结构的特点

钢结构具有下述特点：

1) 钢材的强度高。因此钢结构能承受更大的荷载，跨越更大的跨度。

2) 钢结构的自重轻。虽然钢材的自重大，但由于其强度高，所需要的构件截面小，所以当承载力相同时，钢结构构件的自重比其他结构就要轻得多。

3) 钢材具有均匀、连续及各向同性的特点。钢结构与力学计算的基本假定符合程度较高，与其他结构相比，钢结构的计算结果最为准确可靠。

4) 钢材具有可焊性。由于钢材具有可焊性，使制造工艺得到了简化，提高了钢结构工业化生产的程度和速度，并且可不受施工季节的限制。

5) 钢材耐温性较好，而耐火性较差。温度约在250℃以内，钢材的性能变化很小，因而钢结构的长期耐高温性能比其他结构好。但当温度接近500℃时，钢材的强度迅速下降，使钢结构软化，丧失抵抗外力的能力。因此，在某些有特殊防火要求的建筑中采用钢结构时，必须用耐火材料予以围护。

6) 后期维护费用高。由于钢结构的主要元素是铁（Fe），它很容易氧化，所以其最大缺点是易于锈蚀，使结构受到严重的损害，缩短了使用期限。因此，对钢结构需要定期维护（刷防锈涂料），所以钢结构的维护费用比其他结构高。

(2) 钢结构的连接

1) 连接的种类和特点

钢结构常用的连接方法有焊接连接、螺栓连接和铆钉连接（图2-80）。目前应用较多的为焊接连接。

A. 焊接连接：焊接连接的优点是构造简单，可以不削弱截面，连接的密封性好，易于自动化操作等。但也存在一些缺点，如使焊接影响区的材质变脆；在焊件中产生焊接残

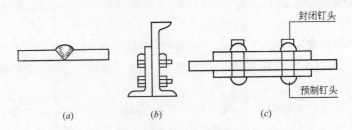

图 2-80 连接的种类
(a) 焊接；(b) 螺栓连接；(c) 铆钉连接

余应力和变形，影响结构或结构构件的承载能力以及正常使用。焊接连接是钢结构中最主要的一种连接方法。

B. 螺栓连接：螺栓连接分普通螺栓连接和高强螺栓连接两大类。

A) 普通螺栓连接：普通螺栓主要用于安装连接及可拆卸的结构中。按照加工的精度，这类螺栓有粗制螺栓和精制螺栓两种。粗制螺栓加工粗糙，尺寸不够准确，只要求Ⅱ类孔。粗制螺栓成本低，传递剪力时，连接的变形较大，但传递拉力的性能尚好，故多用在承受拉力的安装连接中。精制螺栓尺寸准确，要求Ⅰ类孔。孔径等于栓杆直径，因而抗剪性能比精制螺栓好，但成本高，安装困难，因而较少采用。

B) 高强螺栓连接：普通螺栓是靠栓杆受拉和抗剪来传递剪力，而高强螺栓则是靠连接板间的摩擦阻力来传递剪力。为了产生更大的摩擦阻力，高强螺栓采用高强度的优质碳素钢或合金钢制成。高强螺栓按计算准则不同分为两种类型。一种为摩擦型，以连接板间摩擦阻力刚被克服作为连接承载力的极限状态，用于直接承受动力荷载的结构中；另一种为承压型，靠连接件间的摩擦力和栓杆共同传力，以栓杆被剪坏和被压坏为承载力极限，多用于承受静荷载和结构对变形不敏感的结构中。两种螺栓均要求Ⅱ类孔。

C) 铆钉连接：铆钉连接是将一端带有预制钉头的铆钉，插入被连接构件的钉孔中，利用铆钉枪或压铆机将另一端压成封闭钉头而成。铆钉连接因费工费时、成本高，现已很少采用，因此不再作详细介绍。

2) 焊接连接

焊接连接有气焊、接触焊和电弧焊等形式。电弧焊又分为手工焊、自动焊和半自动焊三种。钢结构中常用的是手工电弧焊。利用手工操作的方法，以焊接电弧产生的热量使焊条和被连接的钢材熔化从而凝固成牢固接头的工艺过程，就是手工电弧焊。

焊缝的形式有：

A) 对接焊缝：为使被连接件焊透，常将对接焊缝的焊件剖口，所以焊件对接焊缝的型式有直边缝、单边V形缝、双边V形缝、U形缝、K形缝、X形缝等（图 2-81）。

焊缝的起点和终点处，常因不能熔透而出现凹形的焊口。为避免受力后出现裂纹及应力集中，按《钢结构工程施工质量验收规范》的规定，施焊时应将两端焊至引弧板上（图 2-82），然后再将多余部分切除，这样就不致减小焊缝处的截面。

对接焊缝的优点是用料经济，传力均匀、平顺，没有显著的应力集中，承受动力荷载的构件最适于采用对接焊缝。缺点是施焊的焊件应保持一定的间隙，板边需要加工，施工不便。

定）；中距不能太小，否则两孔间的钢板被挤坏，要求中距大于等于 $3d_0$，但中距也不能过大，否则受压构件两孔间的钢板被压屈鼓肚。

b. 构造要求：中距、端距、边距不能过大，否则板翘曲后浸入潮气、水而腐蚀。

c. 施工要求：为了便于拧紧螺栓，所以应留适当的间距，不同的施工工具有不同的要求。《钢结构工程质量验收规范》根据螺栓孔的直径、钢材板边加工情况及受力方向，规定了螺栓最大、最小容许距离，见表2-11。

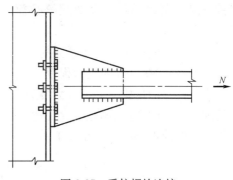

图 2-87 受拉螺栓连接

螺栓或铆钉的最大、最小容许距离 表 2-11

名 称	位置和方向			最大容许距离（取两者的较小值）	最小容许距离
中心间距	外排（垂直内力方向或顺内方向）			$8d_0$ 或 $12t$	$3d_0$
	中间排	垂直内力方向		$16d_0$ 或 $24t$	
		顺内力方向	构件受压力	$12d_0$ 或 $18t$	
			构件受拉力	$16d_0$ 或 $24t$	
	沿对角线方向			—	
中心至构件边缘距离	顺内力方向			$4d_0$ 或 $8t$	$2d_0$
	垂直内力方向	剪切边或手工气割边			$1.5d_0$
		轧制边、自动气割或锯割边	高强螺栓		$1.5d_0$
			其他螺栓或铆钉		$1.2d_0$

B. 高强螺栓连接的受力特点：

高强螺栓是一种新的连接形式，它具有施工简单、受力性能好、可拆换、耐疲劳以及在动力荷载作用下不致松动等优点，是很有发展前途的连接方法。

如图 2-88 所示，用特制的扳手上紧螺帽，使螺栓产生预拉力 P，通过螺帽和垫板，对被连接件也产生了同样大小的预压力 P。在预压力 P 作用下，沿被连接件表面就会产生的摩擦力，显然，只要 N 小于此摩擦力，构件便不会滑移，连接就不会受到破坏，这就是高强度螺栓连接的原理。

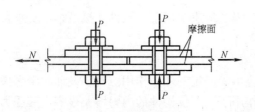

图 2-88 高强螺栓连接

如上所述，高强度螺栓连接是靠连接件接触面间的摩擦力来阻止其相互滑移的，为使接触面有足够的摩擦力，就必须提高构件的夹紧力和增大构件接触面的摩擦系数。构件间的夹紧力是靠对螺栓施加预拉力来实现的，但由低碳钢制成的普通螺栓，因受材料强度的限制，所能施加的预拉力是有限的，它所产生的摩擦力比普通螺栓的抗剪能力还小，所以如要靠螺栓预拉力所引起的摩擦力来传力，则螺栓材料的强度必须比构件材料的强度大得多才行，亦即螺栓必须采用高强度钢制造，这也就是称为高强度螺栓连接的原因。

高强度螺栓连接中，摩擦系数的大小对承载力的影响很大。试验表明摩擦系数与构件的材质（钢号）、接触面的粗糙程度、法向力的大小等都有直接的关系，其中主要是接触面的形式和构件的材质。为了增大接触面的摩擦系数，施工时应将连接范围内构件接触面进行处理，处理的方法有喷砂、用钢丝刷清理等。设计中，应根据工程情况，尽量采用摩擦系数较大的处理方法，并在施工图上清楚注明。

（四）建筑结构抗震基本知识

1. 地震震级和烈度的基本概念

（1）地震的相关概念

所谓地震，是指由于地壳构造运动使岩层发生断裂、错动而引起的地面振动。

1）震级

衡量地震大小的等级称为震级。震级越大，影响就越大。一般小于 2 级的地震称微震，人们感觉不到；2～4 级称为有感地震，5 级以上称破坏性地震，会对建筑物造成不同程度的破坏，7～8 级称为强烈地震或大地震；超过 8 级的地震称为特大地震。

2）地震烈度

地震烈度是指某一地区地面和各类建筑物遭受一次地震影响的强烈程度。地震烈度不仅与震级大小有关，而且与震源深度、震中距、地质条件等因素有关。一次地震只有一个震级，然而同一次地震却有很多个烈度区。

3）抗震设防烈度

按国家规定权限批准作为一个地区地震设防依据的地震烈度，称为抗震设防烈度。一般情况下，可采用中国地震动参数区划图的地震基本烈度，或采用与《建筑抗震设计规范》设计基本地震加速度对应的地震烈度。对已编制抗震设防区划的城市也可采用批准的抗震设防烈度或设计地震动参数进行抗震设防。

（2）地震对建筑物的破坏

在强烈地震作用下，各类建筑物会遭到程度不同的破坏，按其破坏形态及直接原因，可分以下几类：

1）结构丧失整体性

房屋建筑或构筑物是由许多构件组成的，在强烈地震作用下，构件连接不牢，支承长度不够和支撑失稳等都会使结构丧失整体性而破坏。

2）承重构件强度不足引起破坏

任何承重构件都有各自的特定功能，以适应承受一定的外力作用。对于设计时未考虑抗震设防或抗震设防不足的结构，在强烈地震作用下，不仅构件的内力增大很多，其受力性质往往也将改变，致使构件因强度不足而破坏。

3）地基失效

当建筑物地基内含饱和砂层、粉土层时，在强烈地面运动作用下，土中孔隙水压力急剧增高，致使地基土发生液化，地基承载力下降，甚至完全丧失，从而导致上部结构破坏。

4）次生灾害

所谓次生灾害是指地震时给排水管网、煤气管道、供电线路的破坏，以及易燃、易爆、有毒物质、核物质容器的破裂，造成的水灾、火灾、污染、瘟疫等严重灾害。同时，地震造成交通和通信的中断，医院、电厂、消防等部门工作无法正常进行，更加剧了抗震救灾工作的困难。这些次生灾害，有时比地震直接造成的损失还大。在城市，尤其是大城市这个问题已越来越引起人们的关注。

（3）抗震设防的基本要求

进行抗震设计、施工及材料选择时，应遵守下列一些要求：

1）选择对抗震有利的场地、地基和基础

建筑抗震有利地段，一般是指稳定基岩、坚硬土或开阔平坦、密实均匀的中硬土等地段。不利地段，一般是指软弱土，液化土，条状突出的山嘴，高耸孤立的山丘，非岩质的陡坡，河岩和边坡边缘，在平面分布上成因、岩性、状态明显不均匀的土层（如故河道、断层破碎带、暗埋的塘浜沟谷及半填半挖地基）等地段。危险地段，一般是指地震时可能发生滑坡、崩塌、地陷、地裂、泥石流等及地震断裂带上可能发生地表位错的部位等地段。

确定建筑场地时，应选择有利地段，避开不利地段（无法避开时应适当采取措施）；不应在危险地段建造甲、乙、丙类建筑。

2）选择对抗震有利的建筑平面和立面

建筑及抗侧力结构的平面布置宜规则对称，并应具有良好的整体性；建筑的立面和竖向剖面宜规则，结构的侧向刚度宜均匀变化，竖向抗侧力构件的截面尺寸和材料强度宜自下而上逐渐减小，避免抗侧力结构的侧向刚度和承载力突变。体型复杂、平立面特别不规则的建筑结构，可按实际需要在适当部位设置防震缝，将建筑分成规则的抗侧力结构单元。防震缝应根据抗震设防烈度、结构材料种类、结构类型、结构单元的高度和高差情况，留有足够的宽度，防震缝两侧的抗震结构体系应根据建筑的抗震设防类别、抗震设防烈度、建筑高度、场地条件、地基、结构材料和施工等因素，经技术、经济和使用条件综合比较确定。

3）在设计结构各构件之间的连接时，应符合下列要求：

A. 构件节点的强度不应低于其连接构件的强度。

B. 预埋件的锚固强度不应低于被连接件的强度。

C. 装配式结构的连接应能保证结构的整体性。

D. 预应力混凝土构件的预应力钢筋宜在节点核心区以外锚固。

4）处理好非结构构件和主体结构的关系

非结构构件如女儿墙、高低跨封墙、雨篷、贴面、顶棚、围护墙、隔墙等。在抗震设计中，处理好非结构构件与主体结构之间的关系，可防止附加震害，减少损失。

5）注意材料的选择和施工质量

抗震结构在材料选用、施工质量，特别是在材料代用上，有特殊的要求。这是抗震结构施工中一个十分重要的问题，在抗震设计和施工中应当引起足够的重视。

混凝土结构材料应符合下列规定：

A. 混凝土强度等级，框支梁、框支柱及抗震等级为一级的框架梁、柱节点核心区，不应低于C30；构造柱、芯柱、圈梁及其他各类构件不应低于C20；由于高强混凝土具有脆性性质，故规定9度时不宜超过C60，8度时不宜超过C70。

B. 普通钢筋宜优先采用延性、韧性和可焊性较好的钢筋；纵向受力钢筋宜选用HRB400级和HRB335级热轧钢筋。箍筋宜选用HRB335、HRB400和HPB235级热轧钢筋。

C. 对抗震等级为一、二级的框架结构，其纵向受力钢筋采用普通钢筋时，钢筋的抗拉强度实测值与屈服强度实测值的比值不应小于1.25；且钢筋的屈服强度实测值与强度标准值的比值不应大于1.3。

钢结构的钢材应符合下列规定：

A. 钢材的抗拉强度实测值与屈服点强度实测值的比值不应小于1.2；钢材应有明显的屈服台阶，且伸长率应大于20%；钢材应有良好的可焊性和合格的韧性。

B. 钢结构的钢材宜采用Q235等级B、C、D的碳素钢及Q345等级B、C、D、E的低合金钢；当有可靠依据时，尚可采用其他钢种钢号。

2. 建筑结构抗震构造措施

（1）震害及其分析

在强烈地震作用下，多层砌体房屋将可能在以下部位破坏：

A. 墙体的破坏。

B. 墙体转角处的破坏。

C. 楼梯间墙体的破坏。

D. 内外墙连接处的破坏。

E. 楼盖预制板的破坏。

F. 突出屋面的屋顶间等附属结构的破坏。

（2）多层砖房抗震构造措施

1）钢筋混凝土构造柱

在多层砖房中的适当部位设置钢筋混凝土构造柱（图2-89），简称构造柱，并与圈梁连接使之共同工作，可以增加房屋的延性，提高房屋的抗侧力能力，防止或延缓房屋在地震作用下发生突然倒塌，减轻房屋的损坏程度。构造柱——圈梁抗震砌体结构也称为约束砌体体系。构造柱应符合下列规定：

A. 构造柱设置部位：构造柱设置部位，一般情况下应符合表2-12的要求。外廊式或单面走廊式的多层砖房，应根据房屋增加一层后的层数，按表2-12要求设置构造柱，且单面走廊两侧的纵墙均应按外墙处理；教学楼、医院等横墙较少的房屋，应根据房屋增加一层后的层数，按上述要求设置构造柱。当教学楼、医院等横墙较少的房屋为外廊式或单面走廊式时，对于6度不超过四层、7度不超过三层和8度不超过二层的多层房屋，应按增加二层后的层数，按表2-12要求设置构造柱。

B. 构造柱截面尺寸、配筋和连接

a. 构造柱最小截面可采用240mm×180mm，纵向钢筋宜采用4φ12，箍筋间距不宜大于250mm，且在柱上下端宜适当加密；7度时超过六层、8度时超过五层和9度时，构造柱纵向钢筋宜采用4φ14，箍筋间距不应大于200mm；房屋四角的构造柱可适当加大截面及配筋。

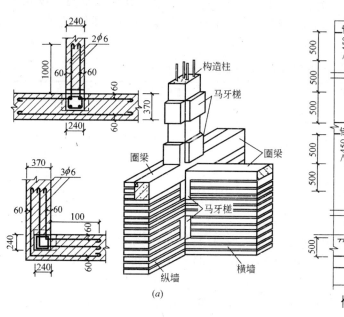

图 2-89 构造柱

砖房构造柱设置要求 表 2-12

房屋层数				设 置 部 位	
6度	7度	8度	9度		
四、五	三、四	二、三		外墙四角,错层部位横墙与外纵墙交接处,大房间内外墙交接处,较大洞口两侧	7、8度时,楼、电梯间的四角;隔15m或单元横墙与外纵墙交接处
六、七	五	四	二		隔开间横墙(轴线)与外墙交接处,山墙与内纵墙交接处;7~9度时,楼、电梯间的四角
八	六、七	五、六	三、四		内墙(轴线)与外墙交接处,内墙的局部较小墙垛处;7~9度时,楼、电梯间的四角;9度时内纵墙与横墙(轴线)交接处

b. 构造柱与墙连接处宜砌成马牙槎,并应沿墙高每隔 500mm 设 2φ6 拉结钢筋,每边伸入墙内不宜小于 1m。

c. 构造柱与圈梁连接处,构造柱的纵筋应穿过圈梁,保证构造柱纵筋上下贯通。构造柱与圈梁相交处,宜适当加密构造柱箍筋,加密范围在圈梁上下 450mm 或 $H/6$(H 为层高),箍筋间距不大于 100mm。

d. 构造柱可不单设基础,但应伸入室外地面下 500mm,或锚入浅于 500mm 的基础圈梁内。

2) 钢筋混凝土圈梁

多层普通砖、多孔砖房屋的现浇钢筋混凝土圈梁应符合下列要求:

A. 圈梁设置要求:

A) 装配式钢筋混凝土楼、屋盖或木楼、屋盖的砖房，横墙承重时应按表 2-13 的要求设置圈梁；纵墙承重时每层均应设置圈梁，且抗震横墙上的圈梁间距应比表内要求适当加密。

砖房现浇钢筋混凝土圈梁设置要求　　　　　　　　　　　表 2-13

墙体	烈度		
	6、7	8	9
外墙及内纵墙	屋盖处及每层楼盖处	屋盖处及每层楼盖处	屋盖处及每层楼盖处
内横墙	屋盖处及每层楼盖处；屋盖处间距不应大于7m；楼盖处间距不应大于15m；构造柱对应部位	屋盖处及每层楼盖处；屋盖处沿所有横墙，且间距不应大于7m；楼盖处间距不应大于7m；构造柱对应部位	屋盖处及每层楼盖处，各层所有横墙

B) 现浇或装配整体式钢筋混凝土楼、屋盖与墙体有可靠连接的房屋，应允许不另设圈梁，但楼板沿墙体周边应加强配筋并应与相应的构造柱钢筋可靠连接。

B. 圈梁的构造

A) 圈梁应闭合，遇有洞口应上下搭接，圈梁宜与预制板设在同一标高处或紧靠板底。

B) 在要求的间距内无横墙时，应利用梁或板缝中配筋替代圈梁（图 2-90）。

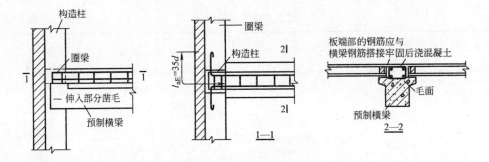

图 2-90　梁或板缝配筋与圈梁相连替代圈梁

C) 圈梁的截面高度一般不应小于 120mm，配筋应符合表 2-14 的要求，但在软弱黏性土、液化土、新近填土或严重不均匀土层上砌体房屋的基础圈梁，其截面高度不应小于 180mm，配筋不应少于 4ϕ12。

砖房圈梁配筋要求　　　　　　　　　　　表 2-14

配筋	烈度			配筋	烈度		
	6、7	8	9		6、7	8	9
最小纵筋	4ϕ10	4ϕ12	4ϕ14	最大箍筋间距	250mm	200mm	150mm

3）墙体之间的连接

墙体之间的连接要符合下列要求：

7 度时层高超过 3.6m 或长度大于 7.2m 的大房间，以及 8 度和 9 度时，外墙转角及内、外墙交接处，当未设构造柱时，应沿墙高每隔500mm配置2φ6拉结钢筋，并每边伸入墙内不应少于1m，如图2-91所示。

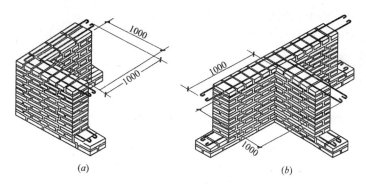

图2-91 墙体间的连接
(a) 外墙转角；(b) 内墙转角

后砌的非承重砌体隔墙应沿墙高每隔500mm配置2φ6拉结钢筋与承重墙或柱拉结，并每边伸入墙内不应小于500mm（图2-92）；8度和9度时长度大于5m的后砌非承重砌体隔墙的墙顶，尚应与楼板或梁拉结。

4）楼盖（屋盖）构件的连接

楼盖（屋盖）构件应具有足够的搭接长度和可靠的连接：

A. 现浇钢筋混凝土楼板或屋面板伸进纵、横墙内的长度，均不应小于120mm。

B. 装配式钢筋混凝土楼板或屋面板，当圈梁未设在板的同一标高时。板端伸进外墙的长度不应小于120mm，伸进内墙的长度不宜小于100mm，在梁上不应小于80mm。

C. 当板的跨度大于4.8m并与外墙平行时，靠外墙的预制板侧边应与墙或圈梁拉结（图2-93）。

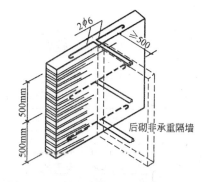

图2-92 后砌非承重墙与承重墙的拉结

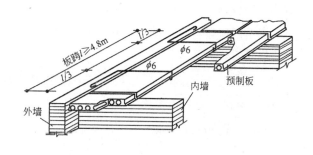

图2-93 墙与预制板的拉结

D. 房屋端部大房间的楼盖，8度时房屋的屋盖和9度时房屋的楼（屋）盖，当梁设在板底时，钢筋混凝土预制板应相互拉结，并且应与梁、墙或圈梁拉结。

E. 楼（屋）盖的钢筋混凝土梁或屋架，应与墙、柱（包括构造柱）或圈梁可靠连接，梁与砖柱的连接不应削弱柱载面，各层独立砖柱顶部应在两个方向均有可靠连接。

F. 坡屋顶房屋的屋架应与顶层圈梁可靠连接，檩条或屋面板应与墙及屋架可靠连接，房屋出入口的檐口瓦应与屋面构件锚固；8度和9度时，顶层内纵墙顶宜增砌支撑端山墙的踏步式墙垛。

G. 预制阳台应与圈梁和楼板的现浇板带可靠连接。

H. 门窗洞处不应采用无筋砖过梁；过梁支承长度，6～8度时不应小于240mm，9度时不应小于360mm。

5）楼梯间的整体性

楼梯间应符合下列要求：

A. 8度和9度时，顶层楼梯间横墙和外墙宜沿墙高每隔500mm设2ϕ6通长钢筋。

B. 8度和9度时，楼梯间及门厅内墙阳角处的大梁支承长度不应小于500mm，并应与圈梁连接。

C. 装配式楼梯段应与平台板的梁可靠连接，不应采用墙中悬挑式踏步或踏步插入墙体的楼梯，不应采用无筋砖砌栏板。

D. 突出屋顶的楼梯、电梯、构造柱应伸到顶部，并与顶部圈梁连接，内外墙交接处应沿墙高每隔500mm设2ϕ6拉结钢筋，且每边伸入墙内不应小于1m。

6）采用同一类型的基础

同一结构单元的基础（或桩承台），宜采用同一类型的基础，底面埋在同一标高上，否则应增设基础圈梁并应按1∶2的台阶逐步放坡。半高处设置60mm厚的钢筋混凝土带或配筋砖带，砂浆强度等级不宜低于M7.5，钢筋不应少于2ϕ10。

（五）岩土基本知识

1. 岩土的工程分类及工程性质

岩土的工程性质由岩土的类别决定。《建筑地基基础设计规范》（GB 50007—2002）（以下简称《地基规范》）将作为建筑地基的岩土分为岩石、碎石土、砂土、粉土、黏性土和人工填土等。

（1）岩石

岩石的坚硬程度根据岩块的饱和单轴抗压强度 f_{rk} 分为坚硬岩、较硬岩、较软岩、软岩和极软岩，见表2-15。

岩石坚硬程度的划分　　　　　　　　表2-15

坚硬程度类别	坚硬岩	较硬岩	较软岩	软岩	极软岩
饱和单轴抗压强度标准值 f_{rk}（MPa）	$f_{rk}>60$	$30<f_{rk}\leqslant 60$	$15<f_{rk}\leqslant 30$	$5<f_{rk}\leqslant 15$	$f_{rk}\leqslant 5$

岩体完整程度按完整性指数划分为完整、较完整、较破碎、破碎和极破碎，见表2-16。

岩体完整程度划分　　　　　　　　表2-16

完整程度等级	完整	较完整	较破碎	破碎	极破碎
完整性指数	>0.75	0.75～0.77	0.55～0.35	0.35～0.15	<0.15

注：完整性指数岩体纵波波速与岩块纵波波速之比的平方。选定岩体、岩块测定时波速应具有代表性。

(2) 碎石土

碎石土为粒径大于 2mm 的颗粒含量超过全重 50% 的土。根据粒组含量及颗粒形状，碎石土可按表分为块石、漂石、碎石、卵石、角砾、圆砾，见表 2-17。

碎石土的分类　　　　　　　　　　　　　　　　　　表 2-17

土的名称	颗粒形状	粒组含量
漂石、块石	圆形及亚圆形为主棱角形为主	粒径大于 200mm 的颗粒含量超过全重 50%
卵石、碎石	圆形及亚圆形为主棱角形为主	粒径大于 20mm 的颗粒含量超过全重 50%
圆砾、角砾	圆形及亚圆形为主棱角形为主	粒径大于 2mm 的颗粒含量超过全重 50%

注：分类时应根据粒组含量栏从上到下以最先符合者确定。

(3) 砂土

砂土为粒径大于 2mm 的颗粒含量不超过全重 50%、粒径大于 0.075mm 的颗粒含量超过全重 50% 的土。根据粒组含量，砂土可按表分为砾砂、粗砂、中砂、细砂和粉砂，见表 2-18。

砂土的分类　　　　　　　　　　　　　　　　　　表 2-18

土的名称	粒组含量
砾砂	粒径大于 2mm 的颗粒含量占全重 25%～50%
粗砂	粒径大于 0.5mm 的颗粒含量超过全重 50%
中砂	粒径大于 0.25mm 的颗粒含量超过全重 50%
细砂	粒径大于 0.075mm 的颗粒含量超过全重 85%
粉砂	粒径大于 0.075mm 的颗粒含量超过全重 50%

注：分类时应根据粒组含量栏从上到下以最先符合者确定。

(4) 粉土

粉土为性质介于砂土和黏性土之间，塑性指数 $I_p \leqslant 10$ 且粒径大于 0.075mm 的颗粒含量不超过全重 50% 的土。

塑性指数等于液限与塑限之差，即 $I_p = W_L - W_p$，其中，塑限为土由半固态转变为可塑状态的界限含水量。液限是指土由可塑状态转变为流动状态的界限含水量，塑性指数表示土的可塑性范围。

(5) 黏性土

黏性土是指塑性指数 $I_p > 10$ 的土。按塑性指数，可将黏性土分为黏土（$I_p > 7$）和粉质黏土（$10 < I_p \leqslant 7$）。

按液性指数可将黏性土分为坚硬、硬塑、可塑、软塑和流塑五种状态。

即：
$$I_L = \frac{w - w_p}{I_p} \tag{2-38}$$

液性指数 I_L 是土的天然含水量和塑限之差与塑性指数的比值，是判断黏性土软硬程度的指标。

(6) 人工填土

人工填土是指由于人类活动的而堆填的土。按其组成和成因，可分为素填土、杂填土和冲填土。

素填土是由碎石土、砂、粉土、黏性土等组成的土。经过分层压实后的素填土称为压实填土。

杂填土是指含有大量的建筑垃圾、工业废料或生活垃圾等人工堆填物。生活垃圾成分复杂，且含有大量的污染物，不能作为地基。

冲填土是指由水力冲填泥沙形成的土，一般压缩性大、含水量大、强度低。

(7) 特殊土

1) 软土

软土是指天然含水量高、压缩性高、强度低、渗透性差的黏性土。包括淤泥、淤泥质土等。软土一般在静水或缓慢流动的流水环境中形成，我国的软土主要分布在沿海、湖泊地区。

软土地基上的建筑物易产生较大沉降或不均匀沉降，且沉降稳定所需要的时间很长，所以，在软土上建造建筑物必须慎重对待。

2) 红黏土

红黏土是碳酸盐系岩石经红土化作用所形成的棕红、褐黄等色的高塑性黏土。红黏土的液限一般大于50%，具有表面收缩、上硬下软、裂隙发育的特征，吸水后迅速软化。红黏土在我国云南、贵州和广西等省区分布较广，在湖南、湖北、安徽、四川等省也有局部分布。

一般情况下，红黏土的表层压缩性低、强度较高、水稳定性好，属良好的地基土层。但随着含水量的增大，土体呈软塑或流塑状态，强度明显降低，工程性质较差。红黏土的土层分布厚度也受下部基岩起伏的影响而变化较大。因此，在红黏土地区的工程建设中，应注意场地及边坡的稳定性、地基土层厚度的不均匀性、地基土的裂隙性和胀缩性、岩溶和土洞现象以及高含水量红黏土的强度软化特性及其流变性。

2. 地基与基础

建筑物修建在地表，上部结构的荷载最终都会传到地表的土层或岩层上，这部分起支撑作用的土体或岩体就是地基。将向地基传递荷载的下部承重结构称为基础。经过人工处理的地基称为人工地基；不需处理的地基称为天然地基。

基础底面距地面的深度称为基础的埋置深度。根据埋置深度，基础可以分为浅基础和深基础，埋置深度在5m以内且能用一般方法施工的基础称为浅基础。埋置深度超过5m的基础称为深基础，该类基础施工难度大，成本高，一般用于高层建筑或工程性质较差的地基。

(1) 无筋扩展基础

无筋扩展基础是指由砖、毛石、混凝土或毛石混凝土、灰土和三合土等脆性材料组成的墙下条形基础或柱下独立基础，如图2-94所示。这些材料有较好的抗压性能，抗拉、抗剪强度均很低。在基础设计时，为了限制基础内的拉应力和剪应力不超过基础材料强度的设计值，通过基础构造的来达到这一目标，即基础的高宽比（外伸宽度与基础高度的比值）应小于规范规定的台阶宽高比的允许值，如图2-95所示。

无筋扩展基础适用于6层和6层以下（三合土基础不宜超过4层）的民用建筑和轻型厂房。

无筋扩展基础的高度，应满足下式要求：

$$H_0 \geqslant (b-b_0)/2\tan\alpha \tag{2-39}$$

式中 b——基础地面宽度;

b_0——基础顶面墙体宽度或柱脚宽度;

H_0——基础高度;

$\tan\alpha$——基础台阶宽高比($b_2:H_0$),其值允许按规范选用;

b_2——基础台阶宽度。

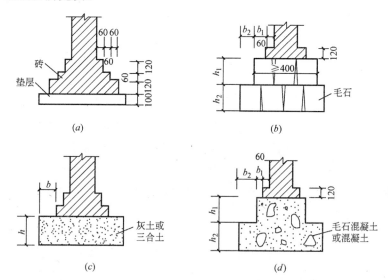

图 2-94 无筋扩展基础
(a)砖基础;(b)毛石基础;(c)灰土基础;(d)毛石混凝土基础、混凝土基础

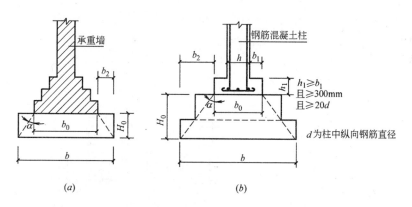

图 2-95 无筋扩展基础台阶宽高比的允许值

(2)扩展基础

扩展基础是指柱下钢筋混凝土独立基础和墙下钢筋混凝土条形基础,如图 2-96 所示。扩展基础抗弯和抗剪性能良好,适用于"宽基浅埋"或有地下水时,也称柔性基础,能充分发挥钢筋的抗弯性能及混凝土抗压性能,适用范围广。

扩展基础应满足以下构造要求:

1)锥形基础的边缘高度不宜小于 200mm;阶梯形基础的每阶高度宜为 300~500mm。

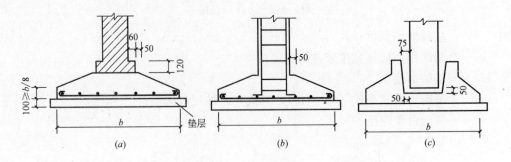

图 2-96 扩展基础
(a) 钢筋混凝土条形基础;(b) 现浇独立基础;(c) 预制杯形基础

2) 垫层的厚度不宜小于 70mm;垫层混凝土强度等级应为 C15。

3) 扩展基础底板受力钢筋的最小直径不宜小于 10mm,间距不宜大于 200mm,也不宜小于 100mm。墙下钢筋混凝土条形基础纵向分布钢筋的直径不应小于 8mm,间距不大于 300mm;每延米分布钢筋的面积不应小于受力钢筋面积的 10%。当有垫层时钢筋混凝土的保护层厚度不小于 40mm,垫层厚度不小于 70mm,无垫层时不小于 70mm。

4) 钢筋混凝土强度等级不应小于 C20。

5) 当柱下钢筋混凝土独立基础的边长和墙下钢筋混凝土条形基础的宽度大于或等于 2.5m 时,底板受力钢筋的长度可取边长或宽度的 0.9 倍,并宜交错布置,如图 2-97 (a) 所示。

6) 钢筋混凝土条形基础底板在 T 形及十字形交接处,底板横向受力钢筋仅沿一个主要受力方向通长布置,另一个方向的横向受力钢筋可布置到主要受力方向底板宽度的 1/4 处,如图 2-97 (b) 所示。在拐角处底桩横向受力钢筋应沿两个方向布置,如图 2-97 (c) 所示。

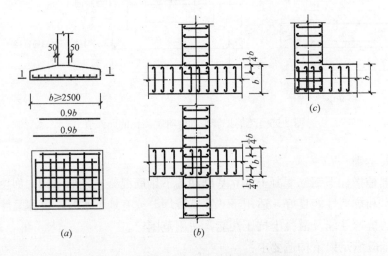

图 2-97 扩展基础底板受力钢筋布置示意图

(3) 柱下条形基础

当上部结构荷载较大、地基土的承载力较低时，采用无筋扩展基础或扩展基础往往不能满足地基强度和变形的要求。为增加基础刚度，防止由于过大的不均匀沉降引起的上部结构的开裂和损坏，常采用柱下条形基础。根据刚度的需要，柱下条形基础可沿纵向设置，也可沿纵横向设置而如图 2-98 所示。如果柱网下的地基土较软弱，土的压缩性或柱荷载的分布沿两个柱列方向都很不均匀，一方面需要进一步扩大基础底面积，另一方面又要求基础具有较大刚度以调整地基不均匀沉降，则可采用交叉条形基础。该基础形式多用于框架结构。

图 2-98 柱下条形基础
(a) 柱下单向条形基础；(b) 交叉条形基础的构造要求

1) 柱下条形基础梁的高度宜为柱距的 1/8～1/4。翼板厚度不应小于 200mm。当翼板厚度大于 250mm 时，宜采用变厚度翼板，其坡度宜小于等于 1：3。

2) 桩下条形基础的两端宜向外伸出，其长度宜为第一跨度的 0.25 倍，使基底反力分布比较均匀、基础内力分布比较合理。

3) 基础垫层和钢筋保护层厚度、底板钢筋的部分构造要求可参考扩展基础的规定。

(4) 筏形基础

当地基特别软弱，上部荷载很大，用交叉条形基础将导致基础宽度较大而又相互接近时，或有地下室，可将基础底板连成一片而成为筏形基础。

筏形基础可分为墙下筏形基础和柱下筏形基础，如图 2-99 所示。柱下筏形基础常有平板式和梁板式两种。平板式筏形基础是在地基上做一块钢筋混凝土底板，柱子通过柱脚支承在底板上；梁板式筏形基础分为下梁板式和上梁板式，下梁板式基础底板上面平整，可作建筑物底层地面。

筏形基础，特别是梁板式筏形基础整体刚度较大，能很好地调整不均匀沉降，常用于高层建筑中。

筏形基础的混凝土强度等级不应低于 C30。当有地下室时应采用防水混凝土，防水混凝土的抗渗等级应根据地下水的最大水头与防渗混凝土厚度的比值，按现行《地下工程防水技术规范》选用。

采用筏形基础的地下室应沿四周布置钢筋混凝土外墙，外墙厚度不应小于 250mm，内墙厚度不应小于 200mm。墙体内应设置双面钢筋，竖向、水平钢筋的直径不应小于 12mm，间距不应大于 300mm。

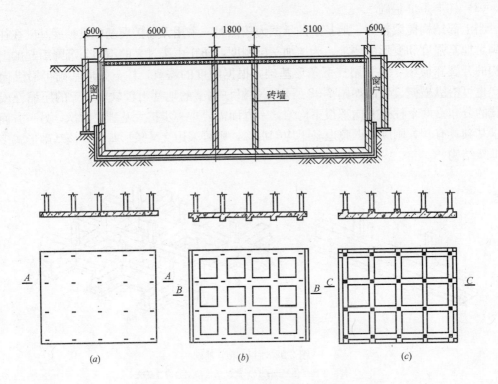

图 2-99 筏形基础
(a) 平板式；(b) 下梁板式；(c) 上梁板式

筏形基础底板最小厚度不小于 400mm；对 12 层以上建筑的梁板式筏形基础其底板厚度与最大双向板格的短边净跨之比不小于 1/14。

(5) 高层建筑箱形基础

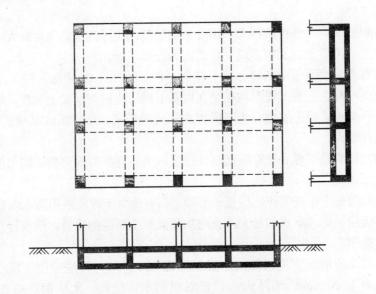

图 2-100 箱形基础

箱形基础是由底板、顶板、钢筋混凝土纵横隔墙构成的整体现浇钢筋混凝土结构，如图 2-100 所示。箱形基础具有较大的基础底面、较深的埋置深度和中空的结构形式，上部结构的部分荷载可用开挖卸去的土的重量得以补偿。与一般的实体基础比较，它能显著地提高地基的稳定性，降低基础沉降量。

箱形基础比筏形基础具有更大的空间刚度，以抵抗地基或荷载分布不均匀引起的差异沉降。此外，箱形基础还具有良好的抗震性能，广泛应用于高层建筑中。

箱形基础的混凝土强度等级不应低于 C30。

箱形基础外墙宜沿建筑物周边布置，内墙沿上部结构的柱网或剪力墙位置纵横均匀布置，墙体水平截面总面积不宜小于箱形基础外墙外包尺寸的水平投影面积的 1/10。对基础平面长宽比大于 4 的箱形基础，其纵墙水平截面面积不应小于箱基外墙外包尺寸水平投影面积的 1/18。

(6) 桩基础

当地基土上部为软弱土，且荷载很大，采用浅基础已不能满足地基强度和变形的要求，可利用地基下部比较坚硬的土层作为基础的持力层设计成深基础，桩基础是最常见的深基础。

桩基础是由桩和承台两部分组成，如图 2-101 所示。桩在平面上可以排成一排或几排，所有桩的顶部由承台连成一个整体并传递荷载。桩基础的作用是将承台以上上部结构传来的荷载通过承台，由桩传到较深的地基持力层中，承台将各桩连成一个整体共同承受荷载。

由于桩基础的桩尖通常都进入到了比较坚硬的土层或岩层，因此，桩基础具有较高的承载力和稳定性，具有良好的抗震性能，是减少建筑物沉降与不均匀沉降的良好措施。桩基础还具有很强的灵活性，对结构体系、范围及荷载变化等有较强的适应能力。

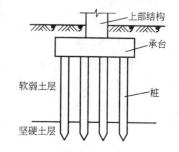

图 2-101 桩基础

1) 桩的分类

A. 按施工方式分类：按施工方法的不同可分为预制桩和灌注桩两大类。

B. 按桩身材料分类：

A) 混凝土桩又可分为混凝土预制和混凝土灌注桩（简称灌注桩）两类。各种混凝土桩是目前最广泛使用的基桩。

B) 钢桩：由于钢材相对较贵，钢桩在国内采用较少，常见的有型钢和钢管两类。

C) 组合桩：即采用两种材料组合而成的桩。如钢管桩内填充混凝土，或上部为钢管桩、下部为混凝土桩。

C. 按桩的使用功能分类

A) 竖向抗压桩，主要承受竖直向下荷载的桩。

B) 水平受荷桩，主要承受水平荷载的桩。

C) 竖向抗拔桩，主要承受拉拔荷载的桩。

D) 复合受荷桩，承受竖向和水平荷载均较大的桩。

D. 按桩的承载性状分类

A) 摩擦型桩：

　摩擦桩：在极限承载力状态下，桩顶荷载由桩侧摩阻力承受。

　端承摩擦桩：在极限承载力状态下，桩顶荷载主要由桩侧摩阻力承受，部分桩顶荷载由桩端阻力承受。

　B) 端承型桩：

　端承桩：在极限承载力状态下，桩顶荷载由桩端阻力承受。

　摩擦端承桩：在极限承载力状态下，桩顶荷载主要由桩端阻力承受，部分桩顶荷载由桩侧阻力承受。

　E. 按成桩方法分类

　根据成桩方法和成桩过程中的挤土效应将桩分为以下几种：

　A) 挤土桩：这类桩在设置过程中，桩周土被挤压，土体受到挠动，使土的工程性质与天然状态相比发生较大变化。这类桩主要包括挤土预制桩（打入或静压）、挤土灌注桩（如振动、锤击沉管灌注桩，爆扩灌注桩）。

　B) 部分挤土桩：这类桩在设置过程中由于挤土作用轻微，故桩周土的工程性质变化不大。主要有打入截面厚度不大的I字形和H形钢桩、冲击成孔灌注桩和开口钢管桩、预钻孔打入式灌注桩等。

　C) 非挤土桩：这类桩在设置过程中将相应于桩身体积的土挖出，这类桩主要是各种形式的钻孔桩、挖孔桩等。

　F. 按桩径的大小分类

　A) 小桩：直径小于或等于250mm。

　B) 中等直径桩 直径介于250～800mm。

　C) 大直径桩 直径大于或等于800mm。

　2) 基桩的构造规定

　A. 摩擦型桩的中心距不宜小于桩身直径的3倍；扩底灌注桩的中心距不宜小于扩底直径的1.5倍，当扩底直径大于2m时，桩端净距不宜小于1m。在确定桩距时还应考虑施工工艺中的挤土效应对相邻桩的影响。

　B. 扩底灌注桩的扩底直径不宜大于桩身直径的3倍。

　C. 预制桩的混凝土强度等级不应低于C30，灌注桩不应低于C20，预应力桩不应低于C40。

　D. 打入式预制桩的最小配筋率不宜小于0.8%；静压预制桩的最小配筋率不宜小于0.6%，灌注桩的最小配筋率不宜小于0.2%～0.65%（小直径取大值）。

　E. 桩顶嵌入承台的长度不宜小于50mm。桩顶主筋应伸入承台内，其锚固长度对HPB235级钢筋不宜小于30倍主筋直径，对HRB335、HRB400级钢筋不宜小于35倍主筋直径。

　3) 承台构造

　承台有多种形式，如柱下独立桩基承台、箱形承台、筏形承台、柱下梁式承台和墙下条形承台等。承台的作用是将桩连成一个整体，并把建筑物的荷载传到桩上，因而承台要有足够的强度和刚度。以下主要介绍板式承台的构造要求。

　A. 承台的宽度不应小于500mm。边桩中心至承台边缘的距离不宜小于桩的直径或边长,且桩的外边缘至承台边缘的距离不小于150mm。对条形承台梁,桩外边缘至承台梁边缘的距离不小于75mm。

B. 承台厚度不应小于300mm。

C. 承台的配筋,对于矩形承台其钢筋应按双向均匀通长配筋,钢筋直径不宜小于10mm,间距不宜大于200mm(图2-102a);对于三桩承台,钢筋应按三向板带均匀配置,且最里面的三根钢筋围成的三角形应在柱截面范围内(图2-102b)。承台梁的主筋除满足计算要求外尚应符合《混凝土结构设计规范》关于最小配筋率的规定,主筋直径不宜小于12mm,架立筋不宜小于10mm,箍筋直径不宜小于6mm(图2-102c)。

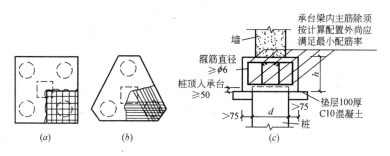

图2-102 承台配筋示意
(a)矩形承台配筋;(b)三桩承台配筋;(c)承台梁

D. 承台混凝土的强度等级不宜低于C20。纵向钢筋的混凝土保护层厚度不应小于70mm,当有混凝土垫层时,不应小于40mm。

4)承台之间的连接

单桩承台宜在两个相互垂直方向上设置连系梁,两桩承台宜在其短向设置连系梁,有抗震要求的柱下独立承台宜在两个主轴方向设置连系梁。连系梁顶面宜与承台位于同一标高。

连系梁的宽度不应小于250mm,梁的高度可取承台中心距的1/15~1/10。连系梁内上下纵向钢筋直径不应小于12mm且不应少于2根,并按受拉要求锚入承台。

三、其他相关基础知识

（一）建筑材料基本知识

1. 混凝土组成材料的技术性质和应用

混凝土是指由胶凝材料（胶结料），粗、细骨料及其他材料，按适当比例配制，经凝结、硬化而制成的具有所需形体、强度和耐久性等性能要求的人造石材。

（1）水泥

1）水泥品种

配制混凝土用的水泥品种，应当根据工程性质与特点、工程所处环境及施工条件等，并依据各种水泥的特性，正确、合理地选择。目前，建设工程中最常用的还是通用水泥，通用水泥特性见表3-1；根据通用水泥的特性，可参考《混凝土结构工程施工质量验收规范》（GB 50204—2002）推荐选用，详见表3-2。

通用水泥的特性　　　　　　　　　　　　　表3-1

品种	硅酸盐水泥 （P·Ⅰ,P·Ⅱ）	普通水泥 （P·O）	矿渣水泥 （P·S）	火山灰水泥 （P·P）	粉煤灰水泥 （P·F）	复合水泥 （P·C）
主要特性	1. 凝结硬化速度快，早期强度高 2. 水化热大 3. 抗冻性好 4. 干缩性小 5. 耐腐蚀性差 6. 耐热性差 7. 耐磨性好	1. 凝结硬化速度较快，早期强度较高 2. 水化热较大 3. 抗冻性较好 4. 干缩性较小 5. 耐腐蚀性较差 6. 耐热性较差 7. 耐磨性较好	1. 凝硬化速度慢 2. 早期强度低，后期强度增长较快 3. 水化热低 4. 耐热性好 5. 泌水性大 6. 干缩性大 7. 抗冻性差 8. 耐腐性差 9. 碱度较低，抗碳化性能差	1. 凝硬化速度慢 2. 早期强度低，后期强度增长较快 3. 水化热较低 4. 耐热性较好 5. 耐腐性好 6. 干缩性较大 7. 在潮湿或与水接触环境中，抗渗性好 8. 干燥环境中易"起粉"	1. 凝硬化速度慢 2. 早期强度低，后期强度增长较快 3. 水化热较低 4. 耐热性较好 5. 耐腐性好 6. 干缩性较小 7. 抗裂性好 8. 同配合比时，和易性较好 9. 碱度较低，抗碳化性能差	与所掺两种或两种以上混合材料的种类和掺量有关，其特性基本与矿渣水泥、火山灰水泥、粉煤灰水泥的特性相似

通用水泥的选用　　　　　　　　　　　　　表3-2

混凝土工程特点及所处环境条件		优先选用	可以使用	不宜使用
普通混凝土	在一般气候和环境中的混凝土工程	普通水泥	矿渣水泥、火山灰水泥、粉煤灰水泥、复合水泥	
	在干燥环境中的混凝土工程	普通水泥	矿渣水泥	火山灰水泥、粉煤灰水泥
	在高潮湿环境或长期处于水中的混凝土工程	矿渣水泥、火山灰水泥、粉煤灰水泥、复合水泥	普通水泥	硅酸盐水泥
	厚大体积的混凝土工程	矿渣水泥、火山灰水泥、粉煤灰水泥、复合水泥		硅酸盐水泥

续表

混凝土工程特点及所处环境条件		优先选用	可以使用	不宜使用
有特殊要求的混凝土	要求快硬高强(>C40)的混凝土工程	硅酸盐水泥	普通水泥	矿渣水泥、火山灰水泥、粉煤灰水泥、复合水泥
	严寒地区的露天混凝土工程,寒冷地区处于地下水位升降范围的混凝土工程	普通水泥	矿渣水泥(强度等级>32.5)	火山灰水泥、粉煤灰水泥、复合水泥
	有抗渗要求的混凝土工程	普通水泥、火山灰水泥		矿渣水泥
	有耐磨性要求的混凝土工程	硅酸盐水泥、普通水泥	矿渣水泥(强度等级>32.5)	火山灰水泥、粉煤灰水泥
	受侵蚀介质作用的混凝土工程	矿渣水泥、火山灰水泥、粉煤灰水泥、复合水泥		硅酸盐水泥

2)水泥强度等级

水泥强度等级,应当与混凝土的设计强度等级相适应。原则上是配制高强度等级的混凝土选用高强度等级水泥、低强度等级的混凝土选用低强度等级水泥。若用低强度等级水泥配制高强度等级混凝土,为满足强度要求必然使水泥用量过多,这不仅不经济,而且会使混凝土收缩加大和水化热增大;若用高强度等级水泥配制低强度等级的混凝土,从强度考虑,少量水泥就能满足要求,但这又对混凝土拌合物的和易性和混凝土的耐久性带来不利的影响,否则又不经济。

(2)细骨料(砂)

1)有害物质含量

砂中不应混有云母、轻物质、有机物、硫化物及硫酸盐、氯盐等,否则会对混凝土的强度及耐久性产生不利的影响。其含量应符合表3-3的规定。

砂中有害物质含量　　　　表3-3

项目		指标		
		Ⅰ类	Ⅱ类	Ⅲ类
云母(按质量百分比计)(%)	<	1.0	2.0	2.0
轻物质(按质量百分比计)(%)	<	1.0	1.0	1.0
有机物(比色法)		合格	合格	合格
硫化物及硫酸盐(按SO_3质量计)(%)	<	0.5	0.5	0.5
氯化物(以氯离子质量计)(%)		0.01	0.02	0.06

2)泥、泥块及石粉含量

天然砂中含泥量,是指粒径小于0.075mm的颗粒含量;泥块含量,则指砂中粒径大于1.18mm,经水浸洗、手捏后小于0.6mm的颗粒含量。石粉含量,是指人工砂中粒径小于0.075mm的颗粒含量。

天然砂中的泥附着在砂粒表面,妨碍水泥与砂的粘结,增大混凝土用水量,降低混凝土的强度和耐久性,且增大混凝土的收缩;而泥块若存在于混凝土中,也将严重影响其强度和耐久性。所以,必须严格控制其含量。

人工砂在生产过程中,会产生一定量的石粉,这是人工砂与天然砂最明显的区别之一。它的粒径虽小于 0.075mm，但与天然砂中的泥和泥块成分不同。石粉粒径分布不同，在使用中所起的作用也不同。天然砂的含泥量和泥块含量及人工砂的石粉含量和泥块含量应分别符合表 3-4 和表 3-5 的规定。

天然砂含泥量和泥块含量　　　　　表 3-4

项　目	指　标		
	Ⅰ类	Ⅱ类	Ⅲ类
含泥量(按质量百分比计)(%)	<1.0	<3.0	<5.0
泥块含量(按质量百分比计)(%)	0	<1.0	<2.0

人工砂石粉含量和泥块含量　　　　　表 3-5

项　目		指　标		
		Ⅰ类	Ⅱ类	Ⅲ类
亚甲蓝试验	MB 值<1.40 或合格	石粉含量(按质量百分比计) (%)	<3.0	<5.0	<7.0①
		泥块含量(按质量百分比计) (%)	0	<1.0	<2.0
	MB 值≥1.40 或不合格	石粉含量(按质量百分比计) (%)	<1.0	<3.0	<5.0
		泥块含量(按质量百分比计) (%)	0	<1.0	<2.0

注：根据使用地区和用途，在试验验证的基础上，可由供需双方协商确定，用于 C30 的混凝土和建筑砂浆。

3）砂的细度模数（M_X）和颗粒级配

砂的颗粒级配，是指大小不同粒径的砂颗粒相互搭配的情况。要减小砂粒间的空隙，就必须有大小不同的颗粒合理搭配。

砂的粗细程度是指不同粒径的砂粒，混合在一起后的总体砂的粗细程度。按粗细程度不同，砂子分为粗、中、细砂。一般用粗砂配制混凝土比用细砂所用水泥量要省。

在拌制混凝土时，砂的粗细和颗粒级配应同时考虑。当砂中含有较多的粗颗粒，并以适量的中颗粒及少量的细颗粒填充其空隙，则该种颗粒级配的砂，不仅水泥用量少，而且还可以提高混凝土的密实性与强度，是建设工程应当选用的细骨料。

砂的颗粒级配和粗细程度，常用筛分析的方法进行测定。在实际工程中，若砂的级配不合适，可采用人工掺配的方法来改善。即将粗、细砂按适当的比例进行掺合使用；或将砂过筛，筛除过粗或过细颗粒。

4）砂的坚固性

砂的坚固性是指砂在自然风化和其他外界物理、化学因素作用下，抵抗破裂的能力。按标准规定，天然砂坚固性用硫酸钠溶液检验，砂样经 5 次循环后，其质量损失应符合表 3-6 的规定。人工砂采用压碎指标法进行试验，压碎指标值应符合表 3-7 的规定。

砂的坚固性指标　　　　　表 3-6

项　目	指　标		
	Ⅰ类	Ⅱ类	Ⅲ类
质量损失(%) <	8	8	10

砂的压碎指标　　　　　表 3-7

项　目	指　标		
	Ⅰ类	Ⅱ类	Ⅲ类
单级最大压碎指标(%)<	20	25	30

5) 砂的表观密度、堆积密度、孔隙率

砂的表观密度、堆积密度、孔隙率应符合如下规定：表观密度大于 2500kg/m³，松散堆积密度大于 1350kg/m³，孔隙率小于 47%。

6) 碱骨料反应

当集料中含有活性的氧化硅（活性氧化硅的矿物形式有蛋白石、玉髓和鳞石英等，含有活性氧化硅的岩石有流纹岩、安山岩和凝灰岩等）时，如果混凝土中所用的水泥碱度较大，就可能发生碱骨料反应。一般当水泥含碱量大于 0.6%（折算成氧化钠含量）时，就需检查骨料中活性氧化硅的含量，以避免发生碱骨料反应。

(3) 粗骨料（卵石、碎石）

1) 有害物质的含量

卵石和碎石中不应混有草根、树叶、树枝、煤块和炉渣等杂物。其有害物质含量应符合表 3-8 的规定。

卵石、碎石中有害物质的含量　　　　　　　　　　　　　表 3-8

项　目	指　标		
	Ⅰ类	Ⅱ类	Ⅲ类
有机物（比色法检验）	合格	合格	合格
硫化物及硫酸盐（按 SO_3）质量计（%）＜	0.5	1.0	1.0

2) 泥和泥块含量

卵石、碎石的泥含量是指粒径小于 0.075mm 的颗粒含量；泥块含量是指卵石、碎石中粒径大于 4.75mm 经水浸洗、手捏后小于 2.36mm 的颗粒含量。

泥和泥块含量过多会降低集料与水泥的粘结力，影响混凝土的强度和耐久性。因此，卵石、碎石中泥和泥块含量应符合表 3-9 的规定。

卵石、碎石中泥和泥块含量　　　　　　　　　　　　　表 3-9

项　目	指　标		
	Ⅰ类	Ⅱ类	Ⅲ类
泥含量（按质量计）（%）＜	0.5	1.0	1.5
泥块含量（按质量计）（%）＜	0	0.5	0.7

3) 针、片状颗粒含量

凡颗粒长度尺寸大于该类颗粒平均粒径（平均粒径是指该粒级上、下限粒径的平均值）2.4 倍者，称为针状颗粒；厚度小于平均粒径 0.4 倍者，称为片状颗粒。粗骨料中的针、片状颗粒在施工时，会增大集料的孔隙率，影响混凝土拌合物的和易性，并且在受力时容易折断，对混凝土的强度和耐久性均极为不利，所以，这些颗粒的含量应严格控制。粗骨料中针、片状颗粒的含量应符合表 3-10 的要求。

粗集料针、片状颗粒含量　　　　　　　　　　　　　表 3-10

项　目	指　标		
	Ⅰ类	Ⅱ类	Ⅲ类
针、片状颗粒（按质量计）（%）＜	5	15	25

4）粗骨料的颗粒级配

粗骨料对级配的要求与细骨料的级配原理相同。当粗颗粒具有良好的颗粒级配时，不仅可以减小孔隙率、增大密实性、提高强度，还可以保证混凝土的和易性并节约水泥。特别是配制高强度混凝土或高性能混凝土时，粗骨料级配更加显得尤为重要。

粗骨料的级配也是通过筛分析试验来确定，其方孔标准筛为孔径 2.36mm、4.75mm、9.50mm、16.0mm、19.0mm、26.5mm、31.5mm、37.5mm、53.0mm、63.0mm、75.0mm 及 90.0mm 共十二个筛档。其分计筛余百分率及累计筛余百分率的计算与细集料相同。依据现行国家标准，普通混凝土用卵石及碎石的颗粒级配应符合表 3-11 的规定。

碎石和卵石的颗粒级配　　　　　　表 3-11

	方孔筛(mm) 累计筛余(%) 公称料径(mm)	2.36	4.75	9.50	16.0	19.0	26.5	31.5	37.5	53	63	75	90
连续粒级	5~10	95~100	80~100	0~15	0								
	5~6	95~100	85~100	30~60	0~10	0							
	5~20	95~100	90~100	40~80	—	0~10	0						
	5~25	95~100	90~100	—	30~70	—	0~5	0					
	5~31.5	95~100	90~100	70~90	—	15~45	—	0~5	0				
	5~0	—	90~100	70~90	—	30~65	—	—	0~5	0			
单粒粒级	10~20		95~100	85~100	—	0~15	0						
	16~31.5		95~100		85~100			0~10	0				
	20~40			95~100		80~100			0~10	0			
	31.5~63				95~100			75~100	45~75		0~10	0	
	40~80					95~100			70~100		30~60	0~10	0

5）粗骨料的最大粒径

粗骨料公称粒径的上限为该粒级的最大粒径。为了节省水泥，粗骨料的最大粒径在条件允许时，尽量选较大值，但还要受到结构截面尺寸、钢筋疏密和施工方法等因素的限制。混凝土用的粗骨料，其最大粒径不得超过结构截面最小尺寸的 1/4，且不得大于钢筋间最小净距的 3/4，对于混凝土实心板，集料的最大粒径不宜超过板厚的 1/2，且不得超过 50mm。对泵送混凝土，碎石最大粒径与输送管内径之比，宜小于或等于 1：2，卵石宜小于或等于 1：2.5。

6）坚固性

坚固性是卵石、碎石在自然风化和其他外界物理、化学因素作用下抵抗破裂的能力。骨料由于干湿循环或冻融交替等作用引起体积变化会导致混凝土破坏。具有某种特征孔隙结构的岩石会表现出不良的体积稳定性。骨料越密实、强度越高、吸水率越小时，其坚固性越好；而结构疏松、矿物成分越复杂、构造不均匀，其坚固性越差。

7）强度

为保证混凝土的强度要求，粗骨料必须具有足够的强度。碎石和卵石的强度，采用岩石立方体强度和压碎指标两种方法检验。

岩石立方体强度检验，是将碎石的母岩制成直径与高均为 5cm 的圆柱体试件或边长为 50mm 的立方体，在水中浸泡 48h 后的饱和状态下，测定其极限抗压强度值。根据标准规定，火成岩的强度值应不小于 80MPa；变质岩应不小于 60MPa；水成岩应不小于 30MPa。岩石立方体强度一般用于采石场石子强度的测定或仲裁试验。

压碎指标检验，是将一定质量气干状态下粒径为 9.0～9.5mm 的石子装入标准筒压模内，放在压力机上均匀加荷至 200kN，保持一定时间，卸荷后称取试样质量 G_1，然后用孔径为 2.36mm 的筛网，筛除被压碎的颗粒，称出剩余在筛上的试样质量 G_2，按下式计算压碎指标 Q_c：

$$Q_c = \frac{G_1 - G_2}{G_1} \times 100\% \tag{3-1}$$

压碎指标值越小，表示石子抵抗受压破坏的能力越强，工程上常采用压碎指标进行现场质量控制。根据标准，压碎指标值应符合表 3-12 的规定。

石子的压碎指标（%） 表 3-12

项目		指标	
	Ⅰ类	Ⅱ类	Ⅲ类
卵石压碎指标 ＜	10	20	30
碎石压碎指标 ＜	12	16	16

8）表观密度、堆积密度、孔隙率

粗集料的表观密度、堆积密度、孔隙率应符合如下规定：表观密度大于 2500kg/m³，松散堆积密度大于 1350kg/m³，孔隙率小于 47%。

9）碱骨料反应

经碱集料反应试验后，由卵石、碎石制备的试件无裂缝、酥裂、胶体外溢等现象，在规定的试验龄期的膨胀率应小于 0.10%。

10）骨料的含水状态

骨料的含水状态可分为干燥状态、气干状态、饱和面干状态和湿润状态四种。

干燥状态的骨料含水率等于或接近于零；气干状态的骨料含水率与大气温湿度相平衡，但未达到饱和状态；饱和面干状态的骨料，其内部孔隙含水达到饱和，而其表面干燥；湿润状态的骨料，不仅内部孔隙含水达到饱和，而且表面还附着一部分自由水。计算普通混凝土配合比时，一般以干燥状态的集料为基准，而一些大型水利工程，常以饱和面干状态的骨料为基准。

（4）混凝土拌合及养护用水

混凝土拌合用水及养护用水应符合《混凝土拌合用水标准》（JGJ 63—1989）的规定。对混凝土用水的质量要求是：不影响混凝土的凝结和硬化，无损于混凝土强度发展及耐久性，不加快钢筋锈蚀，不引起预应力钢筋脆断，不污染混凝土表面。凡符合国家标准的生活饮用淡水，均可拌制和养护各种混凝土。

混凝土生产厂及商品混凝土厂设备的洗刷水，也可作为拌合混凝土的部分用水，但应注意洗刷水中所含的水泥和外加剂对所拌制混凝土的影响，且拌合水中氯化物、硫化物及硫酸盐的含量应满足表 3-13 的要求。工业废水经检验合格后，也可用于拌制混凝土，否则必须予以处理，合格后方能使用。

混凝土拌合及养护用水中物质的含量限制　　　　　表 3-13

项　　目		预应力混凝土	钢筋混凝土	素混凝土
pH 值	>	4	4	4
不溶物(mg/L)	<	2000	2000	5000
可溶物(mg/L)	<	2000	5000	10000
氯化物(以 Cl^- 计)(mg/L)	<	500①	1200	3500
硫酸盐以(SO_4^{2-} 计)(mg/L)	<	600	2700	2700
硫化物(以 S^{2-} 计)(mg/L)	<	100	—	—

注：使用钢丝或经热处理钢筋的预应力混凝土，氯化物含量不得超过 350mg/L。

对水质有怀疑时，应将待检验水与蒸馏水分别做水泥凝结时间和砂浆或混凝土强度对比试验。对比试验测得的水泥初凝时间差和终凝时间差，均不得超过 30min，且其初凝及终凝时间应符合国家水泥标准的规定。用待检验水配制的水泥砂浆或混凝土的 28d 抗压强度不得低于用蒸馏水配制的对比砂浆或混凝土强度的 90%。

2. 砌筑材料的品种与应用

砌筑材料包括砌筑砂浆和墙体材料两大类。

砌筑砂浆是指由胶凝材料、细集料和水，有时也加入掺加料混合而成的建筑材料，在建设工程中主要起粘结、衬垫和传递荷载等作用。因为砌筑砂浆中无粗集料，所以建筑砂浆又可称为无粗集料的混凝土。按所用胶凝型材料可分为水泥砂浆、石灰砂浆、水玻璃砂浆、水泥石灰混合砂浆等。

墙体材料是指在房屋建筑中主要起围护和结构作用的材料。该类材料的品种很多，归纳起来主要有砌墙砖、砌块和板材等三大类。

（1）砌筑砂浆

1）砌筑砂浆的组成材料及技术要求

砌筑砂浆的主要材料主要包括：胶凝材料、细集料、掺加料和水等。

① 水泥

常用水泥品种有普通水泥、矿渣水泥、火山灰水泥、粉煤灰水泥和砌筑水泥等。水泥品种应根据使用部位的耐久性要求来选择，具体参考表 3-1 和表 3-2 选用。对水泥强度等级的要求：水泥砂浆中，选择水泥，其强度等级不宜超过 32.5 级；水泥混合砂浆中，选择水泥，其强度等级不宜超过 42.5 级。

② 掺加料

掺加料是为了改善建筑砂浆的和易性而加入到砂浆中的无机材料。常用掺加料有石灰膏、磨细生石灰粉、黏土膏、粉煤灰、沸石粉等无机材料，或松香皂、微沫剂等有机材料。生石灰粉、石灰膏和黏土膏必须配制成稠度为 (120±5)mm 的膏状体，并过 3mm×3mm 的滤网。生石灰粉的熟化时间不得小于 2d，石灰膏的熟化时间不得少于 7d。严禁使用已经干燥脱水的石灰膏。消石灰粉不得直接用于砌筑砂浆中。

③ 砂

砂的技术指标应符合《建筑用砂》(GB/T 14684—2001) 的规定，具体参见混凝土细集料部分的技术要求。砌筑砂浆宜采用中砂，并且应过筛，砂中不得含有杂质，含泥量不应超过 5%。最大粒径不得大于砂浆厚度的 1/4 (2.5mm)；毛石砌体宜用粗砂，最大粒径应不得大于砂浆厚度的 1/5～1/4。

④ 拌合及养护用水

应符合《混凝土拌合用水标准》中规定，选用不含有害杂质的洁净的淡水或饮用水。

2) 砌筑砂浆的技术性质

砌筑砂浆的技术性质包括新拌砂浆的和易性、硬化后砂浆的强度和粘结力。

① 和易性

砌筑砂浆的和易性是指新拌砂浆在使用中易于施工操作，又能满足工程质量要求的性能，包括流动性和保水性两方面的含义。和易性好的砂浆，在运输和操作时，不会出现分层、泌水等不良现象，容易在粗糙的底面上铺成均匀的薄层，方便施工，提高工效，并能使灰缝饱满密实，将砌筑材料很好地粘结成整体。

A. 流动性

砂浆的流动性又称砂浆稠度，是指新拌砂浆在自重或外力作用下能够产生流动的性能，用沉入度表示。沉入度用砂浆稠度仪测定，是指以标准试锥在砂浆内自由沉入 10s 时沉入的深度，以"mm"为单位。沉入度的大小，根据砌体的种类、施工条件和气候条件，从表 3-14 中选择。

砌筑砂浆的稠度选择表　　　　　　表 3-14

砌 体 种 类	砂浆稠度(mm)
烧结普通砖砌体	70～90
轻骨料混凝土小型砌块砌体	60～90
烧结多孔砖、空心砖砌体	60～80
烧结普通砖平拱式过梁空斗墙、筒拱普通混凝土小型空心砌体、加气混凝土砌块砌体	50～70
石砌体	30～50

B. 保水性

砂浆的保水性是指砂浆保持水分不易析出的性能，用分层度表示，以"mm"为单位，用分层度测定仪测定。砂浆的分层度越大，保水性越差，且容易产生分层离析。根据《砌筑砂浆配合比设计规程》（JGJ 98—2000）规定：砌筑砂浆的分层度不宜大于 30mm，也不宜小于 10mm。

② 砂浆硬化后的技术性质

A. 强度

砂浆强度是按标准方法制作的，以边长为 70.7mm×70.7mm×70.7mm 的立方体试件，按标准养护至 28d，测得的抗压强度值确定。砌筑砂浆按抗压强度划分为 M30、M25、M20、M15、M10、M7.5、M5.0 七个强度等级。例如，M15 表示 28d 抗压强度值不低于 15MPa。

影响砂浆的抗压强度的因素很多，其中最主要的影响因素是水泥。用于粘结吸水性较大的底面材料（如砖、砌块等）的砂浆，其强度主要取决于水泥的强度和用量；用于粘结吸水性较小、密实的底面材料（如石材等）的砂浆，其强度取决于水泥强度和水灰比。此外，砂的质量、混合材料的品种及用量、养护条件（温度和湿度）都会影响砂浆的强度和强度的增长。

B. 粘结力

砌筑砂浆必须具有足够粘结力，才能将砌筑材料粘结成一个整体。粘结力的大小，会影响砌体的强度、稳定性、耐久性和抗震性能。一般来说，砂浆的粘结力与其抗压强度成正比，抗压强度越大，粘结力越大；另外，砂浆的粘结力还与基层材料的清洁程度、含水状态、表面状态、养护条件等有关。粗糙的、洁净的、润湿的表面与良好养护的砂浆，其粘结力强。

3) 砌筑砂浆的检验方法

① 拌合物取样和制备

A. 取样：在施工现场取样要遵守相关施工验收规范的规定，在使用地点的砂浆槽、运送车或出料口至少三处取样，数量为试样用量的1~2倍。试样应尽快试验，试验前要人工略加翻拌至均匀。

B. 试样制备：实验室内，制备试样有人工拌料和机械搅拌两种方法。

a. 人工拌合。按设计配合比称取各项材料，先将水泥和砂倒在钢板上，干拌均匀并堆成堆，中间挖一凹坑，将掺加料提前用水稀释成膏状，加入坑中；充分拌和，逐渐加水至符合稠度要求为止。拌合时间一般为5min。

b. 机械搅拌。先在搅拌机内壁粘附一层同配合比的砂浆层，以保证正式搅拌时配料准确。称好各种材料，一次加入搅拌机中，开动搅拌机，将水逐渐加入，搅拌3min，砂浆量应不少于搅拌机容量的20%。将砂浆倒在钢板上，人工略加翻拌，立即试验。

② 砂浆稠度试验

A. 主要仪器：砂浆稠度测定仪、钢制捣棒（$\phi 10 \times 350$mm，一端成弹头型）、秒表等。

B. 试验步骤：将拌好的砂浆试样，一次倒入砂浆标准锥筒内，装至距筒口10mm为止。用捣棒均匀插捣25次，并在平台上振动5~6次，使表面平整，移至稠度仪底座上。使圆锥体锥尖与砂浆表面接触，旋紧制动螺旋，调整标尺至零点，然后突然放松紧固螺钉并计时，使锥体凭自重沉入砂浆中，经10s后，读出标尺上圆锥体的下沉深度，以"mm"为单位，即为砂浆沉入度值。筒内试样只能用一次。

C. 结果评定：以两次测定结果的算术平均值作为砂浆沉入度测定结果，两次之差不得大于20mm，否则重新取样测定。

③ 砂浆分层度试验

A. 试验仪器：砂浆分层度测定仪、砂浆稠度测定仪、木锤。

B. 试验步骤：将拌好的稠度（沉入度值为K_1）合格的砂浆，一次装入分层筒内，用木锤在筒周围大致相等的四处，轻敲1~2次，并随时添加至筒满，然后用抹刀刮平；静置30min后，松开连接螺栓，去掉上层200mm的砂浆，将余下100mm的砂浆倒出并拌匀，测定沉入度值（K_2）；取前后两次沉入度之差（K_1-K_2）即为砂浆的分层度（mm）。

C. 评定结果：取两次测定的砂浆分层度值的算术平均值为砂浆的分层度测定值。两次之差不得超过20mm，否则重新试验。

④ 砂浆的抗压强度试验

A. 试验仪器：砂浆试模（70.7mm×70.7mm×70.7mm），捣棒（$\phi 10 \times 350$mm，一

端成弹头型），垫板，压力试验机（示值误差不大于±2%）。

B. 试验步骤：

a. 试件制作：

对于砌筑吸水基底（砖或砌块等）的砂浆，用无底试模，试模内壁应均匀涂刷机油少许，放在预先铺有吸水性较好的湿纸的普通黏土砖上，砖的含水率不大于2%，其吸水率不小于10%；将砂浆试样一次装满试模，用捣棒均匀插捣25次，然后，用抹刀在试模四侧内壁插捣两次，砂浆应高出试模顶面6~8mm，静停15~30min，待砂浆表面出现麻斑时，刮去多余砂浆。

对于砌筑不吸水基底（石材等）的砂浆用有底试模，试模内壁先均匀刷机油少许，将砂浆分两层加入，每层厚度约40mm并插捣12次，同样用抹刀沿试模四侧内壁插捣两次，砂浆应高出试模顶面6~8mm。静置15~30min，刮去多余砂浆。

b. 试件养护：

装模成型后，在（20±5）℃的环境中静停24h，即可编号脱模，按下列规定条件养护。

自然养护：放在室内养护，混合砂浆在相对湿度为60%~80%，正温条件下养护；水泥砂浆在正温条件的湿砂堆中养护。

标准养护：混合砂浆应在温度（20±3）℃、相对湿度60%~80%的条件下养护；水泥砂浆在相对湿度大于或等于90%、温度（20±3）℃的条件下养护。

养护时，试件间隔不小于10min，养护期间作好温度记录，有争议时，以标准养护为准。

c. 抗压强度试验：

将养护至28d的试件取出，擦干表面水分和砂粒，在压力试验机上试压。加荷方向应垂直于成型面，以0.3MPa/s的加荷速度均匀加荷，直至试件破坏为止，记录破坏荷载F。

C. 结果计算与评定：砂浆立方体抗压强度按下式计算：

$$f_{m,cu}=\frac{F}{A} \tag{3-2}$$

式中　$f_{m,cu}$——砂浆立方体抗压强度测定值，精确至0.1MPa；

　　　F——砂浆试件破坏荷载，N；

　　　A——受压面积，mm^2，取$A=5000mm^2$。

每组试件为六个，取六个试件测定值的算术平均值作为该组试件的抗压强度值，计算精确至0.1MPa。

若其中最大值或最小值与平均值的差超过20%时，以中间四个测值的算术平均值作为该组试件的抗压强度值。

在施工现场，除上述试验外，尚应对砌筑砂浆的原材料、计量、配合比、施工质量及养护条件等进行必要的检测。

（2）墙体材料

墙体在房屋建筑中具有承重、围护和分隔的作用。它对建筑物的质量、造价、自重、施工进度以及建筑能耗等都起着重要的作用。因此，用于墙体建造的墙体材料也是建设工程中十分重要的材料之一。目前用于建设工程中的墙体材料的品种较多，总体上可分为砌墙砖、砌块、墙板等三大类。

1) 砌墙砖

砌墙砖是指以工业废料及其他地方资源为主要原料，由不同工艺制成，在建筑中用来砌筑墙体的一类材料。按其生产工艺分为烧结砖和非烧结砖；按其孔隙大小及构造分为实心砖、多孔砖和空心砖，其中孔洞数量多、孔径小的称为多孔砖，而孔洞数量少、孔径尺寸大的称为空心砖。

① 烧结普通砖

经配料、制坯、干燥、焙烧而制成的孔洞率小于15%的砖。烧结普通砖的技术性能有：

A. 规格尺寸

烧结普通砖为直角六面体，外形尺寸为240mm×115mm×53mm；通常将240mm×115mm的面称为大面；240mm×53mm的面成为条面；115mm×53mm的面成为顶面。以4个砖长、8个砖宽、16个砖厚，再加上10mm的灰缝厚度，长度均为1m，1m³砖砌体的理论需砖量为521块。

B. 外观质量和尺寸偏差

烧结普通砖的外观质量应符合表3-15的规定；尺寸偏差应符合表3-16的规定。

烧结普通砖的外观质量要求　　　表3-15

项　目		优　等　品	一　等　品	合　格　品
两条面高度差(mm)		2	3	5
弯曲(mm)≤		2	3	5
杂质凸出高度(mm)≤		2	3	5
缺棱掉角的三个破坏尺寸(mm)不得同时大于		15	20	30
裂纹长度(mm)≤	A	70	70	110
	B	100	100	150
完整面不少于		一条面、一顶面	一条面、一顶面	—
泛霜		无泛霜	不允许有中等泛霜	不允许有严重泛霜
石灰爆裂		不允许出现最大破坏尺寸大于2mm的爆裂区	不允许出现最大破坏尺寸大于10mm的爆裂区，最大破坏尺寸为2~10mm的区域不得多于15处	最大破坏尺寸为2~15mm的爆裂区不得多于15处，其中大于10mm的不得多于7处；不得有最大破坏尺寸大于15mm的爆裂区
其他			不允许出现欠火砖、酥砖和螺纹砖	

注：A为大面上宽度方向及其延伸至条面上的裂纹长度；
　　B为大面上长度方向延伸至顶面上的裂纹长度或条、顶面上水平裂纹的长度。

烧结普通砖的尺寸偏差要求　　　表3-16

标准尺寸(mm)	优　等　品		一　等　品		合　格　品	
	平均偏差(mm)	级差(mm)≤	平均偏差(mm)	级差(mm)≤	平均偏差(mm)	级差(mm)≤
240	±2.0	8	±2.5	8	±3.0	8
115	±1.5	6	±2.0	6	±2.5	7
53	±1.5	4	±1.6	5	±2.0	6

C. 强度等级

烧结普通砖按抗压强度划分为 MU30、MU25、MU20、MU15、MU10 五个强度等级。在评定或划分强度等级时，若强度变异系数 $\delta \leqslant 0.21$ 时，采用平均值——标准值法；若强度变异系数 $\delta > 0.21$ 时，则采用平均值——最小值法。各个强度等级的抗压强度值应符合表 3-17 的规定。

烧结普通砖强度等级 表 3-17

强度等级	抗压强度平均值 $f \geqslant$ (MPa)	变异系数 ($\delta \leqslant 0.21$) 强度标准值 $f_k \geqslant$ (MPa)	变异系数 ($\delta > 0.21$) 单块最小抗压强度值 $f_{min} \geqslant$ (MPa)
MU30	30.0	22.0	22.5
MU25	25.0	18.0	22.0
MU20	20.0	14.0	16.0
MU15	15.0	10.0	12.0
MU10	10.0	6.5	7.5

D. 抗风化性能

抗风化性能是指在干湿变化、温度变化、冻融变化等物理因素作用下，材料不破坏并能长期保持原有性能的能力，它是评定材料耐久性的重要指标。我国地域辽阔，不同地区的风化作用差别较大。

按《烧结普通砖》（GB/T 5101—1998）的规定，东三省、内蒙古、新疆等严重风化地区的砖必须做冻融试验，其他非严重风化地区的砖的抗风化性能如果符合表 3-18 规定时，可不做冻融试验，否则必须做冻融试验；强度和抗风化性能合格的砖，按尺寸偏差、外观质量、泛霜和石灰爆裂划分为优等品（A）、一等品（B）、合格品（C）。

烧结普通砖的抗风化性能 表 3-18

项目	严重风化地区				非严重风化地区			
	5h沸煮吸水率(%)≤		饱和系数≤		5h沸煮吸水率(%)≤		饱和系数≤	
	平均值	单块最大值	平均值	单块最大值	平均值	单块最大值	平均值	单块最大值
黏土砖	21	23	0.85	0.87	23	25	0.88	0.90
粉煤灰砖	23	25			30	32		
页岩砖	16	18	0.74	0.77	18	20	0.78	0.80
煤矸石砖	19	21			21	23		

E. 泛霜

泛霜（也称起霜、盐析、盐霜等），是指在砂浆或烧结砖中，会存在一些可溶性的盐类（如硫酸钠等），当砂浆和砌体在干燥时，这些盐分的结晶析出于砌体表面的一种现象。这些结晶一般呈粉末、絮团伙絮片状，不仅有损于建筑物的外观，而且会影响抹面砂浆的粘结力，特别是膨胀性的盐分时，还会引起砌体表面的开裂、酥松，甚至剥落。应符合表 3-15 规定。

F. 石灰爆裂

石灰爆裂是指烧结砖的原料砂质黏土中若含有石灰石，焙烧时将被烧成生石灰块，在使用过程中一旦吸水，即生成熟石灰，而产生体积膨胀，导致砌体胀裂的一种现象。这一现象所产生的内应力，将严重影响砌墙砖和砌体的强度，甚至破坏。应符合表3-15规定。

G. 烧结普通砖的应用

烧结普通砖具有一定的强度，耐久性好，价格低，生产工艺简单，原材料丰富，可用于砌筑墙体、基础、柱、拱、烟囱，铺砌地面。优等品用于墙体装饰和清水墙，一等品和合格品可用于混水墙，中等泛霜的砖不得用于潮湿部位。

烧结砖的缺点是制砖需大量的取土，毁坏了耕地，加之自重大、生产能耗高，不利于节能和环境保护的要求。所以，我国正在限制使用烧结砖，而大力推广墙体的改革，以烧砖、多孔砖及轻质条板等取代烧结砖。

② 烧结多孔砖

经焙烧制成的孔洞率大于15%，而且孔洞数量多、尺寸小，主要用于承重墙体和非承重墙体的砌墙砖。烧结多孔砖的技术性能有：

A. 形状尺寸

烧结多孔砖为直角六面体；长、宽、厚应符合下列尺寸要求：290、240、180mm；190、175、140、115mm；90mm。圆孔洞的直径不应大于22mm，非圆孔内切圆的直径小于15mm，手抓孔尺寸为（30～40）～(75～85)mm。

B. 外观质量和尺寸偏差

外观质量应符合表3-19，尺寸偏差和孔洞率及孔洞排列应符合《烧结多孔砖》GB 13544—2000的规定。

烧结多孔砖的外观质量要求　　　　　表3-19

标准尺寸 （mm）	优 等 品		一 等 品		合 格 品	
	平均偏差(mm)	级差(mm)≤	平均偏差(mm)	平均偏差(mm)	级差(mm)≤	平均偏差(mm)
290、240	±2.0	8	±2.5	7	±3.0	8
190、180、175、140、115	±1.5	5	±2.0	6	±2.5	7
90	±1.5	4	±1.7	5	±2.0	6
孔形	矩形孔或矩形条孔				矩形孔或其他孔	
孔洞率	大于或等于25%					
孔洞排列	交错排列				—	

注：所有孔宽应相等。孔长≤50mm，孔洞排列上下左右应对称，分布均匀；手抓孔长度方向必须平行于条面；矩形孔的孔长或等于3倍的孔宽；不允许出现欠火砖、酥砖和螺旋纹砖。

C. 强度等级

按抗压强度划分为MU30、MU25、MU20、MU15、MU10等五个强度等级，各个强度等级的抗压强度应符合表3-17的要求。

D. 抗风化性能、泛霜和石灰爆裂

抗风化性能、泛霜和石灰爆裂的要求同烧结普通砖。强度和抗风化性能合格的砖，按尺寸偏差、外观质量、孔形及孔洞排列、泛霜和石灰爆裂分为优等品（A）、一等品（B）、合格品等三个质量等级。

E. 烧结多孔砖的应用

烧结多孔砖可以代替烧结普通砖，但不宜用于建筑物的基础，可用于砖混结构中的承重墙体。其中优等品可以用于墙体装饰和清水墙砌筑,一等品和合格品可用于混水墙,中等泛霜的砖不得用于潮湿部位。

③ 烧结空心砖

经焙烧制成的空洞率≥35%,而且孔洞数量少、尺寸大,用于非承重墙和填充墙体的烧结砖。烧结空心砖的长、宽、厚应符合以下系列:290、190(140)、90mm;240、180(175);115mm。根据表观密度不同划分为800、900、1100三个密度级别,各级别的密度等级对应的5块砖表观密度平均值分别为小于$800kg/m^3$,$801\sim900kg/m^3$,$901\sim1100kg/m^3$;按抗压强度分为MU5.0、MU3.0、MU2.0三个强度等级,各强度等级的强度值应符合表3-20的规定,低于MU2.0的砖为不合格品;每个密度等级根据孔洞及其排数、尺寸偏差、外观质量、强度等级和物理性能分为优等品(A)、一等品(B)、合格品三个质量等级。

空心砖的强度等级 表3-20

质量等级	强度等级	大面抗压强度		条面抗压强度	
		平均值(MPa)≥	极值(MPa)≥	平均值(MPa)≥	极值(MPa)≥
优等品	MU5.0	5.0	3.7	2.4	2.3
一等品	MU3.0	3.0	2.2	2.2	1.4
合格品	MU2.0	2.0	1.4	1.6	0.9

烧结空心砖的孔数少、孔径大,具有良好的保温、隔热功能,可用于多层建筑的隔断墙和填充墙。采用多孔砖和空心砖,可以节约燃料10%~20%,节约黏土25%以上,减轻墙体自重,提高工效40%,降低造价20%,改善墙体的热工性能,是当前墙体改革的重要途径。

④ 混凝土多孔砖

是指以水泥、砂、石为主要原料,经加水搅拌、成型、养护制成的孔洞率不小于30%且有多排小孔的混凝土砖。混凝土多孔砖的技术性能有:

A. 形状尺寸

混凝土多孔砖的外形为直角六面体,其主规格尺寸为240mm×115mm×90mm;配砖规格尺寸有半砖(120mm×115mm×90mm)、七分头(180mm×115mm×90mm)、混凝土实心砖(240mm×115mm×53mm)等。

B. 尺寸偏差及壁厚

混凝土多孔砖的尺寸偏差应符合表3-21的规定。

混凝土多孔砖尺寸允许偏差 表3-21

项目名称	一等品(mm)	合格品(mm)
长度	±1.0	±2.0
宽度	±1.0	±2.0
高度	±1.0	±3.0

混凝土多孔砖的最小外壁厚不应小于15mm,最小肋厚不应小于10mm。

C. 混凝土多孔砖的孔洞及其结构应符合表3-22的规定。

混凝土多孔砖的孔洞及其结构　　　　　　　　表 3-22

产品等级	孔形	孔洞率	孔洞排列
一等品	矩形孔或其他孔形	≥30%	多排、有序交错排列
合格品	矩形孔或其他孔形		条面方向至少 2 排以上

注：1. 矩形条孔的孔长与宽之比不小于 3；
　　2. 矩形孔或矩形条孔的 4 个角应为圆角，其半径大于 8mm；
　　3. 铺浆面应为半盲孔，其内切圆直径不大于 8mm。

D. 强度等级

混凝土多孔砖按抗压强度划分为 MU30、MU25、MU20、MU15、MU10 等五个强度等级。其强度等级的评定按现行国家标准《混凝土小型空心砌块试验方法》（GB/T 4111）的评定方法进行。

砌筑砂浆的强度等级应为 M15、M10、M7.5 和 M5。在检验砌筑砂浆强度等级时，应采用混凝土多孔砖侧面为砂浆强度试块底膜。

E. 其他技术性能

混凝土多孔砖的线干燥收缩率不应大于 0.45mm/m；

混凝土多孔砖的抗冻性应符合《混凝土多孔砖》（JC 943）的规定；

用于外墙的混凝土多孔砖，其抗渗性应满足 3 块中，任一块水面下降高度不大于 10mm；

混凝土多孔砖的相对含水率应符合表 3-23 规定；

混凝土多孔砖的相对含水率（W）　　　　　　　　表 3-23

线干燥收缩率 (mm/m)	相对含水率(%)		
	潮湿	中等	干燥
<0.3	≤45	≤40	≤35
0.3～0.45	≤40	≤35	≤30

注：1. 相对含水率为混凝土多孔砖含水率与吸水率之比；
　　2. 使用地区的湿度条件：
　　　　潮湿——是指年平均相对湿度大于 75%；
　　　　中等——是指年平均相对湿度 50%～75%；
　　　　干燥——是指年平均相对湿度小于 50%。

F. 尺寸偏差、孔洞及结构、壁厚、肋厚的试验方法按现行国家标准《砌墙砖试验方法》（GB/T 2542）进行，线干燥收缩率及相对含水率的试验方法按现行国家标准《混凝土小型空心砌块试验方法》（GB/T 4111）进行。

G. 混凝土多孔砖的应用

混凝土多孔砖是一种新型的墙体材料，它的推广应用将有助于减少烧结普通砖和烧结多孔砖的生产和使用，有助于节约能源，保护土地资源。除清水墙外，混凝土多孔砖与烧结普通砖和烧结多孔砖的应用范围基本相同。

⑤ 蒸压灰砂砖

蒸压灰砂砖是以石灰、砂子（也可以掺入颜料和外加剂）为原料，经制坯、压制成型、蒸压养护而成的实心砖。根据颜色可分为彩色（Co）和本色（N）蒸压灰砂砖。

《蒸压灰砂砖》（GB 11945—1999）规定：蒸压灰砂砖的外形、公称尺寸与烧结普通砖相同；按抗压强度和抗折强度划分为 MU25、MU20、MU15、MU10 等四个强度等级，各等级强度值应符合表 3-24 的要求。

蒸压灰砂砖的强度等级　　　　　表 3-24

强度等级	强度指标			
	抗压强度(MPa)		抗折强度(MPa)	
	平均值≥	单砖强度值≥	平均值≥	单砖强度值≥
MU25	25.0	20.0	5.0	4.0
MU20	20.0	16.0	4.0	3.2
MU15	15.0	12.0	3.3	2.6
MU10	10.0	8.0	2.5	2.0

根据外观质量、尺寸偏差、强度和抗冻性分为优等品（A）、一等（B）、合格品（C）三个质量等级。各质量等级的抗冻性要求应符合表 3-25 的规定。彩色砖的颜色要基本一致。尺寸偏差、外观质量应符合表 3-26 的规定。

蒸压灰砂砖的抗冻性　　　　　表 3-25

强度等级	抗冻性指标	
	5块冻后抗压强度平均值(MPa)≥	单块砖干质量损失(%)≤
MU25	20.0	2.0
MU20	16.0	
MU15	12.0	
MU10	8.0	

蒸压灰砂砖尺寸偏差和外观质量　　　　　表 3-26

项　　目		优等品	一等品	合格品
尺寸偏差(mm)	长度	±2	±2	±3
	宽度	±2		
	厚度	±1		
缺棱掉角	个数(个)≤	1	1	2
	最大尺寸(mm)≤	10	15	20
	最小尺寸(mm)≤	5	10	10
	对应高度差(mm)≤	1	2	3
裂纹(mm)≤	条面	1	1	2
	大面上深入孔壁15mm以上，宽度方向及其延伸到条面的长度	20	50	70
	大面上深入孔壁15mm以上，长度方向及其延伸到顶面的长度	30	70	100

强度等级为 MU25、MU20、MU15 的蒸压灰砂砖可用于基础和其他建筑；强度等级为 MU10 的蒸压灰砂砖可用于防潮层以上的建筑，但不得用于长期受热 20℃ 以上、受急冷、急热和有酸性介质侵蚀的建筑部位，也不适用于有流水冲刷的部位。

⑥ 蒸压粉煤灰砖

蒸压粉煤灰砖是指以粉煤灰、石灰和水泥为主要原料，掺加适量石膏、外加剂和集料，经高压或常压蒸汽养护而成的实心或多孔粉煤灰砖。砖的外形、公称尺寸同烧结普通砖或烧结多孔砖。

《粉煤灰砖》(JC 239—2001) 中规定：粉煤灰砖有彩色 (Co)、本色 (N) 两种；按抗压强度和抗折强度划分为 MU30、MU25、MU20、MU15、MU10 等五个强度等级；按外观质量、尺寸偏差、强度和干燥收缩值分为优等品 (A)、一等品 (B)、合格品 (C)，优等品强度等级应不低于 MU15；干燥收缩率为：优等品和一等品应不大于 0.65mm/m，合格品不大于 0.75mm/m；碳化系数不低于 0.8，色差不显著。

蒸压粉煤灰砖可用于工业及民用建筑的墙体和基础，但用于基础和易受冻融和干湿交替作用的部位时，强度等级必须为 MU15 以上。该砖不得用于长期受热 200℃ 以上、受急冷急热或有酸性介质侵蚀的建筑部位。

2) 砌块

砌块是指用于墙体砌筑，形体大于砌墙砖的人造墙体材料，多为直角六面体。砌块主规格尺寸中的长度、宽度和高度，至少有一项相应大于：365mm、240mm、115mm，但高度不大于长度或宽度的 6 倍，长度不超过高度的 3 倍。

砌块按用途可分为承重砌块和非承重砌块；按有无空洞可分为实心砌块和空心砌块；按产品规格又可分为大型（主规格高度＞980mm）、中型（主规格高度为 380～980mm）和小型（主规格高度为 115～380mm）砌块。

① 蒸压加气混凝土砌块

蒸压加气混凝土砌块，是以钙质材料（水泥、石灰等）和硅质材料（砂、火山灰、矿渣或粉煤灰等）加入铝粉（作加气剂），经蒸压养护而成的多孔轻质块体材料，简称加气混凝土砌块。蒸压加气混凝土砌块的技术性能有：

A. 规格尺寸

按《蒸压加气混凝土砌块》(GB/T 11968—1997) 规定：砌块长度为 600mm；宽度有 100、125、150、200、250、300mm 或 120、180、240mm；高度为 200、250、300mm 等多种规格。

B. 强度等级

蒸压加气混凝土砌块按抗压强度可分为 A1.0、A2.0、A2.5、A3.5、A5.0、A7.5、A10 等七个强度等级，各强度等级的立方体抗压强度不得小于表 3-27 的规定。

加气混凝土砌块的各等级的抗压强度　　　　表 3-27

强度等级	立方体抗压强度(MPa)	
	平均值 ≥	单块最小值 ≥
A1.0	1.0	0.8
A2.0	2.0	1.6
A2.5	2.5	2.0
A3.5	3.5	2.8
A5.0	5.0	4.0
A7.5	7.5	6.0
A10	10.0	8.0

注：蒸压加气混凝土砌块的抗压强度是以边长为 100mm 的立方体试块测定的。

C. 密度等级

蒸压加气混凝土砌块按干表观密度可分为 B03、B04、B05、B06、B07、B08 等六个等级。各密度等级应符合表 3-28 的规定。

蒸压加气混凝土砌块的密度等级 表3-28

密度等级		B03	B04	B05	B06	B07	B08
干表观密度 (kg/m³)	优等品≤	300	400	500	600	700	800
	一等品≤	330	430	530	630	730	830
	合格品≤	350	450	550	650	750	850

D. 尺寸偏差和外观质量

蒸压加气混凝土砌块的尺寸偏差和外观要求应符合表3-29的规定。

加气混凝土砌块的尺寸偏差和外观要求 表3-29

项目			技术指标		
			优等品	一等品	合格品
尺寸允许偏差 (mm)	长度		±3	±4	±5
	宽度		±2	±3	±3,-4
	高度		±2	±3	±3,-4
缺棱掉角	个数(个)	≤	0	1	2
	最大尺寸(mm)	≤	0	70	70
	最小尺寸(mm)	≤	0	30	30
裂纹	条数	≤	0	1	2
	任一面上裂纹长度不得大于裂纹方向尺寸的		0	1/3	1/2
	贯穿一棱两面的裂纹长度不得大于裂纹所在面的裂纹方向总和的		0	1/3	1/3
平面弯曲(mm)		≤	0	3	5
表面疏松、层裂、油污			不允许		
爆裂、黏膜和损坏深度(mm)		≤	10	20	30

E. 质量等级、干燥收缩、抗冻性和导热系数

按尺寸偏差、外观质量、干表观密度及抗压强度划分为优等品（A）、一等品（B）、合格品等三个质量等级。各质量等级干表观密度和相应的抗压强度应符合表3-30的规定；砌块的干燥收缩、抗冻性、导热系数应符合表3-31的规定。

蒸压加气混凝土砌块的质量等级 表3-30

表观密度等级		B03	B04	B05	B06	B07	B08
强度等级	优等品	A1.0	A2.0	A3.5	A5.0	A7.5	A10
	一等品	A1.0	A2.0	A3.5	A5.0	A7.5	A10
	合格品			A2.5	A3.5	A5.0	A15

蒸压加气混凝土砌块的干燥收缩、抗冻性和导热系数 表3-31

表观密度等级			B03	B04	B05	B06	B07	B08
干燥收缩值	标准法≤	mm/m	0.50					
	快速法≤		0.80					
抗冻性	质量损失(%)≤		5.0					
	冻后强度(MPa)≥		0.8	1.6	2.0	2.8	4.0	6.0
导热系数(干燥状态)[W/(m·K)]			0.10	0.12	0.14	0.16	—	—

注：1. 规定采用标准法、快速法测定砌块干燥收缩值，若测定结果发生矛盾不能判定时，则以标准法测定的结果为准；
2. 用于墙体的砌块，允许不测导热系数。

F. 蒸压加气混凝土砌块的应用

蒸压加气混凝土砌块常具有表观密度小、保温隔热性好、隔声性好、易加工、抗震性好及施工方便等特点，适用于低层建筑的承重墙，多层和高层建筑的隔离墙、填充墙及工业建筑物的维护墙体。作为保温材料也可用于复合墙板和屋面中。在无可靠的防护措施时，不得用在处于水中或高湿度和有侵蚀介质作用的环境中，也不得用于建筑结构的基础和长期处于80℃的建筑工程。

② 混凝土小型空心砌块

混凝土小型空心砌块是以水泥为胶结材料，砂、碎石或卵石、煤矸石、炉渣为集料，经加水搅拌、振动加压或冲压成型、养护而成的小型砌块。主要技术性能有：

A. 规格尺寸

根据《普通混凝土小型空心砌块》(GB 8239—1997)规定：主规格尺寸为：390mm×190mm×190mm，最小外壁厚不小于30mm，最小肋厚不小于25mm。

B. 尺寸偏差及外观质量

混凝土小型空心砌块的尺寸偏差及外观质量应符合表3-32的规定。

普通混凝土小型空心砌块的尺寸偏差、外观质量 表3-32

项目			优等品	一等品	合格品
尺寸允许偏差(mm)		长度	±2	±3	±3
		宽度	±2	±3	±3
		高度	±2	±3	±3,−4
外观质量	弯曲(mm) ≤		2	2	2
	缺棱掉角	个数 ≤	0	2	2
		三个方向投影尺寸最小值(mm) ≤	0	20	30
	裂纹延伸的投影尺寸累计(mm)		0	20	30

按尺寸偏差、外观质量，划分为优等品（A）、一等品（B）、合格品（C）。

C. 强度等级

混凝土小型空心砌块按抗压强度分为 MU3.5、MU5.0、MU7.5、MU10.0、MU15.0、MU20.0 等六个强度等级，每个强度等级的抗压强度值应符合表3-33的规定；空心率应不小于砌块毛体积的25%。

普通混凝土小型空心砌块的各等级的抗压强度 表3-33

强度等级		MU3.5	MU5.0	MU7.5	MU10	NU15	MU20
砌块抗压强度(MPa)	平均值≥	3.5	5.0	7.5	10.0	15.0	20.0
	单块最小值≥	2.8	4.0	6.0	8.0	12.0	16.0

D. 其他技术性能

混凝土小型空心砌块的相对含水率应符合表3-34的规定；用于清水墙的砌块，其抗渗性、抗冻性应符合有关标准的规定。各性能指标的测试按《混凝土小型空心砌块》(GB/T 4111—1997)规定进行。

混凝土小型空心砌块的相对含水率　　　　表 3-34

使用地区	潮　湿	中　等	干　燥
相对含水率(%)	≤45	≤40	≤35

注：使用地区的湿度条件：
　　潮湿——是指年平均相对湿度大于 75%；
　　中等——是指年平均相对湿度 50%～75%；
　　干燥——是指年平均相对湿度小于 50%。

E. 混凝土小型空心砌块的应用

混凝土小型空心砌块是用于地震烈度为 8 度和 8 度以下地区的一般工业与民用建筑工程的墙体。对用于承重墙和外墙的砌块，要求其干缩率小于 0.5mm/m，非承重或内墙用的砌块，其干燥收缩率应小于 0.6mm/m。砌块运输机堆放应有防雨措施。装卸时，严禁碰撞、抛扔，应轻码轻放，不许翻斗倾倒。砌块应按规格、等级分批分别堆放，不得混杂。

若采用轻集料的称为轻集料混凝土小型空心砌块，其性能应符合《轻集料混凝土小型空心砌块》(GB 15229—2002) 中的规定。用于采暖地区的一般环境时，抗冻等级应达到 F15 以上；干湿交替环境时，抗冻等级应达到 F25 以上。冻融试验后，质量损失不得大于 2%，强度损失不得大于 25%。

③ 蒸养粉煤灰砌块

蒸养粉煤灰砌块（简称粉煤灰砌块）是以粉煤灰、石灰、石膏和集料为原料，经加水搅拌、振动成型、蒸汽养护而制成的一种密实砌块。

A. 粉煤灰砌块的主要技术性能

根据《粉煤灰砌块》(JC 238—1991) 规定砌块的主规格尺寸为 880mm×380mm×240mm 和 880mm×430mm×240mm。端面应设灌浆槽，坐浆面应设抗剪槽。按立方体抗压强度分为 MU10、MU13 两个等级；按外观质量、尺寸偏差分为一等品 (B)、合格品 (C)；各等级的抗压强度、碳化后强度、抗冻性能和密度、干缩性能应符合表 3-35 的要求。

粉煤灰砌块的立方体抗压强度、碳化后强度、抗冻性能和密度、干缩性能　　表 3-35

项　目		MU10	MU13
立方体抗压强度 (MPa)	三块平均值≥	10.0	13.0
	单块最小值≥	8.0	10.5
碳化后强度(MPa)≥		6.0	7.5
干缩值(mm/m)≤	一等品	0.75	
	合格品	0.90	
干表观密度		不超过设计值的 10%	
抗冻性		冻融循环后无明显疏松、剥落、裂缝，强度损失不大于 20%	

B. 粉煤灰砌块的应用

粉煤灰砌块属硅酸盐制品，主要用于工业与民用建筑的墙体和基础，但不适用于有酸性介质侵蚀、密封性要求高、受较大振动的建筑物以及受高温和受潮湿的承重墙。粉煤灰小型空心砌块是一种新型材料，其性能应符合《红外辐射加热器用乳白石英玻璃管》(JC/T 892—2001) 的规定，适用于非承重墙和填充墙。

3) 轻质隔墙条板

轻质隔墙条板是指用胶凝性材料、轻质集料及其他材料，经装料振动或挤压成型，并经养护而制成的一种墙体材料。

目前可用于墙体的轻质隔墙条板品种较多，各种墙板都各具特色。一般的形式可分为薄板、条板、轻质复合板等。每类板中又有许多品种，如薄板类有石膏板、纤维水泥板、蒸压硅酸钙板、水泥刨花板、水泥木屑板等；条板类有石膏空心板、加气混凝土空心条板、玻璃纤维增强水泥空心条板、预应力混凝土空心墙板等；轻质复合板类有钢丝网架水泥加锌板以及其他芯板等。

轻质隔墙条板按用途分为分室隔断用条板和分户隔断用条板；按所用胶凝性材料不同分为石膏、水泥等类别。

轻质隔墙条板的技术性质一般包括：外观质量、尺寸偏差、面密度、抗折性能、阻燃性和干燥收缩等技术指标。

不同类别的轻质隔墙条板的技术性能差异较大，并具有不同的特点，见表3-36。

各种轻质隔墙条板的特点比较　　　　表3-36

墙板类别	胶凝材料	墙板名称	优　点	缺　点
普通建筑石膏类	普通建筑石膏	普通石膏珍珠岩空心隔墙条板、石膏纤维空心隔墙条板	1. 质轻、保温、隔热、防火性好 2. 可加工性好 3. 使用性能好	1. 强度较低 2. 耐水性较差
	普通建筑石膏、耐水粉	耐水增强石膏隔墙条板、耐水石膏陶粒混凝土实心隔墙条板	1. 质轻、保温、防水性能好 2. 可加工性好 3. 使用性能好 4. 强度较高 5. 耐水性较好	1. 成本较高 2. 实心板稍重
水泥类	普通水泥	无砂陶粒混凝土实心隔墙条板	1. 耐水性好 2. 隔声性好	1. 双面抹灰量大 2. 生产效率低 3. 可加工性差
	硫铝酸盐或铁铝酸盐水泥	GRC珍珠岩空心隔墙条板	1. 强度调节幅度大 2. 耐水性好	1. 原料质量要求较高 2. 成本较高
	菱镁水泥	菱苦土珍珠岩空心隔墙条板		1. 耐水性差 2. 长期使用变形较大

3. 常用建筑钢材的品种与应用

建筑钢材是指使用于工程建设中的各种钢材的总称，包括钢结构用各种型材（如圆钢、角钢、槽钢、工字钢、钢管、板材等）和钢筋混凝土结构中的各种钢筋、钢丝、钢绞线等。由于钢材是在严格的工艺条件下生产的材料，它具有材质均匀、性能可靠、强度高、具有一定的塑性，并具有承受冲击和振动荷载作用的能力，可焊接、铆接或螺栓连接，便于装配等特点；其缺点是易锈蚀、耐火性差、维修费用大。钢材的这些特性决定了它是工程建设所需要的重要材料之一。

由各种型钢组成的钢结构安全性大，自重较轻，适用于大跨度和高层结构。用钢筋制作的钢筋混凝土结构尽管存在着自重大等缺点，但用钢量大为减少，同时克服了钢材因锈蚀而维修费用高的缺点，因而在建设工程中被广泛采用。

（1）钢材的分类

1）按化学成分分类

按化学成分分为碳素钢和合金钢。

① 碳素钢：碳素钢（也称非合金钢）按含碳量的多少，又分为低碳钢（含碳量<0.25%）、中碳钢（含碳量在0.25%～0.60%）和高碳钢（含碳量>0.60%）。

② 合金钢：合金钢是为了改善钢材的某些性能，加入适量的合金元素而制成的钢。按合金元素的含量，分为低合金钢（合金元素总量<5%）、中合金钢（合金元素总量在5%～10%）和高合金钢（合金元素总量>10%）。

2）按脱氧方法分类

按脱氧方法不同钢材又分为沸腾钢、镇静钢、半镇静钢和特殊镇静钢。

① 沸腾钢：仅用弱脱氧剂锰铁进行脱氧，脱氧不充分，铸锭后钢液在冷却时，有大量的一氧化碳气体逸出，引起钢液表面剧烈沸腾，故称沸腾钢。沸腾钢的质量较差，但成本低。

② 镇静钢：同时用一定数量的硅铁、锰铁和铝锭等脱氧剂进行彻底脱氧，铸锭后在钢液在冷却时，表面非常平静，故称镇静钢。镇静钢的质量好，但成本高。

③ 半镇静钢：其脱氧方法及质量介于沸腾钢与镇静钢之间的钢。

④ 特殊镇静钢：为满足特殊的需要，采用特效的脱氧剂而制得的高质量的钢材。

3）按质量等级分类

按质量等级将钢材分为普通碳素钢（硫含量≤0.055%～0.065%，磷含量≤0.045%～0.085%）、优质碳素钢（硫含量≤0.03%～0.045%，磷含量≤0.035%～0.04%）和高级优质钢（硫含量≤0.02%～0.03%，磷含量≤0.027%～0.035%）。

4）按用途分类

按用途分为结构钢、工具钢和特殊钢。其中结构钢包括建筑工程用结构钢和机械制造用结构钢。

(2) 建筑钢材的标准与选用

1）钢结构用型钢

目前国内建筑工程钢结构用型钢主要是碳素结构钢和低合金高强度结构钢。

① 碳素结构钢

碳素结构钢包括一般结构钢和工程用型钢、钢板、钢带等。

A. 主要技术性能

碳素结构钢的技术性能包括化学成分、力学性能、工艺性能、冶炼方法、交货状态及表面质量等内容。各牌号钢的化学成分应符合表3-37的规定。各牌号钢的力学性能、工艺性能应符合表3-38和表3-39规定。

碳素结构钢的化学成分　　　　表3-37

牌号	质量等级	化学成分(%)					脱氧方法
		C	Mn	Si	S	P	
					≤		
Q195	—	0.06～0.12	0.25～0.50	0.30	0.050	0.045	F、b、Z
Q215	A	0.09～0.15	0.25～0.55	0.30	0.050	0.045	F、b、Z
	B				0.045		
Q235	A	0.14～0.22	0.30～0.65①	0.30	0.050	0.045	F、b、z
	B	0.12～0.20	0.30～0.70②		0.045		
	C	≤0.18	0.35～0.80		0.040	0.040	Z
	D	≤0.17			0.035	0.035	YZ
Q255	A	0.18～0.28	0.40～0.70	0.30	0.050	0.45	Z
	B				0.045		
Q275	—	0.28～0.38	0.50～0.80	0.35	0.050	0.045	Z

注：①、②Q235A、Q235B级沸腾钢锭含量上限为0.60%。

碳素结构钢的力学性能 表 3-38

牌号	质量等级	拉伸试验							伸长率 δ_5(%)						冲击试验	
		屈服点 σ_s(MPa) 钢材厚度（直径）(mm)						抗拉强度 σ_b(MPa)	钢材厚度（直径）(mm)						温度(℃)	V型冲击功（纵向）(J)
		≤16	>16~40	>40~60	>60~100	>100~150	>150		≤16	>16~40	>40~60	>60~100	>100~150	>150		
		≥							≥							≥
Q195	—	(195)	(185)	—	—	—	—	315~390	33	32					—	—
Q215	A	215	205	195	185	175	165	335~410	31	30	29	28	27	26	—	—
	B														20	27
Q235	A	235	225	215	205	195	185	375~460	26	25	24	23	22	21	—	—
	B														20	27
	C														—	
	D														−20	
Q255	A	255	245	235	225	215	205	415~510	24	23	22	21	20	19	—	—
	B														20	27
Q275	—	275	265	255	245	235	225	490~610	20	19	18	17	16	15	—	—

碳素结构钢的冷弯性能 表 3-39

牌号	试样方向	冷弯试验 B=2a 180°		
		钢材厚度（直径）(mm)		
		60	>60~100	>100~200
		弯心直径 d		
Q195	纵向	0	—	—
	横向	0.a		
Q215	纵向	0.5a	1.5a	2a
	横向	a	2a	2.5a
Q235	纵向	a	2a	2.5a
	横向	1.5a	2.5a	3a
Q255	—	2a	3a	3.5a
Q275	—	3a	4a	4.5a

注：B 为试样宽度，a 为钢材厚度（直径）。

B. 碳素结构钢的性能特点和选用

碳素结构钢牌号数值越大，含碳量越高，其强度、硬度也就越高，但塑性、韧性和可加工性降低。一般碳素结构钢以热轧状态交货，表面质量也应符合有关规定。

建筑中主要应用的碳素钢是 Q235，其含碳量为 0.14%~0.22%，属低碳钢。它具有较高的强度，良好的塑性、韧性及可加工性，能满足一般钢结构和钢筋混凝土用钢的要求，且成本较低。用 Q235 可热轧成各种型材、钢板、管材和钢筋等。

Q195、Q215 号碳素结构钢，强度较低，塑性和韧性较好，易于冷加工，常用于钢钉、铆钉、螺栓及钢丝等制作。Q215 号钢经冷加工后，可取代 Q235 号钢使用。

Q255、Q275 号钢，强度较高，但塑性、韧性及可焊性较差，常用于机械零件和工具的制作。工程中不宜用于焊接和冷弯加工，可用于轧制带肋钢筋、制作螺栓配件等。

② 低合金高强度结构钢

低合金高强度结构钢是在碳素结构钢的基础上，添加少量的一种或几种合金元素而制成的一种钢材。

A. 主要技术性能

低合金高强度结构钢的化学成分、力学性能见表 3-40 和表 3-41。

低合金高强度结构钢的化学成分 表 3-40

牌号	质量等级	化学成分(%)									
		C≥	Mn	Si	P≤	S≤	V	Nb	Ti	Al≥	Cr≤	Ni≤
Q295	A	0.16	0.80~0.15	0.55	0.045	0.045	0.02~0.15	0.015~0.060	0.02~0.02	—		
	B	0.16	0.80~0.15	0.55	0.040	0.040	0.02~0.15	0.015~0.060	0.02~0.20			
Q245	A	0.02	1.00~1.60	0.55	0.045	0.045	0.02~0.15	0.015~0.060	0.02~0.02			
	B	0.02	1.00~1.60	0.55	0.040	0.040	0.02~0.15	0.015~0.060	0.02~0.20			
	C	0.20	1.00~1.60	0.55	0.035	0.035	0.02~0.15	0.015~0.060	0.02~0.20	0.015		
	D	0.18	1.00~1.60	0.55	0.030	0.030	0.02~0.15	0.015~0.060	0.02~0.20	0.015		
	E	0.18	1.00~1.60	0.55	0.025	0.025	0.02~0.15	0.015~0.060	0.02~0.20	0.015		
Q390	A	0.20	1.00~1.60	0.55	0.045	0.045	0.02~0.20	0.015~0.060	0.02~0.02	—	0.30	0.70
	B	0.20	1.00~1.60	0.55	0.040	0.040	0.02~0.20	0.015~0.060	0.02~0.20	—	0.30	0.70
	C	0.20	1.00~1.60	0.55	0.035	0.035	0.02~0.20	0.015~0.060	0.02~0.20	0.015	0.30	0.70
	D	0.20	1.00~1.60	0.55	0.030	0.030	0.02~0.20	0.015~0.060	0.02~0.20	0.015	0.30	0.70
	E	0.20	1.00~1.60	0.55	0.025	0.025	0.02~0.20	0.015~0.060	0.02~0.20	0.015	0.30	0.70
Q420	A	0.20	1.00~1.70	0.55	0.045	0.045	0.02~0.20	0.015~0.060	0.02~0.02	—	0.40	0.70
	B	0.20	1.00~1.70	0.55	0.040	0.040	0.02~0.20	0.015~0.060	0.02~0.20	—	0.40	0.70
	C	0.20	1.00~1.70	0.55	0.035	0.035	0.02~0.20	0.015~0.060	0.02~0.20	0.015	0.40	0.70
	D	0.20	1.00~1.70	0.55	0.030	0.030	0.02~0.20	0.015~0.060	0.02~0.20	0.015	0.40	0.70
	E	0.20	1.00~1.70	0.55	0.025	0.025	0.02~0.20	0.015~0.060	0.02~0.20	0.015	0.40	0.70
Q460	C	0.20	1.00~1.70	0.55	0.035	0.035	0.02~0.20	0.015~0.060	0.02~0.20	0.015	0.70	0.70
	D	0.20	1.00~1.70	0.55	0.030	0.030	0.02~0.20	0.015~0.060	0.02~0.20	0.015	0.70	0.70
	E	0.20	1.00~1.70	0.55	0.025	0.025	0.02~0.20	0.015~0.060	0.02~0.20	0.015	0.70	0.70

注：表中的 Al 为全铝含量。如化验酸溶铝时，其含量应不小于 0.010%。

低合金高强度结构钢的力学性能及工艺性能 表 3-41

牌号	质量等级	屈服点 σ_s(MPa) 厚度(直径,边长)(mm) ≥				抗拉强度 σ_b (MPa)	伸长率 δ_5 %	V 型冲击试验(A_{kv},纵向)(J) ≥				180°弯曲试验 d—弯心直径 a—试件厚度(直径) 钢材厚度(直径)(mm)	
		≤15	>16~35	>35~50	>50~100			+20℃	0℃	−20℃	−40℃	≤16	>16~100
Q295	A	295	275	255	235	390~570	23					$d=2a$	$d=3a$
	B	295	275	255	235	390~570	23	34				$d=2a$	$d=3a$
Q345	A	345	325	295	275	470~630	21					$d=2a$	$d=3a$
	B	345	325	295	275	470~630	21	34				$d=2a$	$d=3a$
	C	345	325	295	275	470~630	22		34			$d=2a$	$d=3a$
	D	345	3235	295	275	470~630	22			34		$d=2a$	$d=3a$
	E	345	325	295	275	470~630	22				37	$d=2a$	$d=3a$
Q390	A	390	370	350	330	490~650	19					$d=2a$	$d=3a$
	B	390	370	350	330	490~650	19	34				$d=2a$	$d=3a$
	C	390	370	350	330	490~650	20		34			$d=2a$	$d=3a$
	D	390	370	350	330	490~650	20			34		$d=2a$	$d=3a$
	E	390	370	350	330	490~650	20				27	$d=2a$	$d=3a$
Q420	A	420	400	380	360	520~680	18					$d=2a$	$d=3a$
	B	420	400	380	360	520~680	18	34				$d=2a$	$d=3a$
	C	420	400	380	360	520~680	19		34			$d=2a$	$d=3a$
	D	420	400	380	360	520~680	19			34		$d=2a$	$d=3a$
	E	420	400	380	360	520~680	19				27	$d=2a$	$d=3a$
Q460	C	460	440	420	400	550~720	17		34			$d=2a$	$d=3a$
	D	460	440	420	400	550~720	17			34		$d=2a$	$d=3a$
	E	460	440	420	400	550~720	17				27	$d=2a$	$d=3a$

B. 低合金高强度结构钢的性能特点及应用

由于在低合金高强度结构钢中加入了合金元素，所以其屈服强度、抗拉极限强度、耐磨性、耐蚀性及耐低温性能等都优于碳素结构钢。它是一种综合性较为理想的建筑结构用钢，尤其是对于大跨度、大柱网、承受动荷载和冲击荷载的结构更为适用。

③ 钢结构用型钢

钢结构构件可由各种型钢或钢板组成。型钢有热轧和冷轧两种；钢板也有热轧（厚度为0.35~200mm）和冷轧（厚度0.2~5mm）两种。各构件之间可按适当的方法进行连接，连接的方法有焊接连接、螺栓联结和铆接连接，还可由附加连接钢板进行连接。

A. 热轧型钢

常用的热轧型钢有角钢（等边和不等边）、工字钢、槽钢、T型钢、H型钢、Z型钢等。热轧型钢的标记方式为在一组符号中需标出型钢名称、横断面主要尺寸、型钢标准号及钢号与钢种标准。

钢结构用的钢种和钢号，主要根据结构与构件的重要性、荷载性质、连接方法、工作条件等因素予以综合选择。对于承受动荷载的结构、焊接的结构及结构中的关键构件，应选用质量较好的钢材。

我国建筑工程用热轧型钢主要采用碳素结构钢Q235—A。它强度适中，塑性和可焊性较好，而且冶炼容易，成本较低，适合建筑工程使用。在钢结构设计规范中推荐使用的低合金钢，主要有两种：Q345及Q390。可用于大跨度、承受动荷载的钢结构。

B. 冷弯薄壁型钢

通常是用2~6mm薄钢板冷弯或模压而成，有角钢、槽钢等开口薄壁型钢及方形、矩形等空心薄壁型钢。可用于轻型钢结构。其标示方法与热轧型钢相同。

C. 钢板和压型钢板

用光面轧辊轧制而成的扁平钢材，以平板状态供货的称钢板，以卷状供货称钢带。按轧制温度不同，又可分为热轧和冷轧两种。建筑用钢板及钢带的钢种主要是碳素结构钢，一些重型结构、大跨度桥梁、高压容器等也可采用低合金钢钢板。

按厚度来分，热轧钢板分为厚板（厚度大于4mm）和薄板（厚度为0.35~4mm）两种；冷轧钢板只有薄板（厚度为0.2~4mm）一种。厚板可用于焊接结构；薄板可用作屋面或墙面等围护结构，或作为涂层钢板的原料，如制作压型钢板等；钢板可用来弯曲型钢。薄钢板经冷压或冷轧成波形、双曲形、V形等形状，称为压型钢板。制作压型钢板的板材采用有机涂层薄钢板（或称彩色钢板）、镀锌薄钢板、防腐薄钢板或其他薄钢板。

压型钢板具有单位质量轻、强度高、抗震性能好、施工快、外形美观等特点。主要用于围护结构、楼板、屋面等。

D. 钢管

钢管按制造方法分无缝钢管和焊接钢管。无缝钢管主要作输送水、蒸汽、煤气的管道、建筑构件、机械零件和高压管道等。焊接钢管用于输送水、煤气及采暖系统的管道，也可用作建筑构件，如扶手、栏杆、施工脚手架等。按表面处理情况分镀锌和不镀锌两种。按管壁厚度可分为普通钢管和加厚钢管。

2）钢筋混凝土结构用钢材

钢筋混凝土结构用钢材主要有各种钢筋和钢丝，主要品种有热轧钢筋、冷加工钢筋、热处理钢筋、预应力钢筋混凝土用钢丝和钢绞线等。按直条或盘条供货。

① 热轧钢筋

热轧钢筋主要有用 Q235 轧制的光圆钢筋和用合金钢轧制的带肋钢筋两类。

A. 热轧钢筋的标准与性能

热轧光圆钢筋的强度等级为 HPB235，热轧带肋钢筋强度等级由 HRB 和钢材的屈服点最小值表示，包括 HRB335、HRB400、HRB500。其中 H 表示热轧，R 表示带肋，B 表示钢筋，后面的数字表示屈服点最小值（表 3-42）。

热轧钢筋力学性能、工艺性能　　　　表 3-42

外形	强度等级	钢种	公称直径(mm)	屈服强度(MPa)	抗拉强度(MPa)	伸长率 δ_5 (%)	冷弯试验 角度	冷弯试验 弯心直径
光圆	HPB235	低碳钢	8～20	235	370	26	180°	$d=a$
月牙肋	HRB335	低碳钢 合金钢	6～25	335	490	16	180°	$d=3a$
			28～50					$d=4a$
	HRB400		6～25	400	570	14	180°	$d=4a$
			28～50					$d=5a$
等高肋	HRB500	中碳钢 合金钢	6～25	500	630	12	180°	$d=6a$
			28～50					$d=7a$

B. 应用

热轧钢筋随强度等级的提高，屈服强度和抗拉极限强度增大，塑性和韧性下降。普通混凝土非预应力钢筋可根据使用条件选用 HPB235 钢筋或 HRB335、HRB400 钢筋；预应力钢筋应优先选用 HRB400 钢筋，也可以选用 HRB335 钢筋。热轧钢筋除 HPB235 是光圆钢筋外，HRB335 和 HRB400 为月牙肋钢筋，HRB500 为等高肋钢筋，其粗糙表面可提高混凝土与钢筋之间的握裹力。

② 冷拉热轧钢筋

将热轧钢筋在常温下拉伸至超过屈服点的某一应力，然后卸荷，即制成了冷拉钢筋。经冷拉后，可使钢筋的屈服强度提高 17%～27%，但钢筋的塑性下降，材料变脆、屈服阶段变短，若经时效后强度再次略有提高。冷拉既可以节约钢材，又可以提高钢筋强度，并增加了品种规格，加工设备简单，易于操作，是钢筋冷加工的常用方法之一。冷拉钢筋技术性质应符合表 3-43 的规定。

冷拉热轧钢筋的性质　　　　表 3-43

强度等级	直径(mm)	屈服强度 σ_s (MPa)	抗拉强度 σ_b (MPa)	伸长率 δ_5 (%)	冷弯性能 弯曲角度	冷弯性能 弯曲直径
		不小于				
HPB235	≤12	280	370	11	180°	$3d$
HRB330	≤25	450	490	10	90°	$3d$
	28～40	430	490	10	90°	$4d$
HRB400	8～40	500	570	8	90°	$5d$
HRB500	10～28	700	835	6	90°	$5d$

注：1. d 为钢筋直径，mm；
　　2. 表中冷拉钢筋的屈服强度值，系现行国家标准《混凝土结构设计规范》中冷拉钢筋的强度标准值；
　　3. 钢筋直径大于 25mm 的冷拉 HRB400 级钢筋，冷拉弯曲直径应增加 $1d$。

③ 冷轧带肋钢筋

冷轧带肋钢筋是用低碳钢热轧圆盘条经冷轧后,在其表面带有沿长度方向均匀分布的二面或三面横肋的钢筋。冷轧带肋钢筋代号用 CRB 表示,并按抗拉强度等级划分为五个牌号,分别为 CRB550、CRB650、CRB800、CRB970、CRB1170。CRB550 钢筋的公称直径范围为 4～12mm,CRB650 及以上牌号钢筋的公称直径为 4、5、6mm。钢筋的力学性能、工艺性能应符合表 3-44 和表 3-45 的规定。

冷轧带肋钢筋的力学性能和工艺性能　　表 3-44

牌号	抗拉强度 σ_b (MPa) $\geqslant$	伸长率(%)$\geqslant$		弯曲试验 (180°)	反复弯曲次数 $\geqslant$	松弛率 (初始应力, σ_{con})	
		δ_{10}	δ_{100}			(1000h,%)	(10h,%)
CRB550	550	8.0	—	$d=3a$	—	—	—
CRB650	650	—	4.0		3	8	5
CRB800	800	—	4.0		3	8	5
CRB970	970	—	4.0		3	8	5
CRB1170	1170	—	4.0		3	8	5

注:表中 d 为弯心直径,a 为钢筋公称直径。

反复弯曲试验的弯曲半径（mm）　　表 3-45

公称直径	4	5	6
弯曲半径	10	15	15

冷轧带肋钢筋克服了冷拉、冷拔钢筋握裹力低的缺点,同时具有和冷拉、冷拔相近的强度。CRB550 为普通钢筋混凝土用钢筋,其他牌号为预应力混凝土用钢筋。

④ 热处理钢筋

热处理钢筋是将热轧的带肋钢筋（中碳或低合金钢）经淬火和高温回火调质处理而成的。其特点是塑性降低不大,但强度提高很多,综合性能比较理想。特别适用于预应力混凝土构件的配筋,但其耐腐蚀性下降、缺陷敏感性增强,使用时应防止锈蚀及刻痕等。热处理钢筋的力学性能应符合表 3-46 的规定。

热处理钢筋的力学性能　　表 3-46

公称直径 (mm)	牌号	屈服点(MPa)	抗拉强度(MPa)	伸长率 δ_{10}(%)
		$\geqslant$		
6	40Si$_2$Mn			
8.2	40Si$_2$Mn	1325	1470	6
10	45Si$_2$Cr			

(3) 钢材的验收与保管

1) 钢板、型钢和钢管的验收

① 包装及标志

钢板、型钢和钢管出厂时,均按标准规定进行包装,并按要求作好标志。因此要首先检验包装是否完好,标志是否与供货的内容相符。

钢板的包装应整齐,捆扎结实。标志应牢固,字迹清晰不褪色。厚度≤4mm 的热轧或冷轧薄钢板，要用薄钢板封闭包装，镀层钢板还应内补防潮纸或塑料薄膜。箱要用钢带捆牢，箱下要有托架和垫木。箱内最上面一张钢板上喷上或粘贴标志，箱外横侧喷上或粘上标志。

薄钢板的标志，应有供方名称（或厂标），钢号，炉罐号、批号、尺寸，级别和质量。厚钢板应逐张做上供方名称（或厂标）、钢号，炉罐（批）号，尺寸等印记。由钢锭直接轧成的厚钢板，印记应作在相当于钢锭尾部的一端。

尺寸小于或等于 30mm 的圆钢、方钢、钢筋、六角钢、八角钢和其他小型型钢，必须成捆交货。每捆型钢必须用钢带、盘条或铁丝均匀捆扎结实，并一端平齐。根据需方要求，并在合同上注明，特殊用途的上述型钢，可先捆扎小捆，将数小捆再捆扎成大捆。特殊用途的中型型钢，也应成捆交货。

成捆交货的型钢，每捆的质量、捆扎道数、同捆长度差，应符合规定。型钢的标志可采用打钢印、喷印，盖印、挂标牌、粘贴标签和放置卡片等方式。标志应字迹清楚，牢固可靠。成捆（盘）的型钢，每捆至少挂两个标牌，标牌上应有供方名称（或厂标）、钢号、炉罐（批）号、规格（或型号）等标记。每根型钢做有标志时，可不挂标牌。

钢管一般采用捆扎成捆交货，每捆应是同一批号，捆的质量最大为 5t。成捆钢管的一端需放置整齐，短尺钢管应单独包装。每根车丝钢管的一端，应拧有管接头。钢管及其接头的螺纹和加工表面，必须涂以防锈油或其他防锈剂。在管端和内接头上，应拧上护丝环。壁厚不大于 1.5mm 的无缝钢管、壁厚不大于 1mm 的焊接钢管，应用内垫油纸等防潮材料的木箱或铁箱包装。

根据需方要求或相应标准标定，有的钢管采用涂油捆扎或涂油装箱。钢管标志的规定，对于直径大于和等于 36mm 的钢管及截面周长大于和等于 150mm 的异型钢管，应在每根钢管的一端有喷印、滚印、盖印（钢印或粘贴印记）。印记应清晰明显，不易脱落。印记应有钢号、产品规格，产品标准号和供方印记。直径小于 36mm 的钢管及截面周长小于 150mm 的异型钢管，可不打印记。

除喷印的钢管外，在每根钢管上，按钢号标准中涂色规定，用有色铅油涂在一端。成捆包装的钢管，每捆上应挂有 2 个以上标牌，经喷印的可挂 1 个。标牌上标明供方商标或印记、钢号、炉罐号、批号、合同号，产品规格，产品标准号、质量、根数、制造日期和技术监督部门印记。

装箱的钢管和管接头，在箱内的每捆上，需挂上或粘贴一个标牌，在箱外端面也应挂上或粘贴 1 个标牌。

② 质量证明书

每批交货的钢板、型钢和钢管，都必须有证明该批产品符合标准要求及订货合同的质量证明书。证明书必须字迹清楚，有技术监督部门盖章。质量证明书中，除注明供，需方名称、合同号及发货日期外，还必须写明标准编号、钢号、炉罐号、批号，交货状态，质量和件数，以及产品品种，尺寸，级别、标准规定的各项试验结果（包括参考性指标）。因此，钢材的检验工作，核对产品质量证明书，成为重要的内容。所验收的钢材，必须标志、证明书和实物完全一致，并与订货合同的内容相符。质量证明书是使用钢材的凭证，应长期保留，连同复检结果，作为工程验收的技术资料。

核对质量证明书，必须对该种钢材的有关标准很熟悉，对其技术要求和指标都掌握，否则难以发现漏项及结论不妥等错误。

③ 规格、牌号和数量

钢板、型钢和钢管的规格很多，多以规定的截面上主要尺寸标明，已如上所述。此外还有定尺长度，钢板还有宽度等。这些尺寸，都有允许的偏差，必须通过抽检进行校核，使钢材的规格与所购相符。

规格尺寸，是选用钢材的重要依据，但更为重要的是钢质。同一规格尺寸的钢材，所用的钢种往往不同，钢种决定了钢质，是用规定的牌号来表达的。因此，钢材的检验；要认真核对牌号，又称钢号。牌号要通过规定的标志识别，必要时应通过抽样试验进行判定。

检验钢材的数量，以校核发货总的质量与购入的是否相符。按合同协定，钢材可以按实际的质量交货，也可以按理论的质量交货，但后者必须保证在允许的偏差之内。所谓理论的质量；如不同厚度的钢板，每平方米为多少千克；不同规格的型材和管材，每米多少千克等均由标准作出规定。在现场，可按横截面面积乘 1m 的材长得体积，再乘以钢的密度 $7.85t/m^3$ 即可，但要注意单位的一致性。钢材的横截面面积，属简单截面的是容易计算的，属复杂截面的均给定公称面积及其算式。

④ 抽样检验

为了判定钢材是否达到各项技术要求，必须按规定抽样检验。抽样检验一般包括三个方面，即外观检验、力学性检验和化学性检验。这些检验的方法和器具，都由标准作出规定。

钢板和型钢，除针对自己的材种特点和定有若干外形指标外，力学性能和化学成分的要求，均按所用的钢种保旺。如采用碳素结构钢、低合金结构钢或优质碳素结构钢制作的钢板或型材，就按这些钢种的技术要求，保证化学成分和力学性能。

低压流体输送用焊接钢管，除规定钢号和焊制方法外，还保证水压值和冷弯、压扁试验合格。结构用无缝钢管，除规定钢号的力学性性能、化学成分外，还要保证压扁试验合格。

2) 钢筋的检验

钢筋的检验主要包括下列四个方面的内容。

① 尺寸、外形及单位长度的质量

钢筋的尺寸主要是公称直径和定尺长度，都不得超出容许的偏差。热轧光圆钢筋的公称直径为 8～20mm 的范围，容许偏差为 ±0.4mm。热轧带肋钢筋的公称直径，是指与横截面面积相等的圆的直径，其范围是 8～50mm，通过对外形上各细部尺寸的容许偏差，进行控制。

钢筋按直条交货时，其通常长度为 3.5～12m，其中长度为 3.5～6m 之间的钢筋，不得超过每批总质量的 3%。钢筋按定尺或倍尺长度交货时，应在合同中注明。其长度容许偏差，不应大于 +50mm。

钢筋的外形有光圆和带肋两种，其中带肋钢筋又分为月牙肋和等高肋。光圆钢筋的不圆度不得大于 0.40mm；带肋钢筋的各细部尺寸，如内径、肋高、肋宽及肋的间距等，均按公称直径不同，提出不同的容许偏差。

钢筋每米长的质量称为公称质量。根据需方要求，钢筋按质量的偏差交货时，其实际的质量，与公称的质量允许偏差应符合有关规定。

光圆钢筋直径的测量和带肋钢筋内径的测量，均精确到 0.1mm。

带肋钢筋肋高的测量，可采用测量同一截面两侧肋高平均值的方法，即测取钢筋的最大外径，减去该处内径，所得数值的一半为该处肋高，精确至 0.05mm。带肋钢筋横肋间距，可采用测量平均肋距的方法进行测量，即测取钢筋一面上第 1 个与第 11 个横肋的中心距离，该数值除以 10，即为横肋间距，精确到 0.1mm。

测量钢筋质量偏差时，试样数量不少于 10 支，试样总长度不小于 60m。长度应逐支测量，精确到 10mm。试样总质量不大于 100kg 时，精确到 0.5kg，试样总质量大于 100kg 时，精确到 1kg。当供方能保证钢筋质量偏差符合规定时，试样的数量和长度可不受上述限制。

② 表面检查

钢筋表面可逐根目测，不得有裂纹、结疤和折叠。钢筋表面凸块和其他缺陷的深度和高度，不得大于所在部位尺寸的容许偏差。带肋钢筋的凸块，不得超过横肋的高度。

钢筋每米弯曲度应不大于 4mm，总弯曲度不大于钢筋总长度的 0.4%。

带肋钢筋，应在其表面轧上钢筋级别标志，依次还可轧上厂名（或商标）和直径毫米数字。HRB500 强度等级的钢筋，表面可不加标志。

除上述规定外，钢筋的包装、标志和质量证明书，应符合国家标准的有关规定。

③ 化学成分、力学性能和工艺性能检验

钢筋用钢的牌号及化学成分，应按《钢铁及合金化学分析方法》（GB/T 223）进行检测，取样及化学成分的容许偏差，按 GB 222 执行。钢筋的屈服点、拉伸强度和伸长率检测，按《金属拉伸试验方法》（GB 228）的规定进行。但拉伸试件不允许进行车削加工，计算用截面面积，采用公称截面面积。

钢筋的冷弯试验，按《金属弯曲试验方法》（GB 232）进行。但弯曲试件不允许进行车削加工。反向弯曲试验，按《钢筋平面反向弯曲试验方法》（GB 5029）进行。经正向弯曲后的试样，应在 100℃ 温度下保温不少于 30min，经自然冷却后，再进行反向弯曲。

当供方能保证钢筋的反弯性能时，正弯后的试样，亦可在室温下直接进行反向弯曲。

④ 验收批和复验的判定

钢筋应按批进行检查和验收，每批重量不大于 60t。每批应由同一牌号，同一炉罐号，同一规格，同一交货状态的钢筋组成。

公称容量不大于 30t 的冶炼炉冶炼的钢坯和连铸坯轧成的钢筋，允许由同一牌号、同一冶炼方法、同一浇铸方法的不同炉罐号组成混合批，但每批不应多于 6 个炉罐号。各炉罐号含碳量之差不得大于 0.02%，含锰量之差不得大于 0.15%。

钢筋的化学分析用试样，每批中 1 份，拉伸和冷弯试验的试件，自每批中任选两根钢筋，各截取两件。如检测后，有某一项试验结果不符合标准要求，则从同一批中再任取双倍试件进行复验。复验结果，即使有一项指标不合格，则整批不得交货。

3) 钢材的保管

① 选择适宜的存放处所。应入库存放；对只忌雨淋，对风吹、日晒、潮湿不十分敏感的钢材，可入棚存放；消除影响的钢材，可在露天存放。存放处所，应尽量远离有害气体和粉尘的污染，避免受酸、碱、盐及其气体的侵蚀。

② 保持库房干燥通风。库房内应采用水泥地面，正式库房还应作地面防潮处理。根据库房内、外的温度和湿度情况，进行通风、降潮。有条件的，应加吸潮剂。相对湿度小时，钢材的锈蚀速度甚微，但相对湿度大到某一限度时，会使锈蚀速度明显加大。

③ 合理码垛。料垛应稳固，垛位的质量不应超过地面的承载力，垛底要垫高30～50cm。有条件的要采用料架。根据钢材的形状、大小和多少，确定平放，坡放、立放等不同方法。垛形应整齐，便于清点，防止不同品种的混放。

④ 保持料场清洁。尘土、碎布、杂物都能吸收水分，应注意及时清除。杂草根部易存水，阻碍通风，夜间能排放 CO_2，必须彻底清除。

⑤ 加强防护措施。有保管条件的，应以箱、架、垛为单位，进行密封保管。表面涂敷防护剂，是防止锈蚀的有效措施。油性防锈剂易粘土，且不是所有的钢材都能采用，应采用使用方便，效果较好的干性防锈涂料。

⑥ 加强计划管理。制定合理的库存周期计划和储备定额，制定严格的库存锈蚀检查计划。

4. 沥青和沥青混合料的技术要求与应用

沥青是一种有机胶凝材料，具有防水、防潮、防腐等性能，广泛用各种建设工程中。沥青常温下呈黑色至褐色的固体、半固体或黏稠液体。

沥青材料可分为地沥青和焦油沥青两大类。地沥青包括天然沥青和石油沥青；焦油沥青包括煤沥青、木沥青、泥炭沥青、页岩沥青等。工程中使用最多的是石油沥青和煤沥青，石油沥青的防水性能优于煤沥青，但煤沥青的防腐、粘结性能优于石油沥青。

（1）石油沥青

石油沥青是石油经蒸馏提炼出各种轻质油品（汽油、煤油及润滑油等）以后的残留物，经再加工得到的褐色或黑褐色的黏稠状液体或固体状物质，略有松香味，能溶于多种有机溶剂，如三氯甲烷、四氯化碳等。

1）石油沥青的技术性质

① 黏滞性

黏滞性是指沥青材料在外力作用下抵抗发生相对变形的能力。液态沥青的黏性用黏滞度表示；半固体和固体沥青的黏性用针入度表示。黏滞度是指液态沥青在一定温度（25℃或60℃）条件下，经规定直径（3.5mm 或 10mm）的孔，漏下 50mL 所需的秒数。黏滞度愈大，石油沥青的黏性愈大。

针入度是指在温度为 25℃的条件下，以 100g 的标准针，经 5s 沉入沥青中的深度（以 0.1mm 为 1 度）。针入度越大，黏性越小、流动性越大。石油沥青的针入度大致在5～200 度之间。

② 塑性

塑性是指沥青在外力作用下产生变形而不破坏，当除去外力后仍能保持变形后形状不变的性能。一般用延伸度表示，简称延度。塑性表示沥青开裂后的自愈能力及受机械力作用后的变形而不破坏的能力。沥青之所以被称为柔性防水材料，很大程度上取决于这种性能。

在一定温度（25℃）和一定拉伸速度（50mm/min）下，将试件拉断时延伸的长度，用厘米表示，称为延度。延度越大，塑性越好。

③ 温度稳定性

温度稳定性是指石油沥青的粘滞性和塑性随温度升降而变化的性能。变化程度越大，沥青的温度稳定性愈差。温度稳定性用软化点来表示，即沥青材料由固态变为具有一定流动性的液态时的温度（单位℃）。石油沥青的软化点大致在 25~100℃之间。软化点高，沥青的耐热性好，但软化点过高，又不易加工和施工；软化点低的沥青，夏季高温时易产生流淌而变形。

④ 大气稳定性

大气稳定性是指石油沥青在阳光、雨、雪、氧气等综合因素的长期作用下，抵抗老化的性能。它决定了石油沥青的耐久性。大气稳定性常用沥青的蒸发损失和针入度比表示，即试样在160℃温度加热蒸发5h后的质量损失和蒸发前后的针入度比两项指标来评定。蒸发损失愈小，针入度比愈大，石油沥青的大气稳定性愈好。

除上述四项主要技术指标外，还有闪点、燃点、溶解度等，都对沥青的性能有影响，如闪点和燃点直接影响沥青熬制温度的确定。

2）石油沥青的标准

道路石油沥青、建筑石油沥青和普通石油沥青的牌号主要以针入度表示，相应的软化点、延度等技术指标见表3-47。同品种的石油沥青，牌号愈大，则针入度愈大、塑性愈好、软化点越低、温度敏感性越大。

道路石油沥青和建筑石油沥青技术标准 表3-47

沥青的品种	道路石油沥青					建筑石油沥青			普通石油沥青			
技术指标	200号	180号	140号	100号	60号	45号	30号	10号	6号	5号	4号	3号
针入度(25℃,100g)(1/10mm)	200~300	160~200	120~160	80~100	50~80	40~60	25~40	10~25	30~50	20~40	20~40	25~45
软化点(℃)≥	30~45	35~45	38~48	42~52	45~55	—	70	95	95	100	90	85
延度(25℃)(cm)≥	20	100	100	100	100	—	3	1.5	—	—	—	—
溶解度(%)≥	99	99	99	99	99	99.5	99.5	99.5	92	95	98	98
蒸发损失(%)≤	1	1	1	1	1	1	1	1	1	1	1	1
蒸发后针入度比(%)≥	50	60	60	65	50	—	—	—	—	—	—	—
闪点(℃)≥	180	200	230	230	230	230	230	230	270	270	270	250

3）石油沥青的应用

在选用石油沥青时，应根据当地的环境和气候特点、工程的类别及所处部位等因素确定牌号，也可选择两种牌号的沥青调配使用。

道路石油沥青黏性差，塑性好，容易浸透和乳化，但弹性、耐热性和温度稳定性较差，主要用于拌制各种沥青混凝土、沥青砂浆或用来修筑路面和各种防渗、防护工程，还可用来配制填缝材料、密封材料、粘结剂和防水材料。

建筑石油沥青具有良好的防水性，针入度小、黏性大、耐热性及温度稳定性好，但延伸变形性能较差，主要用于屋面和各种防水工程，并用来制造防水卷材，配制沥青胶和沥青涂料。为避免夏季流淌，一般屋面用石油沥青的软化点应比当地屋面最高温度高20℃以上。但若软化点过高，冬季在低温条件下易脆硬，甚至开裂。

普通石油沥青性能较差，一般较少单独使用，可作为建筑石油沥青的掺配材料或经加工后使用。

(2) 煤沥青

煤沥青是炼焦或生产煤气的副产品，烟煤干馏时所挥发的物质冷凝得到的黑色黏稠物质，称为煤焦油。煤焦油再经分馏加工提取出轻油、中油、重油、蒽油后的残渣即为煤沥青（俗称柏油）。按蒸馏程度不同，煤沥青分为低温沥青、中温沥青和高温沥青，建筑上多采用低温沥青。

与石油沥青相比，煤沥青的大气稳定性较差。与相同软化点的石油沥青相比，煤沥青的塑性较差，因此当使用在温度变化较大（如屋面、路面等）的环境时，温度稳定性、耐久性不如石油沥青。煤沥青中因含有蒽、酚，防腐性能较好，但有毒性，适用于地下防水或防腐工程中。

(3) 改性沥青

在工程实际中，普通石油沥青的性能并不一定能够满足使用的要求，为此，对沥青进行氧化、催化、乳化或者掺入橡胶、树脂等物质，使得沥青的性能发生不同程度的改善，得到的产品称为改性沥青。改性沥青可分为橡胶改性沥青、树脂改性沥青、橡胶树脂改性沥青和矿物填充料改性沥青等品种。

1) 橡胶改性沥青

是指在沥青中掺入适量橡胶的改性沥青。常用的橡胶有天然橡胶、合成橡胶（丁基橡胶、氯丁橡胶、丁苯橡胶等）和再生橡胶。经改性后，具有一定橡胶的特性，其气密性、低温柔性、耐化学腐蚀性、耐光、耐气候性、耐燃烧等性能均得到改善，可用于制作卷材、片材、密封材料或涂料。

2) 树脂改性沥青

是指在沥青中掺入适量合成树脂的改性沥青。常用的合成树脂有古马隆树脂、聚乙烯、酚醛树脂、无规聚丙烯（APP）等。用树脂改性沥青，可以提高沥青的耐寒性、耐热性、粘结性和不透水性。

3) 橡胶树脂改性沥青

同时加入橡胶和树脂，可使沥青同时具备橡胶和树脂的特性，性能更加优良。主要产品有片材、卷材、密封材料、防水涂料。

4) 矿物填充料改性沥青

矿物填充料改性沥青是指为了提高沥青的粘结力和耐热性，减小沥青的温度敏感性，加入一定数量矿物填充料（滑石粉、石灰粉、云母粉、硅藻土）的沥青。

(4) 沥青类防水卷材

沥青类防水卷材是在基胎（原纸或纤维织物等）浸涂沥青后，在表面撒布粉状或片状隔离材料制成的一种防水卷材。

1) 石油沥青纸胎防水卷材

石油沥青纸胎防水卷材是采用低软化点石油沥青浸渍原纸，用高软化点沥青涂盖油纸的两面，再撒以隔离材料而制成的一种纸胎油毡。

《石油沥青纸胎油毡、油纸》（GB 326—1989）规定：幅宽为 915mm、1000mm 两种，后者居多；按隔离材料分为粉毡、片毡；每卷油毡的总面积为 $20±0.3m^2$；按 $1m^2$ 原纸的质量克数分为 200、350、500 号三种标号；按物理性能分为优等品、一等品和合格品。

由于沥青材料的温度敏感性大、低温柔性差、易老化，因而使用年限较短，其中200号用于简易防水、临时性建筑防水、防潮及包装等，350、500号油毡用于屋面和地下工程的多层防水，可用冷、热沥青胶粘结。

石油沥青油纸是采用低软化点石油沥青浸渍原纸，制成的一种无涂盖层的纸胎防水卷材。

双卷包装，总面积为$40±0.6m^2$，主要用于建筑防潮和包装。

2）石油沥青玻璃布油毡（简称玻璃布油毡）

石油沥青玻璃布油毡是采用玻璃布为胎基涂盖石油沥青，并在两面撒铺粉状隔离材料而制成。根据行业标准《石油沥青玻璃布油毡》（JC/T 84—1995）规定，幅宽为1000mm，分为一等品和合格品两个等级。每卷油毡的总面积为$20±0.3m^2$。

石油沥青玻璃布油毡具有拉力大及耐霉菌性好的特点，适用于要求强度高及耐霉菌性好的防水工程，柔韧性优于纸胎油毡，易于在复杂部位粘贴和密封。主要用于铺设地下防水、防潮层、金属管道的防腐保护层。

3）石油沥青玻璃纤维油毡（简称玻纤油毡）

石油沥青玻璃纤维油毡是采用玻璃纤维薄毡为胎基，浸涂石油沥青，表面撒以矿物粉料或覆盖以聚乙烯薄膜等隔离材料制成的一种防水卷材。其指标应符合《石油沥青玻璃纤维油毡》GB/T 14686—1993的规定，幅宽1000mm，玻纤油毡按上撒盖材料分为膜面、粉面和砂面三个品种；根据油毡每$10m^2$质量（kg）分为15号、25号、35号三个标号；按物理性能分为优等品、一等品和合格品。

石油沥青玻璃纤维油毡具有柔性好（在0～10℃弯曲无裂纹），耐化学微生物腐蚀，寿命长。15号玻纤油毡用于一般工业与民用建筑的多层防水，并可用于包扎管道（热管道除外）、做防腐保护层。25号、35号玻纤油毡适用于屋面、地下、水利等工程多层防水，其中35号可采用热熔法施工。

4）铝箔面油毡

铝箔面油毡是用玻纤毡为胎基，浸涂氧化沥青，表面用压纹铝箔贴面，底面撒以细颗粒矿物料或覆盖以PE膜制成的防水卷材。具有反射热和紫外线的功能及美观效果，能降低屋面及室内温度，阻隔蒸汽渗透，用于多层防水的面层和隔气层。

5）高聚物改性沥青卷材

高聚物改性沥青卷材是以合成高分子聚合物改性沥青为涂盖层、纤维织物或纤维毡为基胎，粉状、粒状、片状或薄膜材料为防粘隔离层制成的防水卷材，具有高温不流淌、低温不脆裂、拉伸强度高、延伸率较大等优异性能。

常用品种的性能及应用如下：

常用品种有弹性体改性沥青防水卷材、塑性体改性沥青防水卷材等，高聚物改性沥青有SBS、APP、PVC和再生胶改性沥青等。

A. 弹性体改性沥青防水卷材

弹性体改性沥青防水卷材是以苯乙烯-丁二烯-苯乙烯（SBS）热塑性弹性体作改性剂，以聚酯毡（PY）或玻纤毡（G）为胎基，两面覆盖以聚乙烯膜（PE）、细砂（S）或矿物粒（片）料（M）制成的卷材，简称SBS卷材，属弹性体卷材。

《弹性体改性沥青防水卷材》（GB 18242—2000）规定分为六个品种：聚酯毡-聚乙烯

膜、玻纤毡-聚乙烯膜、聚酯毡-细砂、聚酯毡-矿物粒、玻纤毡-细砂、玻纤毡-矿物粒。卷材幅宽为1000mm，聚酯毡的厚度有3、4mm两种，玻纤毡的厚度有2、3、4mm三种。分为Ⅰ型、Ⅱ型，每卷面积为15m²、10m²、7.5m²三种。其物理性能应符合表3-48的规定。

弹性体（SBS）改性沥青防水卷材物理力学性能 表3-48

序号	胎基 型号			PY Ⅰ	PY Ⅱ	G Ⅰ	G Ⅱ
1	可溶物含量(g/m²)≥		2mm	—	—	1300	1300
			3mm	2100	2100	2100	2100
			4mm	2900	2900	2900	2900
2	不透水性	压力(MPa)≥		0.3	0.3	0.2	0.3
		保持时间(min)≥		30	30	30	30
3	耐热度(℃)			90	105	90	105
				无滑动、流淌、滴落			
4	拉力(N/50min)≥	纵向		450	800	350	500
		横向		450	800	250	300
5	最大拉力延伸率(%)≥	纵向		30	40	—	—
		横向		30	40	—	—
6	低温柔度(℃)			−18	−25	−18	−25
				无裂纹			
7	撕裂强度(N)≥	纵向		250	350	250	350
		横向		250	350	170	200
8	人工气候加速老化	外观		1级			
				无滑动、流淌、滴落			
		拉力保持率(%)≥	纵向	80	80	80	80
		低温柔度		−10	−20	−10	−20
				无裂纹			

SBS卷材属高性能的防水材料，保持了沥青防水的可靠性和橡胶的弹性，提高了柔韧性、延展性、耐寒性、粘附性、耐气候性，具有良好的耐高温和低温性，可形成高强度防水层，并耐穿刺、烙伤、撕裂和疲劳，出现裂缝能自我愈合，能在寒冷气候热熔搭接，密封可靠。

SBS卷材广泛应用于各种领域和类型的防水工程。最适用于以下工程：工业与民用建筑的常规及特殊屋面防水；工业与民用建筑的地下工程的防水、防潮及室内游泳池等的防水；各种水利设施及市政防水工程。

B. 塑性体（APP）改性沥青防水卷材

塑性体改性沥青防水卷材是指以聚酯毡或玻纤毡为胎基，无规聚丙烯（APP）或聚烯烃类聚合物作改性剂，两面覆以隔离材料所制成的防水卷材，简称APP防水卷材。卷材的品种、规格、外观要求同SBS卷材；其物理力学性能应符合《塑性体改性沥青防水卷材》（GB 18243—2000）的规定，见表3-49。

塑性体（APP）改性沥青防水卷材物理力学性能　　　　表 3-49

序号	胎 基 型 号			PY I	PY II	G I	G II
1	可溶物含量(g/m²)≥	2mm		—		1300	
		3mm		2100			
		4mm		2900			
2	不透水性	压力(MPa)≥		0.3		0.2	0.3
		保持时间(min)≥		30			
3	耐热度(℃)			110	130	110	130
				无滑动、流淌、滴落			
4	拉力(N/50min)≥	纵向		450	800	350	500
		横向				250	300
5	最大拉力延伸率(%)≥	纵向		25	40	—	
		横向					
6	低温柔度(℃)			−5	−15	−5	−15
				无裂纹			
7	撕裂强度(N)≥	纵向		250	350	250	350
		横向				170	200
8	人工气候加速老化	外观		1 级			
				无滑动、流淌、滴落			
		拉力保持率(%)≥	纵向	80			
		低温柔度		3	−10	3	−10
				无裂纹			

APP 卷材具有良好的防水性能、耐高温性能和较好的柔韧性（耐−15℃不裂），能形成高强度、耐撕裂、耐穿刺的防水层，耐紫外线照射、耐久寿命长，热熔法粘结，可靠性强。广泛用于各种工业与民用建筑的屋面及地下防水、地铁、隧道桥和高架桥上沥青混凝土桥面的防水，尤其适用于较高温度环境的建筑防水，但必须用专用胶粘剂粘结。

C. 冷自粘橡胶改性沥青卷材

冷自粘橡胶改性沥青卷材是用 SBS 和 SBR 等弹性体及沥青材料为基料，并掺入增塑增黏材料和填充材料，采用聚乙烯膜或铝箔为表面材料或无表面覆盖层，底表面或上下表面覆涂硅隔离、防粘材料制成的可自行粘结的防水卷材。

《自粘橡胶改性沥青卷材》(JC 840—1999) 规定：每卷面积有 20m²、10m²、5m² 三种；宽度有 920mm、1000mm 两种，厚度有 2.2mm、1.5mm、2.0mm 三种。分为聚乙烯膜、铝箔、无膜三种。具有良好的柔韧性、延展性，适应基层变形能力强，施工时不需涂胶粘剂。采用聚乙烯膜为表面材料，适用于非外露的屋面防水；采用铝箔为覆面材料，适用于外露的防水工程。

D. 高聚物改性沥青防水卷材的技术性质

a. 外观要求

高聚物改性沥青防水卷材应卷紧整齐，端面里进外出不得超过 10mm；成卷卷材在规定温度下展开,在距卷芯1.0m长度外,不应有10mm以上的裂纹和粘结;胎基应浸透,不应有未被浸透的条纹;卷材表面应平整,不允许有空洞、缺边、裂口,矿物粒(片)应均匀并且紧密粘附于卷材表面;每卷接头不多于1个,较短一段不应少于2.5m,接头应剪切整齐,加长150mm,备作粘结。

b. 高聚物改性沥青防水卷材的卷重、面积、厚度

SBS卷材、APP卷材的卷重、面积、厚度的规定见表3-50。

高聚物改性沥青防水卷材的卷重、面积、厚度　　　　表3-50

规格		2mm		3mm			4mm				
上表面材料		PE	S	PE	S	M	PE	S	M	PE	S	M
每卷面积 (m²)	公称面积	15		10			10			7.5		
	偏差	±0.15		±0.10			±0.10			±0.10		
每卷最低重量(kg)		33.0	37.5	32.0	35.0	40.0	42.0	45.0	50.0	31.5	33.0	37.5
厚度(mm)	平均值≥	2.0		3.0		3.2	4.0		4.2	4.0		4.2
	最小单值	1.7		2.7		2.9	3.7		3.9	3.7		3.9

E. 高聚物改性沥青防水卷材储存、运输与保管

不同品种、等级、标号、规格的产品应有明显标记,不得混放;卷材应存放在远离火源、通风、干燥的室内,防止日晒、雨淋和受潮;卷材必须立放,高度不得超过两层,不得倾斜或横压,运输时平放不宜超过4层;应避免与化学介质及有机溶剂等有害物质接触。

(5) 沥青类防水涂料

沥青类防水涂料是以沥青、合成高分子等为主体,在常温下呈无定型流态或半固态,经涂布能在基底表面能形成坚韧的防水膜的一类防水材料的总称。主要品种有冷底子油、沥青胶、水性沥青基防水涂料。

1) 冷底子油

冷底子油是将石油沥青(30号、10号或60号)加入汽油、柴油或用煤沥青(软化点为50~70℃)加入苯,熔合而成的沥青溶液。一般不单独使用,而作为在常温下打底材料与沥青胶配合使用。常用配合比为:①石油沥青:汽油=30:70;②石油沥青:煤油或柴油:40:60。一般现用现配,用密闭容器储存,以防溶剂挥发。

2) 沥青胶

沥青胶是在沥青材料中加入填料改性,提高其耐热性和低温脆性而制成的。粉状填料有石灰石粉、白云石粉、滑石粉、膨润土等,纤维状填料有木纤维、石棉屑等。其主要技术指标有耐热性、柔韧性、粘结力,见表3-51;标号选择见表3-52。

石油沥青胶的技术指标　　　　表3-51

项目	标　号					
	S—60	S—65	S—70	S—75	S—80	S—85
耐热性	用2mm厚沥青胶粘和两张沥青油纸,在不低于下列温度/(℃)下,于45°的坡度上,停放5h,沥青胶结料不应流出,油纸不应滑动					
	60	65	70	75	80	85
粘结力	将两张用沥青胶粘贴在一起的油纸揭开时,若被撕开的面积超过粘贴面积的一半时,则认为不合格;否则认为合格					
柔韧性	涂在沥青油纸上的厚沥青胶层,在(18±2)℃时围绕下列直径/mm的圆棒以5s时间且匀速弯曲成半周,沥青胶结料不应有开裂					
	10	15	15	20	25	30

沥青胶标号选择　　　　　　　　　　表 3-52

沥青胶类别	屋面坡度(%)	历年极端室外温度(℃)	沥青胶标号
石油沥青胶	1～3	<38	S—60
		38～41	S—65
		41～45	S—70
	3～15	<38	S—65
		38～41	S—70
		41～45	S—75
	15～25	<38	S—75
		38～41	S—80
		41～45	S—85

沥青与填充料应混合均匀，不得有粉团、草根、树叶、砂土等杂质。施工方法有冷用和热用两种。热用比冷用的防水效果好；冷用施工方便，避免烫伤，但耗费溶剂。主要用于沥青和改性沥青类卷材的粘结、沥青防水涂层和沥青砂浆层的底层。

3）水乳型沥青基防水涂料

水乳型沥青基防水涂料是指以乳化沥青为基料或在其中加入各种改性材料的防水材料。主要用于Ⅲ、Ⅳ级防水等级的屋面防水、厕浴间及厨房防水。我国的主要品种有AE—1、AE—2型两大类。AE—1型是以石油沥青为基料，用石棉纤维或其他矿物填充料改性的水性沥青厚质防水涂料，如水性沥青石棉防水涂料、水性沥青膨润土防水涂料；AE—2型是用化学乳化剂配成的乳化沥青，掺入氯丁胶乳或再生橡胶等橡胶改性的水性沥青薄质防水涂料。

5. 混凝土外加剂的种类和作用

混凝土外加剂是指为了改善混凝土的性能，在混凝土拌制过程中掺入的，一般不超过水泥用量的5％（特殊情况除外）的一类材料的总称。外加剂虽然用量不多，但对改善拌合物的和易性，调节凝结硬化时间，控制强度发展和提高耐久性等方面起着显著作用。

混凝土外加剂按主要功能分为以下四类：

① 改善混凝土拌合物流变性能的外加剂，包括各种减水剂、引气剂和泵送剂等；

② 调节混凝土凝结硬化性能的外加剂，包括早强剂、缓凝剂和速凝剂等；

③ 改善混凝土耐久性的外加剂，包括防水剂、引气剂和阻锈剂等；

④ 改善混凝土其他特殊性能的外加剂，包括加气剂、膨胀剂、防冻剂、着色剂和泵送剂等。

目前，在建设工程中常用的外加剂主要有减水剂、引气剂、早强剂、缓凝剂、防冻剂等。

（1）减水剂

减水剂是指在混凝土坍落度基本相同的条件下，能够减少拌合用水量的外加剂。在混凝土拌合物中掺入减水剂后，根据使用的目的不同，可取得以下技术经济效果：

① 提高混凝土拌合物的流动性。在各种材料用量不变的条件下，可提高混凝土拌合物坍落度100～200mm，且不影响混凝土硬化后的强度。

② 提高混凝土的强度。在保证混凝土拌合物和易性及水泥用量不变的前提下，可减

少拌合水用量10%～15%，从而使混凝土强度提高15%～20%，特别是高效型减水剂的效果更加显著。

③ 节约水泥。在保证混凝土拌合物的流动性及硬化后的强度不变的前提下，可节约水泥10%～15%。

④ 改善混凝土的耐久性能。由于减水剂可减少拌合水的用量、提高流动性，使得在施工时能较容易保证混凝土的密实性，从而提高了混凝土的抗渗性、抗冻性、抗碳化性等。

减水剂是应用最广泛、效果最显著的一种外加剂。其品种繁多，按其化学成分不同可分为木质素磺酸盐系减水剂、萘磺酸盐系减水剂、可溶性树脂系减水剂、糖蜜系减水剂、腐殖酸系减水剂及复合系减水剂等；按其减水效果不同可分为普通型减水剂、高效型减水剂；按凝结时间不同可分为标准型减水剂、早强型减水剂、缓凝型减水剂；按是否引气又可分为引气型减水剂和非引气型减水剂等。目前常用的是木质素磺酸盐系、萘磺酸盐系及可溶性树脂系减水剂。

减水剂在使用时，应注意的事项：一是要注意减水剂与水泥的适应性，特别是水泥中如果铝酸三钙、碱或石膏等矿物成分含量过多，会使减水剂的减水效果变差，甚至产生和易性或强度的下降；二是施工时要严格控制掺量，少掺达不到减水剂的预期效果，而多掺又会使混凝土长期不凝结或强度下降，甚至还会产生严重的泌水现象；三是要选择符合要求的粗、细集料，集料的粒径、表观形状和颗粒级配等，也对减水剂的减水效果有一定的影响；四是要注意施工时环境的温湿度，因为不同的减水剂在不同的环境温湿度下作用效果不同，因此混凝土拌合物适应的温湿度范围也不相同；最后是要注意减水剂掺入的时机，是采用先掺法或后掺法，效果存在一定的差异，应根据工程实际情况具体确定。

（2）引气剂

引气剂是指混凝土在搅拌过程中，能引入大量均匀分布、稳定而封闭的微小气泡，以减少混凝土拌合物的泌水、离析，并能显著提高混凝土硬化后的抗冻性、抗渗性的外加剂。目前常用的引气剂为松香热聚物和松香皂等。近年来开始使用烷基磺酸钠、脂肪醇硫酸钠等品种。引气剂的掺用量极小，一般仅为水泥质量的0.005%～0.015%，并具有一定的减水效果，减水率为8%左右，混凝土的含气量为3%～5%。一般情况下，含气量每增加1%，混凝土的抗压强度约下降4%～6%。引气剂可用于抗渗混凝土、抗冻混凝土、抗硫酸盐侵蚀的混凝土、泌水严重的混凝土、贫混凝土、轻混凝土以及对饰面有要求的混凝土等，但引气剂不宜用于蒸养混凝土和预应力混凝土。

（3）早强剂

早强剂是指能提高混凝土早期强度，并对后期强度无显著影响的外加剂。早强剂可在不同温度下加速混凝土的强度发展，常用于要求早期强度较高、抢修及冬期施工等混凝土工程。早强剂可分为氯盐类、硫酸盐类、有机胺类及复合类早强剂等。

① 氯盐类早强剂

氯盐类早强剂主要有氯化钙、氯化钠等，其中以氯化钙的早强效果最佳。氯化钙易溶于水，适宜掺量为水泥质量的1%～2%，能使混凝土3d强度提高40%～100%，7d强度提高20%～40%，同时能降低混凝土中水的冰点，防止混凝土早期受冻。

氯盐类早强剂，最大的缺点是含有氯离子，会引起钢筋锈蚀，从而导致混凝土开裂。

《混凝土结构工程施工质量验收规范》（GB 50204—2002）规定，在钢筋混凝土中氯盐的掺量不得超过水泥质量的 1%，在无筋混凝土中掺量不得超过 3%，在使用冷拉和冷拔低碳钢丝的混凝土结构及预应力混凝土结构中，不允许掺用氯盐早强剂。同时还规定，在下列结构的钢筋混凝土中不得掺入氯化钙和含有氯盐的复合早强剂：在高湿度空气环境中、处于水位升降部位、露天结构或受水淋的结构；与含有酸、碱和硫酸盐等侵蚀性介质相接触的结构；使用过程中经常处于环境温度为 60℃ 以上的结构；直接接近直流或高压电源的结构等。

为抑制氯盐对钢筋的锈蚀作用，常将氯盐早强剂与阻锈剂（如亚硝酸钠）等复合使用。

② 硫酸盐类早强剂

硫酸盐类早强剂包括硫酸钠、硫代硫酸钠、硫酸钙、硫酸铝等，其中应用较多的是硫酸钠，一般掺量为水泥质量的 0.5%～2.0%，当掺量为 1%～1.5% 时，达到混凝土设计强度 70% 的时间可缩短一半左右。

硫酸钠对钢筋无锈蚀作用，适用于不允许掺用氯盐的混凝土，但严禁用于含有活性集料的混凝土。同时应注意硫酸钠掺量过多，会导致混凝土后期产生膨胀开裂以及混凝土表面产生"白霜"等现象。

③ 有机胺类早强剂

有机胺类早强剂包括三乙醇胺、三乙丙醇胺等，其中是三乙醇胺的早强效果最好。三乙醇胺呈碱性，能溶于水，掺量为水泥质量的 0.02%～0.05%，能使混凝土早期强度提高 50% 左右。与其他外加剂（如氯化钠、氯化钙、硫酸钠等）复合使用，早强效果更加显著。

三乙醇胺对混凝土稍有缓凝作用，掺量过多会造成混凝土严重缓凝和混凝土强度下降，故应严格控制掺量。

④ 复合早强剂

试验表明，上述几类早强剂以适当比例配制成的复合早强剂具有较好的早强效果。

（4）缓凝剂

缓凝剂是指能延缓混凝土凝结时间，并对混凝土后期强度发展无不利影响的外加剂。缓凝剂主要有四类：糖类，如糖蜜；木质素磺酸盐类，如木钙、木钠；羟基羧酸及其盐类，如柠檬酸、酒石酸；无机盐类，如锌盐、硼酸盐等。常用的缓凝剂是糖蜜和木钙，其中糖蜜的缓凝效果最好。

糖蜜的适宜掺量为水泥质量的 0.1%～0.3%，混凝土凝结时间可延长 2～4h，掺量过大会使混凝土长期酥松不硬，强度严重下降，但对钢筋无锈蚀作用。

缓凝剂主要适用于夏季及大体积的混凝土、泵送混凝土、长时间或长距离运输的预拌混凝土，不适用于 5℃ 以下施工的混凝土、有早强要求的混凝土及蒸养混凝土。

（5）防冻剂

防冻剂是指在规定温度下，能显著降低混凝土的冰点，使混凝土液相不冻结或仅部分冻结，以保证水泥的正常水化作用，并在一定的时间内获得预期强度的外加剂。常用的防冻剂有氯盐类（氯化钙、氯化钠）、氯盐阻锈类（以氯盐与亚硝酸钠阻锈剂复合而成）、无氯盐类（以亚硝酸盐、硝酸盐、碳酸盐及尿素复合而成）。

氯盐类防冻剂适用于无筋混凝土；氯盐阻锈类防冻剂可用于钢筋混凝土；无氯盐类防冻剂可用于钢筋混凝土和预应力钢筋混凝土。硝酸盐、亚硝酸盐、碳酸盐不适用于预应力混凝土以及与镀锌钢材或与铝、铁相接触部位的钢筋混凝土结构。另外，含有六价铬盐、亚硝酸盐等有毒成分的防冻剂，严禁用于饮水工程及与食品接触的部位。

（6）速凝剂

速凝剂是指能使混凝土迅速凝结硬化的外加剂。我国常用的速凝剂有红星Ⅰ型、711型、728型、8464型等。

红星Ⅰ型速凝剂适宜掺量为水泥质量的2.5%～4.0%；711型速凝剂适宜掺量为水泥质量的3.0%～5.0%。

速凝剂掺入混凝土后，能使混凝土在5min内初凝，10min内终凝，1h就可产生强度，1d强度提高2～3倍，但后期强度会下降，28d强度约为不掺时的80%～90%。

速凝剂主要用于矿山井巷、铁路隧道、引水涵洞、地下工程以及喷锚支护时的喷射混凝土或喷射砂浆工程。

（7）外加剂的选择与使用

外加剂品种的选择，应根据工程需要、施工条件、混凝土原材料等因素通过试验确定。外加剂品种确定后，要检验与水泥的适应性，具体可通过流动度试验评定。然后，应认真确定外加剂的掺量，掺量过小，往往达不到预期效果；掺量过大，则会影响混凝土的质量，甚至造成事故。因此，应通过试验试配确定最佳掺量。外加剂一般不能直接投入混凝土搅拌机内，应配制成合适浓度的溶液，随水加入搅拌机进行搅拌。对于不溶于水的外加剂，应与适量水泥或砂混合均匀后再加入搅拌机内。另外，外加剂生产厂家必须提供符合要求的形式检验报告和出厂检验报告。

6. 建筑石材、木材的品种与应用

（1）天然石材的品种与应用

1）天然花岗岩

花岗岩属火成岩中的深成岩，它是地壳深处的岩浆，在受上部覆盖压力的作用下，经缓慢冷却而形成的岩石。由于其结构密实、表观密度大，故抗压强度高、耐磨性好、耐久性好、耐风化好、孔隙率小、吸水率小，并具有高抗酸腐蚀性，但耐火性差。

花岗岩板材按表面加工的方式分为剁斧板、机刨板、粗磨板和磨光板等。

花岗岩属高档建筑结构材料和装饰材料，多用于室外地面、台阶、基座、纪念碑、墓碑、铭牌、踏步、檐口等处。在现代大城市建筑中，镜面花岗岩板多用于室内外墙面、地面、柱面、踏步等。

2）天然大理石

天然大理石属变质岩，它是原有岩石在自然环境中，经变质后形成的一种含碳酸盐矿物的岩石。"大理石"是由于盛产在我国云南省大理县而得名的。大理石结构致密，抗压强度较高；硬度不大，易雕琢和磨光，装饰性好，吸水率小，耐磨性好，耐久性次于花岗岩，抗风化性差。

天然大理石板材为高级饰面材料，适用于纪念性建筑、大型公共建筑（如宾馆、展览馆、商场、图书馆、机场、车站等）的室内墙面、柱面、地面、楼梯踏步等，有时也可作楼梯栏杆、服务台、门面、墙裙、窗台板、踢脚板等。天然大理石板材的光泽易被酸雨侵蚀，故不宜用作室外装饰。只有少数质地纯正的汉白玉、艾叶青可用于外墙饰面。

石材行业通常将具有于大理岩相似性能的各种碳酸岩或镁质碳酸盐，以及有关的变质岩统称为大理石。

3）石灰岩

石灰岩属沉积岩，它是因沉积物固结而形成，主要成分为 $CaCO_3$ 的岩石，俗称青石。石灰岩常因含有白云石、石英、蛋白石及黏土等，其化学成分、矿物成分、致密程度及物理性质差别较大。石灰岩抗压强度较高，吸水率为2‰～10‰，具有较好的耐水性和抗冻性。

我国石灰岩储量丰富，便于开采，因具有一定的强度和耐久性，被广泛用于工程建设中。其块石可作为基础、墙身、台阶及路面等材料，其碎石是常用的混凝土集料。

(2) 木材的品种与应用

1）木材的主要性质

① 密度与表观密度

木材的密度平均约为 $2.55g/cm^3$，表观密度的大小与木材的种类及含水率有关，通常以含水率为15％时的表观密度表示，平均约为 $500kg/cm^3$。

② 吸水性和吸湿性

所有木材都是吸水的。处于空气中的木材，随环境中的湿度和湿度的增、减，在不停地进行着吸水或失水，直到自身的含水率与环境中的湿度平衡为止，此时的含水率，称平衡含水率。平衡含水率不是恒定的，它会随环境的温、湿度变化而变化。平衡含水率约为12％～18％（北方地区约为12％，南方约为18％）。

③ 强度

木材的强度通常有抗压强度、抗拉强度，抗弯强度和抗剪强度等，又按受力方向不同分为顺纹和横纹。所谓顺纹是指作用力方向与木材纤维方向平行；横纹是指作用力方向与木材纤维方向垂直。各种强度均以规定的小试件，测得静力极限强度值表示。由于木材的构造所致，不同方向的各项强度值相差悬殊。

2）木材的等级及检验评定

按照国家标准，木材的等级是以木材缺陷的限度作指标，根据不同材种，分别提出限定的缺陷项目和限度的大小来划分。

木材的缺陷是指由于生理、病理和人为的因素，导致木材呈现出降低材质和使用效果的各种缺点。分为节子、变色、腐朽、虫害、裂纹、形状缺陷、构造缺陷，伤疤（损伤）、木材加工缺陷和变形等，共计十大类，每大类中又按针、阔叶树种，分列出许多细类。

① 杉原条等级及检验评定

杉原条按各种缺陷的允许限度分为一等和二等。在评定杉原条等级时，有两种或几种缺陷的，以最低的一种缺陷为准。检量外夹皮长度、弯曲内曲水平长度、弯曲拱高，外伤及偏枯深度，均量至1cm止（以cm表示），不足1cm的舍去。其他缺陷均量至1mm止（以"mm"表示），不足1mm的舍去。但对虫眼直径和深度、外夹皮深度的计算起点尺寸，均量至1mm止。

② 原木等级及检验评定

直接用原木、特级原木和针、阔叶树加工用原木，均分别提出缺陷限度和分等的规定。

原木按其缺陷划分为一等、二等和三等三个等级。有两种或几种缺陷的，以降为最低的一种缺陷的等级为准。如缺陷超过针、阔叶树加工用原木三等材限度规定，或超过直接用原木限度规定的，统按等外原木处理。检测的缺陷内容包括：纵裂长度、外夹皮长度、弯曲水平长度、弯曲拱高、扭转纹倾斜高度、环裂半径、弧裂拱高、外伤深度、偏枯深度，这些缺陷均量至1cm止（以下均以cm表示），不足1cm者舍去。

③ 锯材等级及检验评定

锯材分为特等锯材和普通锯材，普通锯材中又分为一等、二等和三等；分别按针叶树材和阔叶树材提出对缺陷限度的规定。

锯材缺陷的检量，根据《原木缺陷》GB 155—2006和GB 4823.2—84的基本方法，以及GB 4822.3—84中的具体规定进行。评定锯材等级，在同一材面上有两种以上缺陷同时存在时，以最低的一种缺陷为准。锯材标准长度范围外的缺陷，除端面腐朽外，其他缺陷均不计；宽度、厚度上多余部分的缺陷，除钝棱外，其他缺陷均应计算。各项锯材标准中未列入的缺陷，均不予计算。凡检量纵裂长度、夹皮长度、弯曲高度、内曲面水平长度、斜纹倾斜高度、斜纹水平长度的尺寸时，均应量至1cm止，不足1cm的舍去；检量其他缺陷尺寸时，均量至1mm止，不足1mm舍去。

（二）施工测量基本知识

1. 地形图的识读及其在工程建设中的应用

地面上各种各样的固定物体，通常称为地物，包括房屋、农田、道路等。地表面的高低起伏形态，如高山、丘陵、盆地等称为地貌。地物和地貌总称为地形。

在工程建设中常将表示地物平面位置的图称为平面图，也称为地物图。如果图上不仅表示地物的位置，而且用等高线符号把地面的高低起伏的地貌情况表示出来，这种图就称为地形图。

（1）地形图的识读

地形图描绘的内容主要是地物和地貌，必须用国家规定的地形图图示符号和注记来表示。通过对规定的符号和注记的识读，便可以借助于地形图来认识地球表面的自然形态与特征，了解本区域的地物与地貌的相互位置关系及地理概况。借助地形图，可以了解工程建设地区的自然结构、地形和环境条件等信息，以便使勘测、规划、设计能充分利用地形条件，优化设计施工方案，使工程建设更加合理、适用、经济、安全。

图3-1为某地马家河村地形图的内、外图廓的示意图。要读懂地形图，首先要了解地形图图廓外的信息、熟悉图示符号、掌握地物、地貌的识读方法，在识读过程中本着"先外后内"的原则进行。

1）地形图图廓外注记的识读

地形图图廓外注记的内容包括：图号、图名、接图表、比例尺、坐标系、使用图式、等高距、测图日期、测绘单位、图廓线、坐标格网、测量人员、附注等，它们分布在东、南、西、北四面图廓线外。

① 图名、图号和接图表

为了区别各幅地形图所在的位置和拼接关系，每一幅地形图都编有图号和图名。图号

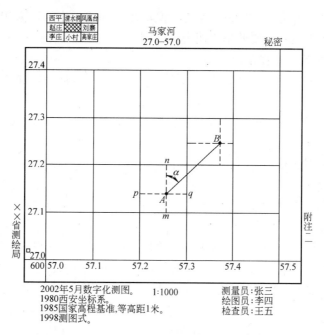

图 3-1 地形图

是根据统一的分幅进行编号的,图名是用本图内最著名的地名、最大的村庄或突出的地物、地貌等的名称来命名的。图号、图名注记在北图廓上方的中央,如图 3-1 所示。

在图的北图廓左上方,画有该幅图四邻各图号(或图名)的略图,称为接图表。中间一格画有斜线的代表本图幅,四邻分别注明相应的图号(或图名)。接图表的作用是便于查找到相邻的图幅,以便于图纸的拼接。

② 测图比例尺与比例尺精度

地形图上一段直线的长度与地面上相应线段的实际水平长度之比,称为地形图的比例尺。比例尺有数字比例尺和直线比例尺两类。在工程建设中,通常使用的是 1:5000、1:2000、1:1000 和 1:500 这四种大比例尺地形图,此类地形图一般只标注数字比例尺。

数字比例尺取分子为 1,分母为整数的分数表达。设图上某一直线长度为 d,相应的实地水平距离为 D,则图的比例尺为 $\frac{d}{D}=\frac{1}{M}$,其中,$M=\frac{D}{d}$,为比例尺的分母。该比例尺也可写成 $1:M$,M 越大,分数值越小,则比例尺就愈小。图 3-1 的比例尺为 1:1000。

由于人们在图上用肉眼能分辨的最小距离一般为 0.1mm,因此在图上度量或者实地测图描绘时,就只能达到图上 0.1mm 的精确性。所以我们把地形图上 0.1mm 所表示的实地水平距离称为比例尺精度。可见比例尺越大,其图纸表达地物、地貌就越详细和精确,但相应的测绘工作量也会成倍增加。

比例尺精度的概念,对测图和设计用图都有重要的意义。在测 1:1 000 的地形图时,实地量距精度只需取到 10cm,即可达到用图需要。此外,在进行工程设计时,若规定了在基础地形图上应能量出的最短长度时,此时即可根据设计精度要求,反过来也可以确定基础地形图的测图比例尺。例如某项工程,要求在图上能反映地面上 20cm 的精度,则采用的最适合的比例尺应为 1∶2000。也就是说，在工程建设中，欲采用何种测图比例尺，应从工程规划、施工实际需要的精度而定。

③ 平面坐标系统和高程系统

对于小比例尺地形图，通常采用国家统一的高斯平面坐标系，如"1954 北京坐标系"或"1980 西安坐标系"。图 3-1 采用的是 1980 西安坐标系。

城市地形图一般采用以通过城市中心的某一子午线为中央子午线的任意带高斯平面坐标系，称为城市独立坐标系。

当工程建设范围比较小时，也可采用把测区作为平面看待的假定平面直角坐标系

高程系统一般使用"1956 年黄海高程系"或"1985 国家高程基准"。

地形图采用的坐标系和高程系统在南图廓外的左下方用文字说明，见图 3-1 所示。

④ 图廓与图幅

图廓是图幅四周的范围线。图幅是指地形图的分幅方式，通常分为矩形分幅和梯形分幅两种。在图 3-1 中为矩形分幅。矩形图幅有内图廓和外图廓之分。内图廓是地形图分幅时的坐标格网线，也是图幅的边界线。外图廓是距内图廓以外一定距离绘制的加粗平行线，仅起装饰作用。在内图廓外四角处注有坐标值，并在内图廓线内侧，每隔 10cm 绘有 5mm 的短线，表示坐标格网线位置。在图幅内每隔 10cm 绘有坐标格网交叉点，见图 3-1 所示。

⑤ 测图日期和测图单位及人员

测量时间标注在图廓外的左下端，测量人员标注在图廓外的右下端。有时还要确定图纸的保密等级和绘制单位等信息。如图 3-1 所示。

2) 地形图内图廓内容的识读

应用地形图应了解地形图所使用的地形图图式，熟悉一些常用的地物和地貌符号，了解图上文字注记和数字注记的确切含义。地形图上的地物、地貌是用不同的地物符号和地貌符号表示的。比例尺不同，地物、地貌的取舍标准也不同，随着各种建设的不断发展，地物、地貌又在不断改变。

要正确识别地物、地貌，阅读前应先熟悉测图所用的地形图式、规范和测图日期。

① 平面坐标和高程

根据坐标方格网及左下角的起始点的坐标可以推算出每个点的坐标。根据图上的等高线的高程，可以推算出地形图内所有点的高程。

② 地物识别

识别地物的目的是了解地物的大小、种类、位置和分布情况。

地形图上表示地物类别、形状、大小和位置的符号称为地物符号。如房屋、道路、河流和森林等均为地物。这些地物在图上是采用国家测绘局统一编制的《地形图图式》中的地物符号来表示的。地物符号分为依比例符号、非依比例符号、半依比例符号和地物注记。

在地形图上识别地物时，通常按先主后次的程序，并顾及取舍的内容与标准进行（即不同的比例尺，测绘时地物的取舍是不相同的）。按照地物符号先识别大的居民点、主要道路和用图需要的地物，然后再扩大到识别小的居民点、次要道路、植被和其他地物。

另外，在识别地物时，还应注意图中所用的比例符号和非比例符号并非是固定不变的，应依据测图比例尺和实物轮廓的大小而定。某些地物在大比例尺的地形图上用比例符号来表示，而在较小的比例尺地形图上可能只用非比例符号来表示。

通过分析，就会对主、次地物的分布情况，主要地物的位置和大小形成较全面的了解。

③ 地貌的识别

识别地貌的目的是了解各种地貌的分布和地面的高低起伏状况。

地球表面上高低起伏的各种形态被称为地貌。根据地表起伏变化的大小，地貌分为平地、丘陵、山地、高山地等。地貌在地形图上用等高线表示。

一定区域范围内的地面上高程相等的各相邻点所连成的封闭曲线称为等高线。

相邻两条等高线之间的高差称为等高距，用 h 表示。在同一幅地形图上等高距应该是相等的。相邻等高线之间的水平距离称为等高线平距。地形图上等高线的疏密程度表明了地面坡度的大小，等高线愈密，即等高线平距愈小，地面坡度愈陡；等高线愈稀，即平距愈大，则地面坡度愈缓；地面坡度相等，等高线平距相等。等高距 h 与等高线平距 D 的比值即为地面坡度 i，即 $i=h/D$。

根据基本等高距勾绘的等高线称为基本等高线。为了更详尽地表达地貌的特征，地形图上的等高线分为首曲线、计曲线、间曲线、助曲线。根据测图的比例和地面的坡度关系对基本等高距有不同的要求，如表 3-53 所示。

大比例尺地形图的基本等高距　　　　　　　　　　表 3-53

地形类别与地面倾角	比　例　尺			
	1∶500	1∶1000	1∶2000	1∶5000
平地　　$\alpha<3°$	0.5	0.5	1	2
山地　　$3°\leqslant\alpha<10°$	0.5	1	2	5
山地　　$10°\leqslant\alpha<25°$	1	1	2	5
高山地　$\alpha\geqslant25°$	1	2	2	5

在同一幅地形图上，按规定的基本等高距描绘的等高线称为首曲线，首曲线用 0.15mm 的细实线描绘。

凡是高程能被 5 倍基本等高距整除的等高线称为计曲线，也称加粗等高线，计曲线用 0.3mm 的粗实线描绘并标上等高线的高程。

按 1/2 基本等高距描绘的等高线称为间曲线，主要显示首曲线不能表示出的局部地貌，间曲线用 0.15mm 的细长虚线描绘。

按 1/4 基本等高距描绘的等高线称为助曲线，主要显示首曲线不能表示出的局部地貌，助曲线用 0.15mm 的细短虚线描绘。

识别时，主要是根据基本地貌的等高线特征和特殊地貌（如陡崖、冲沟等）符号进行。山区坡陡，地貌形态复杂，尤其是山脊和山谷等高线犬牙交错，不易识别。可先根据水系的江河、溪流找出山谷、山脊系列，无河流时可根据相邻山头找出山脊。再按照两山谷间必有一山脊，两山脊间必有一山谷的地貌特征，即可识别山脊、山谷地貌的分布情况。结合特殊地貌符号和等高线的疏密进行分析，就可以较清楚地了解地貌的分布和高低起伏情况。

在读图时，还应了解几种基本地貌的等高线的描绘方法。如山头和洼地、山脊与山谷等，其区别在于等高线上的数值标注或示坡线。示坡线是垂直于等高线并指示坡度降落方向的短线，示坡线往外标注是山头（或山脊），往内标注是洼地（或山谷）。

(2) 地形图在工程建设中的应用

1) 确定地形图上任意点的平面坐标及高程

① 平面坐标的确定（图 3-2）

求图上 A 点的坐标，首先找出 A 点所处的小方格，并用直线连接成小正方形 $abcd$，过 A 点作格网线的平行线，交格网边于 g、e 点，

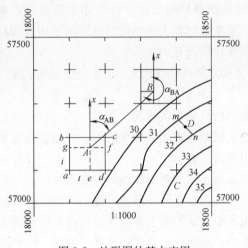

图 3-2 地形图的基本应用

再量取 ag 和 ae 的图上长度 i、t，即可获得 A 点的坐标为：

$$x_A = x_a + i \times M$$
$$y_A = y_a + t \times M$$

式中 M 为地形图比例尺分母。

② 高程确定（图 3-2）

若所求高程点恰好位于某等高线上，则该点高程值即为该等高线的高程，图 3-2 中，C 点高程为 33 m。若所求点不在等高线上，则应根据比例内插法确定该点的高程。图 3-2 中，欲求 D 点高程，首先过 D 点作相邻两条等高线的近似公垂线，与等高线分别交于 m、n 两点，在图上量取 mn 和 mD 的长度，则 D 点高程为

$$H_D = H_m + \frac{mD}{mn} \times h_{mn} \tag{3-3}$$

式中 H_m——m 点的高程；

h_{mn}——m、n 两点的高差，及等高距 h，图中为 1m。

2) 直线的水平距离、坐标方位角及坡度的计算

在测量中，除了最基本的水平距离测量、水平角测量和高差测量这三项测量工作之外，还有一项很重要的工作，那就是对地面直线的方向予以确定的工作。

确定地面直线与测量标准方向之间的方向关系的工作，称为直线定向。根据测区范围的大小，测量定向的标准方向有三种，即地面点的正北方向、地面点的磁北方向和地面点的坐标北方向（也称坐标纵轴北方向），简称三北方向。

在工程测量中，由于地区范围相对较小，故其定向标准方向通常采用坐标北方向。所谓坐标北方向，是指坐标纵轴（X 轴）正向所指示的方向。在测量工作中，常取与高斯平面直角坐标系（或独立平面直角坐标系）中 x 坐标轴平行的方向为坐标北方向；在施工测量中，也可采用施工测量坐标系的 x 轴正向作为坐标北方向。

而直线的方向，通常用方位角来表示。所谓方位角，是指由直线的某端点的标准方向的北端起，顺时针方向至该直线的水平夹角，角值由 0~360°。工程测量中，是用坐标北方向起算的方位角来表达的，该角相应称为直线的坐标方位角，用 α 表示。

而直线的坐标方位角,由于起始点的不同而存在着两个值。如图 3-3 所示,α_{AB} 表示直线 AB 方向的坐标方位角,α_{BA} 表示直线 BA 方向的坐标方位角。α_{AB} 和 α_{BA} 互为正、反坐标方位角,若以 α_{AB} 为正坐标方位角,则称 α_{BA} 为反坐标方位角。由此可知,直线的正、反坐标方位角是相对的。由于在同一直角坐标系内,各点处的坐标北方向均是平行的,所以直线的正、反坐标方位角相差 180°,即

$$\alpha_{AB} = \alpha_{BA} \pm 180°$$

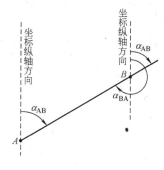

图 3-3 直线的正反坐标方位角关系

在地形图中,根据两点的坐标可以确定出两点之间的水平距离、坐标方位角和两点间的坡度。在图 3-2 中,要计算 A、B 两点的水平距离,应先求出 A、B 两点的坐标值,然后按下列公式计算水平距离及坐标方位角:

$$D_{AB} = \sqrt{(x_B - x_A)^2 + (y_B - y_A)^2}$$

$$\alpha_{AB} = \arctan\frac{\Delta y_{AB}}{\Delta x_{AB}} = \arctan\frac{y_B - y_A}{x_B - x_A}$$

若要求 A、B 两点间的坡度,还必须求出两点的高程,再根据两点之间的水平距离 AB,计算两点间的平均坡度。具体计算公式为:

$$i = \frac{h_{AB}}{D_{AB}} = \frac{H_B - H_A}{D_{AB}} \tag{3-4}$$

式中 h_{AB}——A、B 两点间的高差;

D_{AB}——A、B 两点间的直线水平距离。

按上式求得的是两点间的平均坡度,当直线跨越多条等高线,且地面坡度一致,无高低起伏时,所求出的坡度值就表示这条直线的地面坡度值。当直线跨越多条等高线,且相邻等高线之间的平距不等,即地面坡度不一致时,所求出的坡度值就不能完全表示这条直线的地面坡度值。建筑工程中的坡度一般用百分率或千分率表示,如 $i = 4\%$。

3) 确定地形图上任意区域的面积

在工程建设中,常需要在地形图上量测一定区域范围内的面积。量测面积的方法较多,常用到的方法有图解几何法、解析法和求积仪法等。

① 图解几何法

当所量测的图形为多边形时,可将多边形分解为几个三角形、梯形或平行四边形,如图 3-4 (a) 所示,用比例尺量出这些图形的边长。按几何公式算出各图形的面积,然后求出多边形的总面积。

当所量测的图形为曲线连接时,如图 3-4 (b) 所示,则可将透明毫米方格纸覆盖在图形上,并数出图形内完整方格数 n_1 和不完整的方格数 n_2,则曲线内面积 A 的计算式为:

$$A = \left(n_1 + \frac{1}{2}n_2\right)\frac{M^2}{10^6} \; (m^2) \tag{3-5}$$

式中 M——测图比例尺的分母。

也可以采用平行线法计算曲线区域面积,如图 3-4 (c) 所示,将绘有间距 $d = 1mm$ 或 $2mm$ 的平行线的透明纸覆盖在待量测的图形上,则所量图形面积等于若干个等高梯形

的面积之和。图 3-4 (c) 中平行虚线是梯形的中线。量测出各梯形的中线长度,则图形面积为:

$$S = d(ab + cd + ef + \cdots + yz) \quad (d \text{ 为平行线间距})$$

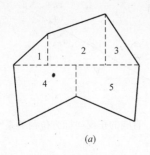
(a)

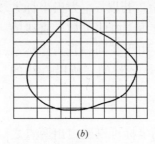
(b)

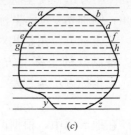
(c)

图 3-4 区域面积的计算

② 坐标解析法

坐标解析法是根据已知几何图形各顶点坐标值进行面积计算的方法。

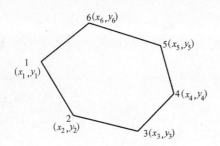

图 3-5 坐标解析法计算区域面积

如图 3-5 所示,当求算的图形为多边形时,假如多边形各角点的坐标为已知,如 1 (x_1, y_1)、2 (x_2, y_2) ……6 (x_6, y_6),且点位编号为逆时针方向增加时,可按下式计算出图形的区域面积:

$$A = \frac{1}{2} \sum_{i=1}^{n} x_i (y_{i-1} - y_{i+1}) \quad (3-6)$$

4) 地形图在建筑施工场地平整中的应用

在建筑工程中,除了要进行合理的平面布置外,往往还要对原地貌进行必要的改造,以便场地适于布置各类建筑物,适于地面排水,并满足交通运输和敷设地下管线的需要等。工程建设初期总是需要对施工场地按竖向规划进行平整;工程接近收尾时,配合绿化还需要进行一次场地平整。在场地平整施工之中,常需估算土(石)方的工程量,即利用地形图按照场地平整的平衡原则来计算总填、挖土(石)方量,并制定出合理的土(石)方调配方案。通常使用的土方量计算方法有方格网法与断面法。在此只介绍方格网法。

此法适用于高低起伏较小,地面坡度变化均匀的场地。如图 3-6 所示,欲将该地区平整成地面高度相同的平坦场地,具体步骤如下:

① 绘制方格网

在地形图上拟建工程的区域范围内,直接绘制出 2cm×2cm 的方格网,如图 3-6 所示,图中每个小方格边对应的实地距离为 2cm×M (M 为比例尺的分母)。本图的比例尺为 1:1000,方格网的边长为 20m×20m,并进行编号,其方格网横线从上到下依次编为 A、B、C、D 等行号,其方格网纵线从左至右顺次编号为 1、2、3、4、5 等列号。则各方格点的编号用相应的行、列号表示,如 A_1、A_2 等,并标注在各方格点左下角。

② 计算方格格点的地面高程

依据方格网各格点在等高线的位置,利用比例内插的方法计算出各点的实地高程,并标注在各方格点的右上角。

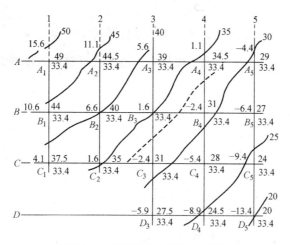

图 3-6 场地平整土石方量计算

③ 计算设计高程

根据各个方格点的地面高程，分别求出每个方格的平均高程 H_i（i 为 1、2、3……，表示方格的个数），将各个方格的平均高程求和并除以方格总数 n，即得设计高程 $H_设$。

本例中，先将每一小方格顶点高程加起来除以 4，得到每一小方格的平均高程，再把各小方格的平均高程加起来除以小方格总数即得设计高程。经计算，其场地平整时的设计高程约为 33.4m，并将计算出的设计高程标在各方格点的右下角。

④ 计算各方格点的填、挖厚度（即填挖数）

根据场地的设计高程及各方格点的实地高程，计算出各方格点处的填高或挖深的尺寸即各点的填挖数。

$$填挖数 = 地面点的实地高程 - 场地的设计高程$$

式中：填挖数为"＋"时，表示该点为挖方点；填挖数为"－"时，表示该点为填方点。并将计算出的各点填挖数填写在各方格点的左上角。

⑤ 计算方格零点位置并绘制零位线

计算出各方格点的填挖数后，即可求每条方格边上的零点（即不需填也不需挖的点）。这种点只存在于由挖方点和填方点构成的方格边上。求出场地中的零点后，将相邻的零点顺次连接起来，即得零位线（即场地上的填挖边界线）。零点和零位线是计算填挖方量和施工的重要依据。

在方格边上计算零点位置，可按图解几何法，依据等高线内插原理来求取。如图 3-7

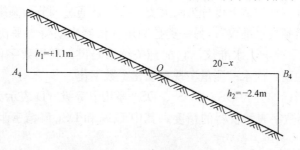

图 3-7 比例内插法确定零点

所示，A_4 为挖方点，B_4 为填方点，在 A_4、B_4 方格边上必存在零点 O。设零点 O 与 A_4 点的距离为 x，则其与 B_4 点距离为 $20-x$，由此得到关系式

$$\frac{x}{h_1}=\frac{20-x}{h_2}(h_1、h_2 为方格点的填挖数，按此式计算零点位置时，不带符号)$$

则有 $x=\dfrac{h_1}{h_1+h_2}\times 20=\dfrac{1.1}{1.1+2.4}\times 20\text{m}=6.3\text{m}$，即 A_4、B_4 方格边上的零点 O 距离 A_4 为 6.3m。用同样的方法计算出其他各方格边的零点，并顺次相连，即得整个场地的零位线，用虚线绘出（见图 3-6）。

⑥ 计算各小方格的填、挖方量

计算填、挖方量有两种情况：一种为整个小方格全为填（或挖）方；其二为小方格内既有填方，又有挖方。其计算方法如下。

首先计算出各方格内的填方区域面积 $A_填$ 及挖方区域面积 $A_挖$。

整个方格全为填或挖（单位为 m^3），则土石方量为

$$V_填=\frac{1}{4}(h_1+h_2+h_3+h_4)\times A_填 \text{ 或 } V_挖=\frac{1}{4}(h_1+h_2+h_3+h_4)\times A_挖 \qquad (3\text{-}7)$$

方格中既有填方，又有挖方，则土石方量分别为

$$V_填=\frac{1}{4}(h_1+h_2+0+0)\times A_填 \quad (h_1、h_2 为方格中填方点的填挖数) \qquad (3\text{-}8)$$

$$V_挖=\frac{1}{4}(h_3+h_4+0+0)\times A_挖 \quad (h_3、h_4 为方格中挖方点的填挖数) \qquad (3\text{-}9)$$

⑦ 计算总、填挖方量

用上步介绍的方法计算出各个小方格的填、挖方量后，分别汇总以计算总的填、挖方量。

2. 常用测量仪器的功能及应用

在测量工作中，地面点的空间位置是以地面点在投影平面上的坐标 X、Y 和高程 H 决定的。一般说来，X、Y 和 H 的值不能直接测定，而是通过测定水平角、水平距离，以及各点间的高差 h，再根据已知点的坐标、高程和已知边的坐标方位角计算出待定各点的坐标和高程。

由此可见，水平距离、水平角和高程是确定地面点位的三个基本要素。水平距离测量、水平角测量和高差测量是测量的三项基本工作。

（1）水准仪的功能及使用方法

1）水准仪的结构

目前常用的水准仪从构造上可分为两大类：一类是通过调节微倾螺旋以形成水平视线的水准仪，称为"微倾式水准仪"；另一类是利用补偿器来获得水平视线的"自动安平水准仪"。此外，尚有一种电子水准仪，它配合条纹编码尺，利用数字化图像处理的方法，可自动显示高程和距离，使水准测量实现自动化、数字化。

国产水准仪系列标准分为 DS_{05}、DS_1、DS_3 等几个等级。D 表示大地测量仪器系列，S 表示水准仪，下标数字表示仪器的精度。其中 DS_{05} 和 DS_1 属精密水准仪器，DS_3 用于普通水准测量。

DS_3 微倾式水准仪的结构，由望远镜、水准器和基座三个主要部分构成。

光学望远镜由物镜、物镜调焦镜、目镜和十字丝分划板四部分组成。其中,十字丝分划板中心和物镜光心的连线称为视准轴,亦即观测时的视线方向,在水准测量中其最终必须水平,才能读取出正确的中丝读数值。视准轴是水准仪的主要轴线之一。

水准器是用以整平仪器的一种设备,是测量仪器上的重要部件。水准器分为管水准器和圆水准器两种。管水准器是判断仪器视线是否水平的装置,若通过调节,其管气泡与零点重合,则仪器视线成水平。水准管上相邻两间隔线间的弧长所对应的圆心角称为水准管的分划值 τ。该值的大小可以反映仪器的灵敏程度,一般要求水准管的分划值 τ 越小越好(即灵敏程度越高),DS_3 的分划值 τ 比 DS_1 要大,约为 $20''/2mm$。

圆水准器是一个封闭的圆形玻璃容器,根据其气泡的位置可以判断仪器的粗平状况。

基座起支撑仪器上部的作用,通过连接螺旋与三脚架相连接。基座由轴座、脚螺旋、底板和三角压板构成。转动脚螺旋,可使圆水准器气泡居中,使仪器竖轴竖直。

在实际测量中,还必须配备相应的水准尺。通常国家三、四等水准测量必须配备成套的双面水准尺,而等外水准测量则可配用塔尺。

2) 水准仪的基本使用方法

水准仪的基本作业过程为:首先在适当位置安置仪器并粗平,然后照准立在观测点上的水准尺,进行精平后,立即读取水准尺上的读数并记录相应数据。具体操作步骤如下:

① 安置仪器并粗略整平仪器

打开三脚架,并将水准仪用中心连接螺旋连接到三脚架上。然后对仪器进行粗略整平。

仪器的粗略整平是通过旋转脚螺旋使圆水准器气泡居中来完成的。首先旋转仪器上部,使水准管面与任意两脚螺旋连线平行,然后同时旋转此两个脚螺旋使气泡移到通过圆水准器零点并垂直于这两个脚螺旋连线的方向上,如图 3-8 中气泡自 a 移到 b,如此可使仪器在这两个脚螺旋连线的方向处于水平。然后单独旋转第三个脚螺旋使气泡居中,则使原两个脚螺旋连线的垂线方向亦处于水平,从而完成仪器粗平操作。若仍有偏差,可重复进行。操作时必须记住:气泡移动的方向和左手大拇指旋动螺旋的旋动方向一致,与右手旋动方向相反。

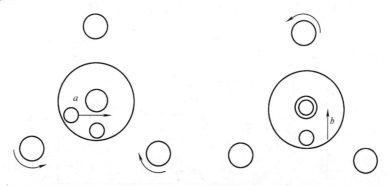

图 3-8 仪器粗平

② 照准目标

照准目标前,应调节目镜使十字丝清晰,再旋转仪器照准目标,并拧紧制动螺旋;然后旋转物镜调焦螺旋至尺像清晰,也就是使尺像成像在十字丝平面上。最后调节水平微动螺旋，使十字丝的竖丝切准水准尺竖向中心线位置。

测量时应注意消除视差。在目镜端眼睛稍作上下移动，若发现尺像与十字丝有相对的移动，即读数有改变，则表示仪器存在视差。其形成原因主要是物像没有成像在十字丝板上，如图3-9（a）、图3-9（b）所示。清除视差的方法是对仪器进行重新调焦，先目镜调焦，后对物镜调焦，直至尺像清晰稳定，不再出现尺像和十字丝有相对移动为止，如图3-9（c）所示。

③ 仪器精确整平

照准目标后，调节微倾螺旋使水准管气泡符合，仪器视线达到精平状态，然后进行数据读取。每照准一个目标读数时，都必须调节微倾螺旋使气泡符合。

④ 读数与记录

用十字丝板上的三横丝读取水准尺上的尺读数。对塔尺而言，可直接读出米、分米和厘米位，并估读出毫米位，所以每个读数值必须有四位数。如图3-10所示，中丝对应的正确读数为0.604。在测量时，应分别读取上、中、下三丝读数。并在手簿上记录观测数据。1.3 地面两点的高差测量。

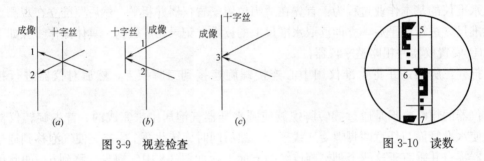

图3-9 视差检查　　　　　　图3-10 读数

如图3-11所示，欲测地面A、B两点高差，应在A、B两点位置打木桩。若地面坡度不大且A、B相距不远，于A点木桩上垂直立上水准尺，在A、B的中点位置安置好水准仪，精平后读出A点水准尺上读数a，然后将A点上水准尺移至B点，并将水准尺垂直立在B点木桩上，精平后再读出B点水准尺上读数b，则A、B两点木桩顶面的高差为：$h_{AB}=a-b$。若A点高程已知，则B点的高程为：$H_B=H_A+h_{AB}=H_A+(a-b)$。

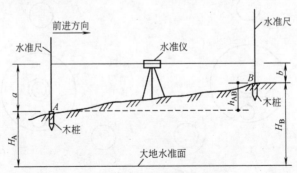

图3-11 水准仪测两点高差

从上可以看出，水准测量的原理是利用水准仪所提供的水平视线测得地面高差再进行高程计算的。利用水准仪进行地面点的高差测量，水准仪的位置和高度可以比较自由、灵活的选择，只要水准仪的水平视线能够读出前后水准尺上的读数，就可以测出地面点的高差,并依据已知高程点计算出未知点的高程。

但是,当未知点与已知点间的距离较远或者高差相差较大,这时两点之间的高差不可能架一次水准仪便可测出。在此情形下,应依据地面实际坡度和距离远近情况,分成若干测站来进行施测。如图3-12所示,未知点B点与已知高程BM_A点相距较远,此时可在两点间相隔一定间距增设若干转点(用TP_1等表示),然后从已知点开始进行水准高差测量,连续地一站一站的测量,直至测到未知点,则两点间的高差为各站所测高差之和。即:

$$h_{AB}=h_1+h_2+h_3+\cdots+h_n=\sum h_i$$

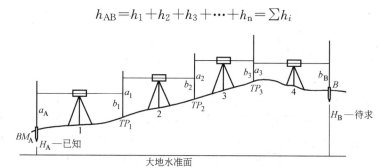

图3-12 水准测量测段施测方法

事实上,在进行高程控制测量以求取多个未知点的高程时,还可组成特定的水准线路,然后按照水准测段方法逐段进行高差测量,最后进行成果处理即可。一般的单一水准线路主要有附合水准线路、闭合水准线路和支水准线路三种。

(2)经纬仪的功能及使用方法

角度测量是确定地面点位的三大基本测量工作之一,包括水平角测量和竖直角测量,经纬仪是主要的测角仪器。

1)经纬仪的结构

光学经纬仪主要由照准部、水平度盘、基座三部分组成。

照准部是指经纬仪上部可转动的部分,由望远镜、光学读数装置、竖直度盘、水准管、竖轴、水平横轴、支架及水平和竖直制动和微动装置等组成。

竖直度盘是由玻璃圆盘经刻制而成,用来度量竖直角。它固定在水平轴的一端,与水平轴垂直,要求水平轴中心与竖直度盘中心重合,并设有竖盘指标水准管或自动补偿装置。

光学读数装置一般由读数显微镜、测微器以及光路中一系列光学棱镜和透镜组成,用来读取水平度盘和竖直度盘所测方向的读数。

照准部下部有个旋转轴,其插在水平度盘空心轴内,而水平度盘空心轴插在基座竖轴轴套内。旋转轴几何中心线称为竖轴。望远镜与水平横轴固连,安置于支架上,可以绕横轴在竖直面内上、下转动,又能随着支架绕竖轴做360°旋转。利用水平和竖直制动和微动螺旋,可以使望远镜固定在任一位置,以照准不同的观测目标。

安置仪器时利用光学对点器装置,来完成仪器的对中操作,使仪器上水平度盘中心与地面站点标志中心处于同一铅垂线上。

水平度盘装置由水平度盘、度盘变换手轮等组成。水平度盘由玻璃圆盘经刻制而成,一般依据基本分划值的大小分为 60′、30′、20′三种，其中 60′的度盘用于 6″级经纬仪上。

在水平角测角时，为了能改变每测回的水平度盘的初始读数，仪器设有度盘变换装置，一般多采用水平度盘变换手轮，或称转盘手轮。在测回法测量水平角时，可以用其配置度盘以确定每测回的起始读数。这一点是很重要的步骤。

基座用于支撑整个仪器，利用中心螺旋将仪器紧固在三脚架上。其上有三个脚螺旋，用于整平仪器，使水平度盘成水平状态。

2）DJ_6 经纬仪的读数装置及读数方法

DJ_6 经纬仪的读数装置为分微尺测微器，如图 3-13，是在读数显微镜下看到的两度盘分划和分微尺的影像，其中，标有"—"的为水平度盘读数，标有"⊥"的为竖直度盘读数。由于度盘基本分划值是 60′，所以分微尺的总值等于度盘上的一个基本分划的标注值。然后，在分微尺上再平均分成 6 大格，每一大格分为 10 小格，共计 60 小格，所以每小格为 1′，窗口中长线和大号数字是度盘上的分划及其注记，短线和小号数字为分微尺的分划线及其注记。观测时目标方向读数值从读数显微镜窗口中读取，其整度数部分可从度盘上分划注记直接读出，不到 1°的值在分微尺上读取，可估读到 0.1′，即 6″。图中水平度盘读数值为 107°55′54″，竖盘读数为 68°03′06″。

3）经纬仪的使用基本步骤

① 仪器的安置

仪器的安置包括对中和整平两个过程。安置仪器时，先张开三脚架，放在测站点上，并调好脚架高度，使脚架头大致水平、架头中心大致对准测站点标志；然后装上仪器，旋紧中心连接螺旋。再按以下步骤安置仪器。

A. 光学对中器对中

光学对中器是一个小型外调焦望远镜。如图 3-14 所示，当照准部水平时，对中器的视线经棱镜折射后的一段成铅垂方向，且与竖轴中心重合，若地面标志中心与光学对中器分划板中心相重合，则仪器竖轴中心已位于所测角度顶点的铅垂线上。其对中误差一般应小于 2mm。

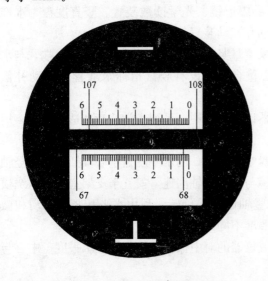

图 3-13　读数显微镜内度盘成像

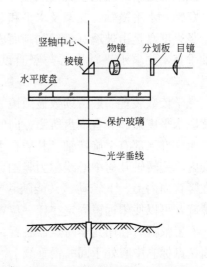

图 3-14　光学对中器光路图

操作方法为：调节好光学对中器，固定三脚架的一条腿于适当位置作为支点，两手分别握住另外两条腿提起并作前后左右的微小移动，在移动的同时，从光学对中器中观察，使地面标志中心成像于对中器的中心小圆圈内，然后，放下两架腿，固定于地面上。此时照准部并不水平，应分别调节三脚架的三个架腿高度（脚架支点位置不得移动），使仪器上的圆水准气泡居中，完成对中操作。

B. 仪器的整平

如图 3-15 所示，整平时，转动仪器的照准部，使管水准器平行于任意一对脚螺旋的连线，左、右手大拇指同时转动脚螺旋，使气泡居中；再将仪器绕竖轴旋转 90°，使管水准器与原两脚螺旋的连线垂直，转动第三只脚螺旋，使气泡居中。

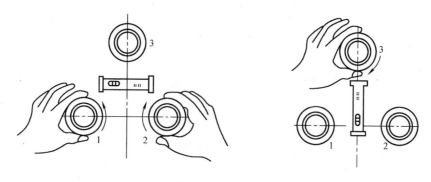

图 3-15　仪器整平

只有连续两次将仪器绕竖轴旋转 90°后，管水准器仍然居中，方为合格，否则，依照上述方法继续调整，直至合格为止。从而保证竖轴竖直和水平度盘水平。

② 目标照准

转动望远镜，通过粗瞄准器照准目标的底部，调整物镜调焦螺旋，使目标成像清晰，见图 3-16，拧紧水平和竖直制动螺旋；并调整水平和竖直微动螺旋，使单根竖丝与目标中线重合，双根竖丝夹准目标，十字丝的横丝与目标点相切。使望远镜十字丝中点精确对准目标。

③ 读数与记录

照准目标后，打开采光窗，调整反光镜的位置，使读数窗明亮，再调整读数显微镜调焦螺旋，使读数窗口清晰，最后正确读取度盘的读数值。同时，在手簿记录所测方向读数值。

4）水平角和竖直角观测

常用的角度观测方法是测回法，测回法适用于单角观测。所谓盘左位，是指观测者对着望远镜的目镜时，竖盘在望远镜的左边时仪器的方位；盘右位，是指观测者对着望远镜的目镜时，竖盘在望远镜的右边的位置状态。

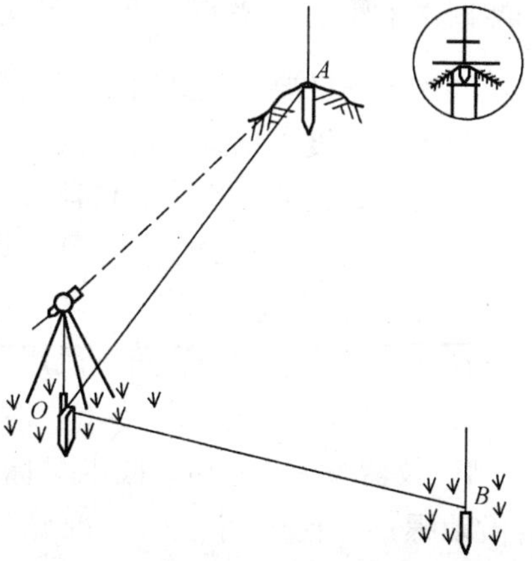

图 3-16　测回法测水平角及目标照准

① 测回法测水平角

如图 3-16，在测站点 O，需要测出 OA、OB 两方向间的水平角 β，其操作步骤如下：

A. 安置经纬仪于角度顶点 O，进行对中、整平，并在 A、B 两点立上照准标志。

B. 将仪器置为盘左位置。转动照准部，利用望远镜准星初步瞄准 A 点，调节目镜和望远镜调焦螺旋，使十字丝和目标像均清晰，以消除视差。再用水平微动螺旋和竖直微动螺旋进行微调，直至照准目标。此时，打开换盘手轮进行度盘配置，将水平度盘的方向读数配置为 $0°0'0''$ 或稍大一点，读数 a_L 并记入手簿，见表 3-54。松开制动螺旋，顺时针转动照准部，照准目标 B 点，读数 b_L 并记入手簿。则盘左所测水平角为：$\beta_L = b_L - a_L$。

测回法测水平角记录手簿　　　　　表 3-54

仪器号 260078　　　观测地点 篮球场　　　　　　　　观测者 ×××　　×××
日　　期 2006年9月27日　天　气　晴　　　　　　　记录者 ×××

测站	测回次数	竖盘位置	目标	水平度盘读数 (° ′ ″)	半测回角值 (° ′ ″)	一测回角值 (° ′ ″)	各测回平均值 (° ′ ″)	备注
测站	1	左	A	00°01′36″	89°41′06″	89°40′51″	89°40′54″	
			B	89°42′42″				
		右	A	180°01′30″	89°40′36″			
			B	269°42′06″				
	2	左	A	90°05′24″	89°41′00″	89°40′57″		
			B	179°45′24″				
		右	A	270°05′30″	89°40′54″			
			B	359°46′24″				

C. 将仪器置为盘右位置。先照准 B 目标，读数 b_R；再逆时针转动照准部，直至照准目标 A，读数 a_R，计算盘右水平角为 $\beta_R = b_R - a_R$。

D. 计算一测回角度值。上下半测回合称一测回。当上下半测回值之差在 $\pm 40''$ 内时，一测回水平角值为 $\beta = \dfrac{\beta_L + \beta_R}{2}$。若超过此限差值，则应重新观测。

当测角精度要求较高时，应观测多个测回，并取其平均值作为水平角测量的最后结果。为了减少度盘刻画不均匀误差，各测回应利用仪器上控制水平度盘的装置换盘手轮来配置度盘起始读数，DJ_6 型仪器每个测回应按 $180°/n$ 的间隔变换水平度盘位置。假若测四个测回，则每测回的起始度盘读数应分别设置成略大于 $0°$、$45°$、$90°$ 和 $135°$ 等值。

② 测回法测竖直角

地面目标直线的竖直角一般用测回法观测，操作步骤如下：

A. 将仪器安置于测站点上，对中、整平。

B. 仪器置为盘左位，瞄准目标点，使十字丝中丝精确照准目标，调节竖盘指标水准管微动螺旋，使竖盘指标水准管气泡居中（或旋转竖盘指标自动补偿器锁紧螺旋至 "ON" 位置），读取竖盘读数 L，则盘左竖直角为 $\alpha_L = 90° - L$，见表 3-55。

竖直角观测手簿　　　　　表 3-55

竖盘位置	目标	水平度盘读数 (° ′ ″)	半测回角值 (° ′ ″)	竖盘指标差 (″)	一测回角值 (° ′ ″)	备注
左	A	42°15′36″	47°44′24″	18″	47°44′42″	
右	A	317°45′00″	47°45′00″			

C. 将仪器调为盘右,再瞄准目标,精确照准,同上操作,读取盘右时的竖盘读数 R,则盘右竖角为 $\alpha_R = R - 270°$。

D. 计算一测回竖角值为

$$\alpha = \frac{\alpha_L + \alpha_R}{2} = \frac{1}{2}(R - L - 180°)$$

(3) 全站仪的基本功能及使用方法

全站仪又称全站型电子速测仪,是一种可以同时进行角度测量和距离测量,由机械、光学、电子元件组合而成的测量仪器。在测站上安置好仪器后,除照准需人工操作外,其余可以自动完成,而且几乎是在同一时间得到平距(或斜距)、高差和点的坐标。全站仪是由电子测距仪、电子经纬仪和电子记录装置三部分组成。从结构上分,全站仪可分为组合式和整体式两种。组合式全站仪是用一些连接器将测距部分、电子经纬仪部分和电子记录装置部分连接成一组合体。它的优点是能通过不同的构件进行灵活多样的组合,当个别构件损坏时,可以用其他的构件代替,具有很强的灵活性。整体式全站仪是在一个仪器内装配测距、测角和电子记录三部分。测距和测角共用一个光学望远镜,方向和距离测量只需一次照准,使用十分方便。

全站仪的电子记录装置是由存储器、微处理器、输入和输出部分组成。由微处理器对获取的斜距、水平角、竖直角、视准轴误差、指标差、棱镜常数、气温、气压等信息进行处理,可以获得各种改正后的数据。在只读存储器中固化了一些常用的测量程序,如坐标测量、导线测量、放样测量、后方交会等,只要进入相应的测量程序模式,输入已知数据,便可依据程序进行测量过程,获取观测数据,并解算出相应的测量结果。通过输入、输出设备,可以与计算机交互通讯,将测量数据直接传输给计算机,在软件的支持下,进行计算、编辑和绘图。测量作业所需要的已知数据也可以从计算机输入全站仪,可以实现整个测量作业的高度自动化。

全站仪的应用可归纳为四个方面:一是在地形测量中,可将控制测量和碎步测量同时进行;二是可用于施工放样测量,将设计好的管线、道路、工程建设中的建筑物、构筑物等的位置按图纸设计数据测设到地面上;三是可用全站仪进行导线测量、前方交会、后方交会等,不但操作简便且速度快、精度高;四是通过数据输入/输出接口设备,将全站仪与计算机、绘图仪连接在一起,形成一套完整的测绘系统,从而大大提高测绘工作的质量和效率。

1) 全站仪的有关设置

全站仪的种类很多,各种型号仪器的基本结构大致相同。无论何种类型的全站仪,在初次使用仪器或是在不同的工作环境下开始测量前,都应进行一些必要的准备工作,即完成一些必要的设置工作,如仪器参数和使用单位的设置、棱镜常数改正值和气象改正值的设置、水平度盘及竖直度盘指标设置等。

单位设置界面,一般包括温度和气压单位、角度单位、距离单位四项。按仪器的相关说明进行设置即可。

模式设置主要是确定仪器在工作时的状态。在模式设置菜单界面下,主要有开机模式、精测/粗测/跟踪、平距/斜距、竖角测量、ESC 键模式及坐标检查等若干模式,其设置内容即设置方法可根据工作需要,按菜单提示予以设置并确认。开机模式一般选择测角模式,即正常开机时,直接进入测角模式状态;精测/粗测/跟踪模式主要是选择距离测量时所采用的方式,一般在进行控制测量时选精测模式,在数据采集时可选粗测模式,而在施工放样测量时选跟踪测量模式(放样精度要求高时除外);平距/斜距模式一般选平距和高差测量模式等。

仪器工作参数的设置,需根据工作时的气候条件、所处的地理位置即工作时的海拔高度和工作成果要达到的精度要求,来进行相关工作参数的设置。设置时应如实对环境的温度及气压进行测量,以测得准确的设置数据。

棱镜常数的设置,测量时,还必须设置仪器的棱镜常数,若使用的是不同厂家生产的棱镜,要按其棱镜的参数予以相应设置,如:使用的是拓普康仪器配套的棱镜,其棱镜常数设置为0(即在S/A菜单中将PSM值设为0即可);若使用南方公司生产的棱镜,其常数为-30,则PSM值设为-30即可。在使用仪器时,若所用棱镜改变,则必须重新按新的棱镜进行设置。

2)仪器的基本使用操作方法

一般全站仪均有三种常规测量模式,即角度测量模式、距离测量模式和坐标测量模式。另外还具备菜单测量模式。

利用全站仪进行角度、距离和坐标测量时,首先须进行仪器的站点安置工作,安置好后,即可开机进行各项具体的测量,以获得测量外业数据或是进行工程放样测量。

全站仪的安置操作方法同光学经纬仪的安置步骤基本相同。一般采用光学对中器完成对中;利用长管水准器精平仪器。对于带有激光对中器的全站仪其安置过程,则更为方便。

安置好仪器后,即可按电源开关【POWER】键,完成仪器的正常开机,一般而言,开机即进入到标准的测角模式,并且可以切换到其他标准测量模式或菜单模式。

① 角度测量

利用全站仪测量角度,其基本的操作步骤同经纬仪测角相同,一般用测回法,在方向数较多的情况下,可使用方向观测法。依据测角原理,在测水平角时,为了提高测量精度,一般需按规范要求采用多测回进行观测,因而在测角时,当仪器为盘左状态下,必须进行度盘零方向的设置,在第一测回时,将零方向置零,而在其他测回,需按相应的度盘间隔来设置起始方向的度盘读数,然后按观测方向分别在不同的盘位状态予以观测,并记录相应观测读数,最终进行角度值的计算,完成水平角的观测。

对于竖直角观测,则更为方便,因为按照其测角原理,测量时不必向水平角观测那样来设置起始方向,只需在不同的盘位状态,照准观测目标,得到相应的观测数据即可。

② 距离测量

在进行距离测量及坐标测量时,仪器必须设置好相关参数,如温度大气改正、棱镜常数、距离测量模式是连续测量还是N次测量/单次测量以及是精测还是粗测等,然后在由测角模式切换为距离模式或是坐标模式,进行相关测量,测得合格观测值。

开机后,完成或核对仪器相关设置参数,并准备好棱镜,将其立在目标点上,然后将仪器由角度测量模式切换为距离测量模式,旋转仪器,以照准观测目标(照准棱镜的照准中心)然后按照菜单提示来测取距离。

③ 坐标测量

在某已知点上，欲测定某未知点的坐标，即可采用仪器的坐标测量模式来完成。一般说来，进行坐标测量，要先设置测站点坐标、测站仪器高、目标棱镜高及后视方位角（即后视定向方向，该方向值一般需根据站点与定向点的已知坐标通过反算得到），然后即可在坐标测量模式下通过已知站点测量出未知点的坐标。

④ 施工放样测量

首先，在施工测量控制点上安置仪器，然后开机，进入标准测量模式，再按【MENU】键进入菜单模式，然后选择放样模式，进入施工放样菜单（在放样之前，一般可先建立控制点坐标文件，以方便建立测站时进行数据调用操作）。

在放样程序界面下，按相应功能键，进入到测站点设置界面，此时首先通过调用方式找到该施工控制点对应的点号，再按功能键确认，仪器自动显示该点的坐标，并予以询问，看其坐标是否有误，若无误，按功能键进行设置；仪器又自动跳转到仪器高的设置页面，此时可按数字的输入方法将量好的仪器高数据输入进去，并按对应功能键，完成站点设置。仪器自动跳转至放样程序界面。

站点设置好后，在放样程序界面下，按相应功能键，即进入到后视方向的设置页面，同样可以通过调用方式找到该定向控制点对应的点号，再按对应功能键确认，仪器自动显示该点的坐标，并予以询问，看其坐标是否有误，若无误，按功能键进行设置，此时仪器完成后视方向方位角的计算，并要求进行定向点目标照准，所以立即旋转仪器，准确照准定向点，然后按功能键，完成后视方向的设置。仪器又自动跳转到放样程序主界面。

在放样程序主界面中，按对应功能键进入到放样工作界面。首先要求确定放样点号，此时同样采用调用方式，来定待放样点，在坐标文件中找到后，按功能键确认，仪器自动显示该点的坐标，并予以询问，看其坐标是否有误，若无误，按功能键，仪器进入镜高设置界面，按照实际的棱镜高度设置好，并按功能键，仪器即显示出采用极坐标进行放样的测设数据（计算出的角度 HR 和距离 HD），按照极坐标法的思想，先确定方向，再定放样点位的平面位置，最后确定高度位置；按功能键，进行角度差的计算，并显示出目前照准方向与待定出方向之间的角差，随后操作者旋动仪器，减小角差直至为 0，并用固定螺旋锁定方向，用微动螺旋精确使角差达到要求；方向定准后，指挥跑尺员在地面标记该方向。随后按对应功能键，进入距离放样状态，在界面中可选择坐标、或是测距模式，以便通过实际测量，计算出 dHD，根据该数值即可指挥跑尺员在该方向的地面上移动，直至 dHD 为零，最后用桩予以标定该待测点，得到待放样点的平面位置。

如若还需进行高度放样，参照仪器说明书继续进行。

放完一点后，务必进行检核，最终保证点位误差在施工对象的建筑限差所允许的限度内，即应满足建筑限差对放样工作的要求。

当在进行放样工作之前，若没有建立坐标文件，那么在设置测站点和后视方向时，便不能采用坐标调用的方式来输入控制点坐标，而只能采用键盘输入方式来输入站点坐标（或定向点坐标）进行设置，测站点的设置方法与上述介绍的方法基本相同。

⑤ 数据采集测量

由于数据采集模式，是数字测图中的主要野外数据的采集手段，其测量原理是依据控制点来测取其所控制范围内的大量碎步特征点，一般按三角高程原理进行工作。因而为了野外数据采集的方便，必须事先建立控制点坐标数据文件，以便于在建立测站时调用；同时在测量时还需建立碎步点数据采集文件，以便测完后，进行文件的存储、传输、增删、编辑与管理等工作，最终利用采集的数据来完成测绘图纸的编辑工作，形成测绘产品。

数据采集的操作的基本步骤为：在控制点上安置全站仪建立测站（对中、整平），按【POWER】键开机，并进入菜单模式下，然后依次完成测站点及定向点的设置工作，便可建立数据采集文件进行碎步点的坐标采集工作，直至将本站点所控制的范围内的地物、地貌特征点全部采集完毕。最终当测区任务采集完后，即可利用仪器的通讯功能来传输数据。

(4) 钢尺量距

钢尺是用钢制成的带状尺，尺的宽度约 10～15mm，厚度约 0.4mm，长度有 20m、30m、50m 等几种。钢尺的基本分划为厘米，在每厘米、每分米及每米处印有数字注记。根据零点位置的不同，钢尺有端点尺和刻线尺两种。端点尺是以尺的最外端作为尺的零点，如图 3-17（a）所示；刻线尺是以尺前端的一刻线作为尺的零点，如图 3-17（b）所示。在利用钢尺量距时一般还应配备测钎、标杆、线坠及弹簧秤等辅助工具，以便按照精度要求完成距离测量工作，得到满足要求的外业观测数据。

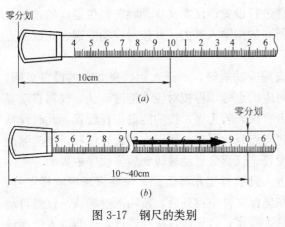

图 3-17 钢尺的类别
(a) 端点尺；(b) 刻线尺

钢尺量距时，首先应进行直线定线工作。一般定线方法有目估定线、经纬仪定线和测绳定线等几种。然后即可根据要求按普通方法和精密方法完成距离测量，通常钢尺量距时要求往返观测，以评定外业观测精度。

1) 平坦地面的距离丈量

丈量工作一般由两人进行。清除待量直线上的障碍物后，在直线两端点 A、B 竖立标杆，后尺手持钢尺的零端位于 A 点，前尺手持钢尺的末端和一组测钎沿 AB 方向前进，行至一个尺段处停下。后尺手用手势指挥前尺手将钢尺拉在 AB 直线上，并将钢尺的零点对准 A 点，当两人同时把钢尺拉紧后，前尺手在钢尺末端的整尺段长分划处竖直插下一根测钎（如果在水泥地面上丈量插不下测钎时，也可以用粉笔在地面上划线做记号）得到 1 点，即量完一个尺段。前、后尺手抬尺前进，当后尺手到达插测钎或划记号处时停住，再重复上述操作，量完第二尺段。后尺手拔起地上的测钎，依次前进，直到量完 AB 直线的最后一段为止。最后一段距离一般不会刚好是整尺段的长度，称为余长。丈量余长时，前尺手在钢尺上读取余长值，则最后 A、B 两点间的水平距离为：$D_{AB}=nl_0+l'$（图 3-18）。

按相同的方法由 B 测向 A，得到 B、A 两点间的水平距离为 $D_{BA}=nl_0+l'$。然后计算相对误差 K，即：$k=\dfrac{D_{AB}-D_{BA}}{D_{AB}}$，若其不大于 1/3000，则最后 A、B 两点间的水平距离为往返平均值 $\overline{D}_{AB}$。

图 3-18 平坦地面的距离丈量

2) 倾斜地面的距离丈量

① 平量法

沿倾斜地面丈量距离，当地势起伏不大时，可将钢尺拉平丈量。丈量由 A 点向 B 点进行，甲立于 A 点，指挥乙将尺拉在 AB 方向线上。甲将尺的零端对准 A 点，乙将钢尺抬高，并且目估使钢尺水平，然后用线坠尖将尺段的末端投影到地面上，插上测钎。若地面倾斜较大，将钢尺抬平有困难时，可将一个尺段分成几个小段来平量，如图 3-19 中的 ij 段。最后各段汇总即可，然后按相同方法完成返测。

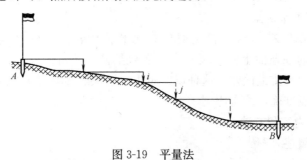

图 3-19 平量法

② 斜量法

当倾斜地面的坡度比较均匀，可以沿斜坡直接测量直线的斜距 L，测出地面直线的竖直角 α 或两端点的高差 h，然后即可计算出直线 AB 的水平距离：$D=L\cos\alpha=\sqrt{L^2-h^2}$，如图 3-20 所示。

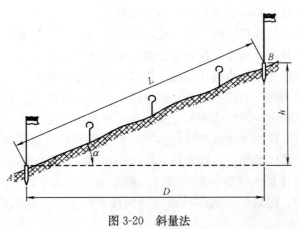

图 3-20 斜量法

3）钢尺量距的误差分析

① 尺长误差

如果钢尺的名义长度和实际长度不符，则产生尺长误差。尺长误差是积累的，丈量的距离越长，误差越大。因此新购置的钢尺必须经过检定，测出其尺长改正值。

② 温度误差

钢尺的长度随温度而变化，当丈量时的温度与钢尺检定时的标准温度不一致时，将产生温度误差。按照钢的膨胀系数计算，温度每变化1℃，丈量距离为30m时对距离影响为0.4mm。

③ 钢尺倾斜和垂曲误差

在高低不平的地面上采用钢尺水平法量距时，钢尺不水平或中间下垂而成曲线时，都会使量得的长度比实际要大。因此丈量时必须注意钢尺水平，整尺段悬空时，中间应有人托住钢尺，否则会产生不容忽视的垂曲误差。

④ 定线误差

丈量时钢尺没有准确地放在所量距离的直线方向上，即定线不好，使所量距离不是直线而是一组折线，造成丈量结果偏大，这种误差称为定线误差。丈量30m的距离，当偏差为0.25m时，量距偏大1mm。

⑤ 拉力误差和丈量误差

钢尺在丈量时所受拉力应与检定时的拉力相同。若拉力变化2.6kg，尺长将改变1mm。同时，丈量时在地面上标志尺端点位置处插测钎不准，前、后尺手配合不佳，余长读数不准等都会引起丈量误差，这种误差对丈量结果的影响可正可负，大小不定。在丈量中要尽力做到对点准确，配合协调。

3. 施工测量的内容和方法

(1) 施工测量概述

施工测量的目的是将设计图纸上所设计的建筑物、构筑物的平面位置和高程，按照设计要求，以一定的精度测设到实地上，作为施工的依据，并在施工过程中进行一系列的测量工作。从场地平整、建筑物定位、基础施工、室内外管线施工到建筑物、构筑物的构件安装等，都需要进行施工测量。施工测量的主要工作是测设点位，又称施工放样。施工测量放样工作应贯穿整个建筑物、构筑物的施工过程中。

另外，工业或大型民用建设项目竣工后，为便于管理、维修和扩建，还应编绘竣工总平面图。有些高层建筑物和特殊构筑物，在施工期间和建成后，还应进行变形测量，以便积累资料，掌握变形规律，为今后建筑物、构筑物的维护和使用提供资料。

为了保证各个时期建设的各类建筑物、构筑物位置的正确性，施工测量应遵循"由整体到局部，先控制后细部"的原则，首先建立统一的施工测量平面和高程控制网，并以此为基础，测设各建筑物和构筑物的细部位置。对工业或民用建设项目施工来说，其施工平面控制一般采用建筑方格网或建筑基线的方式，而施工高程控制采用三、四等水准控制。首先依据施工场地的具体情况，设计布设好施工控制网，并完成控制测量工作，然后再依据控制点按施工组织计划所确定的施工程序，制定施工测设方案，经审批同意后予以实施，逐项完成建筑物、构筑物的细部特征点的测设放样工作，直至整个施工过程的竣工验收。

在进行施工测量工作时，应考虑建筑限差对测量工作精度方面的要求。一般说来，施工测量的精度取决于建筑物或构筑物的大小、材料、用途和施工方法等因素。高层建筑物的测设精度应高于低层建筑物，钢结构厂房的测设精度高于钢筋混凝土结构厂房，装配式建筑物的测设精度高于非装配式建筑物。另外，建筑物、构筑物施工期间和建成后的变形测量，关系到施工安全，建筑物、构筑物的质量和建成后的使用维护，所以，变形测量一般需要有较高的精度，并应及时提供变形数据，以便作出变形分析和预报。

施工测量工作应注重工作程序，即应建立健全测量组织、操作规程和检查制度。在测量之前，应先做好下列工作：

1) 仔细核对设计图纸，检查总尺寸和分尺寸是否一致，总平面图和大样详图尺寸是否一致，不符之处应及时向设计单位提出，进行修正。

2) 实地踏勘施工现场，根据实际情况编制测设详图，计算测设数据，编制施工测量方案。方案经审批同意后才可实施。

3) 检验和校正施工测量所用的仪器和工具。施工测量工程中所使用的仪器设备必须是经过鉴定的合格仪器，且有鉴定单位签发的仪器合格鉴定书。

(2) 施工测量基本工作

施工测量的基本工作包括水平角、水平距离、高程和坡度的测设。

1) 水平角的测设方法

水平角测设的任务是，根据地面已有的一个已知方向，将设计角度的另一个方向测设到地面上。水平角测设的仪器是经纬仪或全站仪。

① 正倒镜分中法

如图 3-21 所示，设地面上已有 AB 方向，要在 A 点以 AB 为起始方向，向右侧测设出设计的水平角 β。将经纬仪（或全站仪）安置在 A 点后，其测设工作步骤如下：

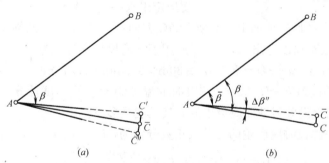

图 3-21　水平角的测设方法
(a) 正倒镜分中法；(b) 多测回修正法

A. 盘左瞄准 B 点，读取水平度盘读数为 L_A，松开制动螺旋，顺时针转动仪器，当水平度盘读数约为 $L_A+\beta$ 时，制动照准部，旋转水平微动螺旋，使水平度盘读数准确对准 $L_A+\beta$，在视线方向上定出 C' 点。

B. 倒转望远镜成盘右位置，瞄准 B 点，按与上步骤相同的操作方法定出 C''；取 C'、C'' 的中点为 C_1，则 $\angle BAC_1$ 即为所测设的 β 角。

② 多测回修正法

先用正倒镜方法测设出 β 角定出 C_1。然后用多测回法测量 $\angle BAC_1$（一般 2～3 测回),设角度观测的平均值为 β',则其与设计角值 β 的差 $\Delta\beta=\beta'-\beta$(以秒为单位),如果 AC_1 的水平距离为 D,则 C_1 点偏离正确点位 C 的距离为 $CC_1=D\tan\Delta\beta=D\times\dfrac{\Delta\beta'}{\rho''}$。

假若 D 为 123.456m,$\Delta\beta=-12''$,则 $CC_1=7.2$mm。因 $\Delta\beta<0$,说明测设的角度小于设计的角度,所以应对其进行调整。此时,可用小三角板,从 C_1 点起,沿垂直于 AC_1 方向的垂线向外量 7.2mm 定出 C 点,则 $\angle BAC$ 即为最终测设的 β 角度。

2) 水平距离的测设方法

水平距离的测设的任务是,将设计距离测设在已测设好的方向上,并定出满足要求的设计点位。测设的工具一般是钢尺、测距仪或全站仪。

① 一般方法

在地面上,由已知点 A 开始,沿给定方向,用钢尺量出已知水平距离 D 定出 B 点。

为了校核与提高测设精度,在起点 A 处改变读数,按同法量已知距离 D 定出 B' 点。由于量距有误差,B 与 B' 两点一般不重合,其相对误差在允许范围内时,则取两点的中点作为最终位置。

② 精密方法

当水平距离的测设精度要求较高时,按照上面一般方法测设出的水平距离,还应再加上尺长、温度和倾斜三项改正。也就是说,所测设的水平距离的名义长度 D',加上尺长改正 ΔD_d、温度改正 ΔD_t 和高差倾斜改正 ΔD_h 后应等于设计水平距离 D。故在精密测设水平距离时,应根据设计水平距离计算出应测设的名义距离,便可在实地定出水平距离来。

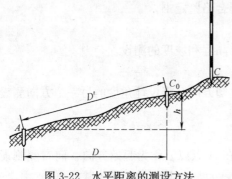

图 3-22 水平距离的测设方法

在图 3-22 所示的倾斜地面上,需要在 AC 方向上,使用 30m 的钢尺,测设水平长度为 58.692m 的一段距离以定出 C_0 点。设所用钢尺的尺长方程式为:

$$l_t=l_0+\Delta l+\alpha(t-20℃)l_0=30\text{m}+3.0\text{mm}+0.375\text{m}(t-20℃)$$

A、C_0 两点的高差 $h=1.200$m,测设时的温度为 $t=8℃$,试计算使用此把钢尺进行测设,在 AC 方向上沿倾斜地面应量出的名义长度是多少?

首先计算出在测设时应产生的三差改正数分别为:

尺长改正:$\Delta D_d=D\times\dfrac{\Delta l}{l_0}=58.692\times\dfrac{0.003}{30}=0.006$m

温度改正:$\Delta D_t=0.375(8-20)\times\dfrac{58.692}{30}=-0.009$m

倾斜改正:$\Delta D_h=-\dfrac{h^2}{2D}=-\dfrac{1.2^2}{2\times58.692}=-0.012$m

则实地应量出的名义长度为:

$$D'=D-\Delta D_d-\Delta D_t-\Delta D_h=58.692-0.006+0.009+0.012=58.707\text{m}$$

故实地测设时,在 AC 方向上,从 A 点沿倾斜地面量距离 58.707m,即可定出 C_0 点,此时 A、C_0 两点的水平距离即为 58.692m。

3) 高程的测设方法

高程测设的任务是，将设计高程测设到指定的桩位上。高程测设主要用在场地平整、开挖基坑（槽）、测设楼层面、定道路（管道）中线坡度和定桥台桥墩的设计标高等场合使用。

高程测设的方法主要有水准测量法和全站仪高程测设法。水准测量法一般是采用视线高程法进行测设。

如图 3-23 所示，已知水准点 A 的高程 $H_A=12.345$m，欲在 B 点测设出某建筑物的室内地坪高程（建筑物的±0.000）为 $H_B=13.016$m。

将水准仪安置在 A、B 两点的中间位置，在 A 点竖立水准尺，并精平仪器，读取 A 尺的中丝读数 $a=1.358$m。则视线高为：$H_i=H_A+a=12.345+1.358=13.703$m，在 B 点木桩侧面立水准尺，设水准仪瞄准 B 尺的中丝读数为 b，则 b 应满足等式 $H_B=H_i-b$；由此可先计算出 b 为：$b=H_i-H_B=13.703-13.016=0.687$m，然后操作者指挥立尺者，上下移动水准尺，当其上的尺读数刚好为 0.687m 时，沿尺底

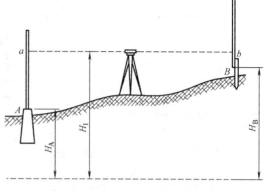

图 3-23 视线高程法测设高程

在木桩侧面画一横线，此时 B 点的高程就等于欲测设的高程。

在建筑设计和施工中，为了计算方便，通常把建筑物的室内设计地坪高程用±0.000 标高表示，建筑物的基础、门窗等高程都是以±0.000 为依据进行测设。因此，首先要在施工现场利用测设已知高程的方法测设出室内地坪高程的位置。也就是说，为了设计和施工的方便，建筑物内的高程系统，常采用相对高程体系。

当欲测设的高程与已知高程控制点之间的高差相差很大时，可以用悬挂钢尺来代替水准尺进行测设。

如图 3-24 所示，水准点 A 的高程已知，欲在深基坑内测设出坑底的设计高程 H_B，可按下面方法进行测设。

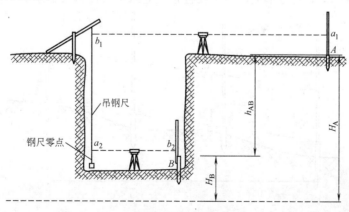

图 3-24 测设深基坑内的高程

在深基坑一侧悬挂钢尺（尺的零端朝下，并挂一个重量约等于钢尺检定时的拉力的重锤），以代替水准尺作为高程测设时的标尺。

先在地面上的图示位置安置水准仪，精平后先后读取 A 点上水准尺的读数 a_1，钢尺

上的读数 b_1；然后在深基坑内安置水准仪，读出钢尺上的读数为 a_2，假设 B 点水准尺上的读数为 b_2，则有等式成立，即 $H_B-H_A=h_{AB}=(a_1-b_1)+(a_2-b_2)$，由此可事先计算出测设数据 b_2 为：$b_2=H_A+a_1+a_2-b_1-H_B$。此时即可采用在木桩侧面画线的方法，沿尺底画线，使 B 点桩位侧面的水准尺读数等于 b_2。则 B 点的高程就等于设计高程 H_B。

另外，在地下坑道施工中，高程点位通常设置在坑道顶部。通常规定当高程点位于坑道顶部时，在进行水准测量时水准尺均应倒立在高程点上。如图 3-25 所示，A 为已知高程 H_A 的水准点，B 为待测设高程为 H_B 的位置，由于 $H_B=H_A+a+b$，则在 B 点应有的标尺读数 $b=H_B-H_A-a$。因此，将水准尺倒立并紧靠 B 点木桩上下移动，直到尺上读数为 b 时，在尺底画出设计高程 H_B 的位置。

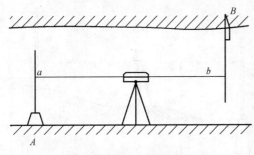

图 3-25 高程点在顶部的测设方法

4) 坡度线的测设方法

在修筑道路、敷设上下管道和开挖排水沟等工程的施工中，需要在地面上测设出设计的坡度线，以指导施工人员进行工程施工。坡度线的测设所用的仪器一般有水准仪和经纬仪。

如图 3-26 所示，设地面上 A 点的高程为 H_A，现欲从 A 点沿 AB 方向测设出一条坡度为 i 的直线，AB 间的水平距离为 D。使用水准仪的测设方法如下：

① 首先计算出 B 点的设计高程为 $H_B=H_A-i\times D$，然后应用水平距离和高程测设方法测设出 B 点；

② 在 A 点安置水准仪，使一脚螺旋在 AB 方向线上，另两脚螺旋的连线垂直于 AB 方向线，并量取水准仪的高度 i_A。

③ 用望远镜瞄准 B 点上的水准尺，旋转 AB 方向上的脚螺旋，使视线倾斜至水准尺读数为仪器高 i_A 为止，此时，仪器视线坡度即为 i。

④ 在中间点 1、2 处打木桩，然后在桩顶上立水准尺使其读数均等于仪器高 i_A，这样

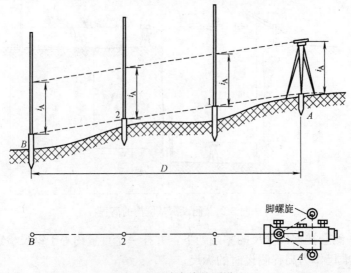

图 3-26 坡度线的测设

各桩顶的连线就是测设在地面上的设计坡度线。

当设计坡度 i 较大,超出了水准仪脚螺旋的最大调节范围时,应使用经纬仪进行坡度线的测设,方法同上。

(3) 点的平面位置的放样基本方法

点的平面位置测设是根据已布设好的施工控制点的坐标和待测设点的坐标,反算出测设数据,即控制点和待测设点之间的水平距离和水平角,再利用上述测设方法标定出设计点位。

根据所用的仪器设备、控制点的分布情况、测设场地地形条件及测设点精度要求等条件,点的平面位置的测设放样方法,一般有极坐标法、直角坐标法、角度交会法、距离交会法、十字方向法和全站仪坐标测设法等几种,用的最为方便的是极坐标法。

1) 极坐标法

极坐标法是根据控制点、水平角和水平距离测设点平面位置的方法。在控制点与测设点间便于钢尺量距的情况下,采用此法较为适宜,而利用测距仪或全站仪测设水平距离,则没有此项限制,且工作效率和精度都较高。

如图 3-27,$A(x_A, y_A)$、$B(x_B, y_B)$ 为已知控制点,$1(x_1, y_1)$、$2(x_2, y_2)$ 点为待测设点。根据已知点坐标和测设点坐标,按坐标反算方法求出测设数据,即:D_1、D_2;$\beta_1 = \alpha_{A1} - \alpha_{AB}$、$\beta_2 = \alpha_{A2} - \alpha_{AB}$。

测设时,经纬仪安置在 A 点,后视 B 点,置度盘为零,按盘左盘右分中法测设水平角 β_1、β_2,定出 1、2 点方向,沿此方向测设水平距离 D_1、D_2,则可在地面标定出设计点位 1、2 两点。

最后进行检核。检核时,可以采用丈量实地 1、2 两点之间的水平边长,并与 1、2 两点设计坐标反算出的水平边长进行比较。

如果待测设点的精度要求较高,可以利用前述的精确方法测设水平角和水平距离。

2) 直角坐标法

直角坐标法是建立在直角坐标原理基础上测设点位的一种方法。当建筑场地已建立有主轴线或建筑方格网时,一般采用此法。

如图 3-28 所示,A、B、C、D 为建筑方格网或建筑基线控制点,1、2、3、4 点为待测设建筑物轴线的交点,建筑方格网或建筑基线分别平行或垂直待测设建筑物的轴线。根据控制点的坐标和待测设点的坐标可以计算出两者之间的坐标增量。下面以测设 1、2 点为例,说明测设方法。

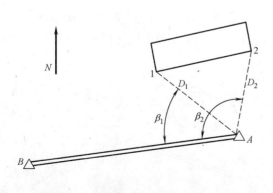

图 3-27 极坐标法测设点的平面位置

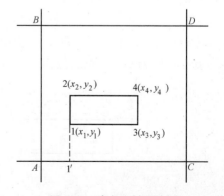

图 3-28 直角坐标法放样

首先计算出 A 点与 1、2 点之间的坐标增量，即 $\Delta x_{A1}=x_1-x_A$，$\Delta y_{A1}=y_1-y_A$。

测设 1、2 点平面位置时，在 A 点安置经纬仪，照准 C 点，沿此视线方向从 A 沿 C 方向测设水平距离 Δy_{A1} 定出 $1'$ 点。再安置经纬仪于 $1'$ 点，盘左照准 C 点（或 A 点），测设出 90°方向线，并沿此方向分别测设出水平距离 Δx_{A1} 和 Δx_{12} 定 1、2 两点。同法以盘右位置再定出 1、2 两点，取 1、2 两点盘左和盘右的中点即为所求点位置。

采用同样的方法可以测设 3、4 点的位置。

最后，进行测量检核。检核时，可以在已测设的点上架设经纬仪，检测各个角度是否符合设计要求，并丈量各条边长。

3）角度交会法

角度交会法是在两个控制点上分别安置经纬仪，根据相应的水平角测设出相应的方向，根据两个方向交会定出点位的一种方法。此法适用于测设点离控制点较远或量距有困难的情形。

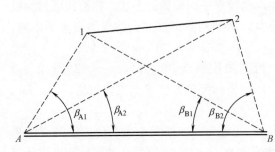

图 3-29　角度交会法

如图 3-29 所示，根据控制点 A、B 和测设点 1、2 的坐标，反算测设数据 β_{A1}、β_{A2}、β_{B1} 和 β_{B2} 角值。将经纬仪安置在 A 点，瞄准 B 点，利用 β_{A1}、β_{A2} 角值按照盘左盘右分中法，定出 $A1$、$A2$ 方向线，并在其方向线上的 1、2 两点附近分别打上两个木桩（俗称骑马桩），桩上钉小钉以表示此方向，并用细线拉紧。然后，在 B 点安置经纬仪，同法定出 $B1$、$B2$ 方向线。根据 $A1$ 和 $B1$、$A2$ 和 $B2$ 方向线可以分别交出 1、2 两点，即为所求待测设点的位置。

当然，也可以利用两台经纬仪分别在 A、B 两个控制点同时设站，测设出方向线后标定出 1、2 两点。

检核时，可以采用丈量实地 1、2 两点之间的水平边长，并与 1、2 两点设计坐标反算出的水平边长进行比较。

4）距离交会法

距离交会法是从两个控制点利用两段已知距离进行交会定点的方法。当建筑场地平坦且便于量距时，用此法较为方便。

如图 3-30 所示，A、B 为控制点，1 点为待测设点。首先，根据控制点和待测设点的坐标反算出测设数据 D_A 和 D_B，然后用钢尺从 A、B 两点分别测设两段水平距离 D_A 和 D_B，其交点即为所求 1 点的位置。

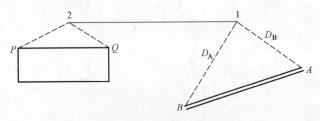

图 3-30　距离交会法

同样，2点的位置可以由附近的地形点P、Q交会出。

检核时，可以实地丈量1、2两点之间的水平距离，并与1、2两点设计坐标反算出的水平距离进行比较。

5）十字方向线法

十字方向线法是利用两条互相垂直的方向线相交得出待测设点位的一种方法。如图3-31所示，设A、B、C及D为一个基坑的范围，P点为该基坑的中心点位，在挖基坑时，P点则会遭到破坏。为了随时恢复P点的位置，则可以采用十字方向线法重新测设P点。

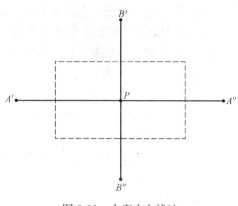

图3-31 十字方向线法

首先，在P点架设经纬仪，设置两条相互垂直的直线，并分别用两个桩点来固定。当P点被破坏后需要恢复时，则利用桩点$A'A''$和$B'B''$拉出两条相互垂直的直线，根据其交点重新定出P点。

为了防止由于桩点发生移动而导致P点测设误差，可以在每条直线的两端各设置两个桩点，以便能够发现错误。

6）全站仪坐标法

全站仪不仅具有测设高精度、速度快的特点，而且可以直接测设点的位置。同时，在施工放样中受天气和地形条件的影响较小，从而在生产实践中得到了广泛应用。

全站仪坐标测设法，就是根据控制点和待测设点的坐标定出点位的一种方法。首先，仪器安置在控制点上，使仪器置于菜单模式下的放样模式，然后输入控制点和测设点的坐标，以设置测站点和后视方向，然后指挥立镜人持反光棱镜立在待测设点附近，用望远镜照准棱镜，按坐标测设功能键，全站仪显示出棱镜位置与测设点的坐标差。根据坐标差值，移动棱镜位置，直到坐标差值等于零（可以显示出角度方向差与距离差），此时，棱镜位置即为测设点的点位。具体操作方法见全站仪的使用中的介绍。

为了能够发现错误，每个测设点位置确定后，可以再测定其坐标作为检核。

（三）施工项目管理的基本知识

1. 施工项目管理的概念

（1）工程项目

工程项目，又称土木工程项目或建筑工程项目，是以建筑物或构筑物为目标生产产品、有开工时间和竣工时间的相互关联的活动所组成的特定过程。该过程要达到的最终目标应符合预定的使用要求，并满足标准（或业主）要求的质量、工期、造价和资源等约束条件。

1）工程项目的特点

① 工程项目是一次性的过程。这个过程除了有确定的开工时间和竣工时间外，还有过程的不可逆性、设计的单一性、生产的单件性、项目产品位置的固定性等。

② 每一个工程项目的最终产品均有特定的用途和功能，它是在概念阶段策划并且决

策,在设计阶段具体确定,在实施阶段形成,在结束阶段交付。

③ 工程项目的实施阶段主要是在露天进行。受自然条件的影响大,施工条件很差,变更多,组织管理任务繁重,目标控制和协调活动困难重重。

④ 工程项目生命周期的长期性。从概念阶段到结束阶段,少则数月,多则数年甚至几十年。工程产品的使用周期也很长,其自然寿命主要是由设计寿命决定的。

⑤ 投入资源和风险的大量性。由于工程项目体形庞大,故需要投入的资源多、生命周期很长,投资额巨大,风险量也很大。投资风险、技术风险、自然风险和资源风险与各种项目相比,都是发生频率高、损失量大的,在项目管理中必须突出风险管理过程。

2) 工程项目的分类

① 按性质分类

工程项目按性质分类,可分为建设项目和更新改造项目。

A. 建设项目包括新建和扩建项目。新建项目指从无到有建设的项目;扩建项目指原有企业为扩大原有产品的生产能力或效益和为增加新品种的生产能力而增建主要生产车间或其他产出物的活动过程。

B. 更新改造项目包括改建、恢复、迁建项目。改建项目指对现有厂房、设备和工艺流程进行技术改造或固定资产更新的过程;恢复项目指原有固定资产已经全部或部分报废,又投资重新建设的项目;迁建项目是由于改变生产布局、环境保护、安全生产以及其他需要,搬迁到另外地方进行建设的项目。

② 按用途分类

工程项目按用途分类,可分为生产性项目和非生产性项目。

A. 生产性项目包括工业工程项目和非工业工程项目。工业工程项目包括重工业工程项目、轻工业工程项目等;非工业工程项目包括农业工程项目、交通运输工程项目、能源工程项目、IT 工程项目等。

B. 非生产性项目包括居住工程项目、公共工程项目、文化工程项目、服务工程项目、基础设施工程项目等。

③ 按专业分类

工程项目按专业分类,可分为建筑工程项目、土木工程项目、线路管道安装工程项目、装修工程项目。

A. 建筑工程项目亦称房屋建筑工程项目,是产出物为房屋工程兴工构建及相关活动构成的过程。

B. 土木工程项目指产出物为公路、铁路、桥梁、隧道、水工、矿山、高耸构筑物等兴工构建及相关活动构成的过程。

C. 线路管道安装工程指产出物为安装完成的送变电、通信等线路,给排水、污水、化工等管道,机械、电气、交通等设备,动工安装及相关活动构成的过程。

D. 装修工程项目指构成装修产品的抹灰、油漆、木作等及其相关活动构成的过程。

④ 按等级分类

工程项目按等级分类,可分为一等项目、二等项目和三等项目。

A. 一般房屋建筑工程的一等项目包括:28层以上,36m跨度以上(轻钢结构除外),单项工程建筑面积30000m^2以上;二等项目包括:14~28层,24~36m跨度(轻钢龙骨除外），单项工程建筑面积 10000～30000m²；三等工项目包括：14 层以下，24m 跨度以下（轻钢结构除外），单项工程建筑面积 10000m² 以下。

B. 公路工程的一等项目包括高速公路和一级公路；二等项目包括高速公路路基和一级公路路基；三等项目指二级公路以下的各级公路。

⑤ 按投资主体分类

按投资主体分类，有国家政府投资工程项目、地方政府投资工程项目、企业投资工程项目、三资（国外独资、合资、合作）企业投资工程项目、私人投资工程项目、各类投资主体联合投资工程项目等。

⑥ 按工作阶段分类

按工作阶段分类，工程项目可分为预备项目、筹建项目、实施工程项目、建成投产工程项目、收尾工程项目。

A. 预备工程项目，指按照中长期计划拟建而又未立项、只做初步可行性研究或提出设想方案供决策参考、不进行建设的实际准备工作。

B. 筹建工程项目，指经批准立项，正在进行建设前期准备工作而尚未正式开始施工的项目。这些工作包括：设立筹建机构，研究和论证建设方案，进行设计和审查设计文件，办理征地拆迁手续，平整场地，选择施工机械、材料、设备的供应单位等。

C. 实施工程项目包括：设计项目，施工项目（新开工项目、续建项目）。

D. 建成投产工程项目包括：建成投产项目，部分投产项目和建成投产单项工程项目。

E. 收尾工程项目，指基本全部投产只剩少量不影响正常生产或使用的辅助工程项目。

⑦ 按管理者分类

按管理者分类，工程项目可分为建设项目、工程设计项目、工程监理项目、工程施工项目、开发工程项目等，它们的管理者分别是建设单位、设计单位、监理单位、施工单位、开发单位。

⑧ 按规模分类

工程项目按规模分类，可分为大型项目、中型项目和小型项目。

（2）施工项目管理

1）施工项目管理的概念

项目管理是指为了达到项目目标，对项目的策划（规划、计划）、组织、控制、协调、监督等活动过程的总称。项目管理的对象是项目。项目管理者是项目中各项活动主体本身。项目管理的职能同所有管理的职能均是相同。项目管理要求按照科学的理论、方法和手段进行，特别是要用系统工程的观念、理论和方法进行管理。项目管理的目的就是保证项目目标的顺利实现。

施工项目管理是项目管理的一大类，是指施工项目的管理者为了使项目取得成功（实现所要求的功能、质量、时限、费用预算），用系统的观念、理论和方法，进行有序、全面、科学、目标明确地管理，发挥计划职能、组织职能、控制职能、协调职能、监督职能的作用。其管理对象是各类施工项目。

2）施工项目管理的特点

施工项目管理是特定的一次性任务的管理，它之所以能够使工程项目取得成功，是由于其职能和特点决定的。施工项目管理的特点有：

① 管理目标明确

施工项目管理是紧紧抓住目标（结果）进行管理的。项目的整体、项目的某一个组成部分、某一个阶段、某一部分管理者、在项目的某一段时间内，均有一定的目标。而目标吸引管理者，目标指导行动，目标凝聚管理者的力量。有了目标，也就有了方向，就有了一半的成功把握。除了功能目标外，过程目标归结起来主要有工程进度、工程质量、工程费用。这4个目标的关系是既独立，又对立、统一，是共存的关系。

② 是系统的管理

施工项目管理把其管理对象作为一个系统进行管理。在这个前提下首先进行的是工程项目的整体管理，把项目作为一个有机整体，全面实施管理，使管理效果影响到整个项目范围；其次，对项目进行系统分解，把大系统分解为若干个子系统，又把每个分解的系统作为一个整体进行管理，用小系统的成功保证大系统的成功；第三，对各子系统之间、各目标之间关系的处理，遵循系统法则，把它们联系在一起，保证综合效果最佳。例如建设项目管理，既把它作为一个整体管理，又分成单项工程、单位工程、分部工程、分项工程进行分别管理，然后以小的管理保大的管理，以局部成功保整体成功。

③ 是以项目经理为中心的管理

由于施工项目管理具有较大的责任和风险，其管理涉及人力、技术、设备、资金、信息、设计、施工、验收等多方面因素和多元化关系，为更好地进行项目策划、计划、组织、指挥、协调和控制，必须实施以项目经理为核心的项目管理体制。在项目管理过程中应授予项目经理必要的权力，以使其及时处理项目实施过程中发生的各种问题。

④ 按照项目的运行规律进行规范化的管理

施工项目是一个大的过程，其各阶段也都由过程组成，每个过程的运行都是有规律的。比如，绑扎钢筋作为一道工序，其完成就有其工艺规律；垫层混凝土作为分项工程，其完成既有程序上的规律，又有技术上的规律；建设程序就是建设项目的规律。工程项目管理作为一门科学，有其理论、原理、方法、内容、规则和规律，已经被人们所公认、熟悉、应用，形成了规范和标准，被广泛应用于项目管理实践，使施工项目管理成为专业性的、规律性的、标准化的管理，以此产生项目管理的高效率和高成功率。

⑤ 有丰富的专业内容

施工项目管理的专业内容包括：施工项目的战略管理，施工项目的组织管理，施工项目的规划管理，施工项目的目标控制，施工项目的合同管理、信息管理、生产要素管理、现场管理，施工项目的各种监督，施工项目的风险管理和组织协调等等。这些内容构成了工程项目管理的知识宝库。

⑥ 管理应使用现代化管理方法和技术手段

现代施工项目大多数是先进科学的产物或是一种涉及多学科、多领域的系统工程，要圆满地完成项目就必须综合运用现代管理方法和科学技术，如决策技术、预测技术、网络与信息技术、网络计划技术、系统工程、价值工程、目标管理等。

⑦ 应实施动态管理

为了保证施工项目目标的实现，在项目实施过程中要采用动态控制方法，即阶段性地检查实际值与计划值的差异，采取措施，纠正偏差，制订新的计划目标值，使项目能实现最终目标。

3）施工项目管理的职能

① 策划职能

施工项目策划是把建设意图转换成定义明确、系统清晰、目标具体、活动科学、过程有效的，富有战略性和策略性思路的、高智能的系统活动，是施工项目概念阶段的主要工作。策划的结果是其他各阶段活动的总纲。

② 决策职能

决策是施工项目管理者在工程项目策划的基础上，通过进行调查研究、比较分析、论证评估等活动，得出的结论性意见并付诸实施的过程。一个工程项目，其中的每一个阶段的启动靠决策，只有在做出正确决策以后的启动才有可能是成功的，否则就是盲目的、指导思想不明确的，就可能失败。

③ 计划职能

根据决策做出实施安排、设计出控制目标和实现目标的措施的活动就是计划。计划职能决定项目的实施步骤、搭接关系、起止时间、持续时间、中间目标、最终目标及措施。它是目标控制的依据和方向。

④ 组织职能

组织职能是组织者和管理者把资源合理利用起来，把各种作业（管理）活动协调起来，使作业（管理）需要和资源应用结合起来的机能和行为，是管理者按计划进行目标控制的一种依托和手段。这一职能是通过建立以项目经理为中心的组织保证系统实现的，给这个系统确定职责，授予权力，实行合同制，健全规章制度，可以进行有效的运转，确保项目目标的实现。

⑤ 控制职能

控制职能是管理活动最活跃的职能，控制职能的作用在于按计划运行，随时收集信息并与计划进行比较，找出偏差并及时纠正，从而保证计划和其确定目标的实现。

⑥ 协调职能

协调职能就是在控制的过程中疏通关系，解决矛盾，排除障碍，使控制职能充分发挥作用。控制是动态的，协调可以使动态控制平衡、有力、有效，所以它是控制的动力和保证。

⑦ 指挥职能

施工项目管理依靠团队，团队要有负责人（项目经理），负责人就是指挥，计划、组织、控制、协调等都需要强有力的指挥。把分散的信息集中起来，变成指挥意图；用集中的意图统一管理者的步调，指导管理者的行动，集合管理力量，形成合力。所以，指挥职能是管理的动力和灵魂，是管理的重要职能，是其他职能无法代替的。

⑧ 监督职能

监督就是督促、帮助。施工项目与管理需要监督职能，以保证法规、制度、标准和宏观调控措施的实施。监督的方式有：自我监督、相互监督、领导监督、权利部门监督、业主监督、司法监督、公众监督等。

2. 施工项目经理部的组织形式

（1）施工项目管理的组织

是指为进行项目管理、实现组织职能而进行的项目组织系统的设计与建立、组织运行和组织调整等三方面工作的总称。组织系统的设计与建立,是指经过筹划、设计、建成一个可以完成项目管理任务的组织机构,建立必要的规章制度,划分并明确岗位、层次、部门的责任和权力,建立和形成管理信息系统及责任分工系统,并通过一定岗位和部门内人员的规范化的活动和信息流通实现组织目标。组织运行是指在组织系统形成后,按照组织要求,由各岗位和部门实施组织行为的过程。组织调整是指在组织运行过程中,对照组织目标,检验组织系统的各个环节,并对不适合组织运行和发展的各方面进行改进和完善。

1) 项目管理的组织职能

项目组织具有多种职能,其中组织职能是项目管理基本职能之一。项目管理的组织职能包括五个方面内容:

① 组织设计。包括选定一个合理的组织系统,划分各部门的权限和职责,确立各种基本的规章制度等。

② 组织联系。指规定组织机构中各部门或岗位的相互关系,明确信息流通和信息反馈的渠道,以及它们之间的协调原则和方法。

③ 组织运行。指按照组织分工完成各自的工作,规定各组织体的工作顺序和业务管理活动的运行过程。组织运行要抓好三个关键性的问题,一是人员配置,二是业务接口,三是信息反馈。

④ 组织行为。就是指应用行为科学、社会学及社会心理学来研究、理解和影响组织中人们的行为、言语、组织过程、管理风格以及组织变更等。

⑤ 组织调整。组织调整是指根据工作的需要,环境的变化。分析原有的项目组织系统的缺陷、适应性和效率性,对原组织系统进行调整和重新组合,包括组织形式的变化、人员的变动、规章制度的修订或废止、责任系统的调整以及信息流通系统的调整等。

2) 施工项目管理的组织原则

① 责权利平衡。在项目的组织设置过程中应明确项目投资者、业主、项目其他参加者以及其他利益相关者之间的经济关系、职责和权限,并通过合同、计划、组织规则等文件定义。这些关系错综复杂,形成一个严密的体系,它们应符合责权利平衡的原则。

② 适用性和灵活性原则。项目组织机构设置的适用性和灵活性原则主要有:应确保项目的组织结构适合于项目的范围、项目组织的大小、环境条件及业主的项目战略;项目组织结构应根据或考虑到与原组织的适应性;顾及项目管理者过去的项目管理经验,应充分利用这些经验,选择最合适的组织结构。项目组织结构应有利于项目的所有参与者的交流和合作,便于领导;组织结构简单、工作人员精简,项目组要保持最小规模,并最大可能地使用现有部门中的职能人员。

③ 组织制衡原则。由于项目和项目组织的特殊性,要求组织设置和运作中必须有严密的制衡。

④ 保证组织人员和责任的连续性和统一。

⑤ 管理跨度和管理层次的要求。按照组织效率原则,应建立一个规模适度、组织结构层次较少、结构简单、能高效率运作的项目组织。由于现代工程项目规模大,参加单位多,造成组织结构非常复杂。组织结构设置常常在管理跨度与管理层次之间进行权衡。

⑥ 合理授权。项目的任何组织单元在项目中为实现总目标承担一定的角色,有一定的工作任务和责任,则他必须拥有相应的权力、手段和信息去完成任务。根据项目的特

点，项目组织是一种有较大分权的组织。项目鼓励多样性和创新，则必须分权。才能调动下层的积极性和创造力。

(2) 施工项目经理部与项目经理

项目经理部是项目管理的工作班子，置于项目经理的领导之下。为了充分发挥项目经理部在项目管理中的主题作用，必须对项目经理部的机构设置加以特别重视，设计好、组建好、运转好，从而发挥其应有的功能。

1) 建立项目经理部的基本原则

① 要根据所设计的项目组织形式设置项目经理部。

② 要根据项目的规模、复杂程度和专业特点设置项目经理部。

③ 项目经理部是一个具有弹性的一次性管理组织，应随工程任务的变化而进行调整，不应搞成一级固定性组织。

④ 项目经理部的人员配置应面向现场，满足现场的计划与调度、技术与质量、成本与核算、劳务与物资安全与文明作业的需要。

⑤ 在项目管理机构建成以后，应建立有益于组织运转的工作制度。

2) 项目经理部的部门设置和人员配备

项目经理部部门设置和人员配备的指导思想是要把项目经理部建成一个能够代表企业形象面向市场的窗口，真正成为企业加强项目管理，实现管理目标，全面履行合同的主体。一般按照动态管理，优化配置原则，项目经理部的编制设岗定员及人员配备分别由项目经理、总工程师、总经济师、总会计师、政工师和技术、预算、劳资、定额、计划、质量、保卫、测试、计量以及辅助生产人员 15~45 人组成设定，其中，专业职称设岗为：高级 5%~10%。中级 40%~45%，初级 37%~40%，其他 10%~13%，实行一职多岗、一专多能，全部岗位职责覆盖项目施工全过程管理，不留死角，避免了职责重叠交叉。

项目经理部可设置以下管理部门：经营核算部门、工程技术部门、物资设备部门、监控管理部门、测试计量部门。

3) 项目经理的地位和要求

① 项目经理的地位

项目经理是承包人的法定代表人在承包的项目上的一次性授权代理人，是对工程项目管理实施阶段全面负责的管理者，在整个活动中占有举足轻重的地位。

A. 项目经理是企业法人代表在工程项目上负责管理和合同履行的一次性授权代理人，是项目管理的第一责任人。

B. 项目经理是协调各方面关系，使之相互紧密协作、配合的桥梁和纽带。

C. 项目经理对项目实施进行控制，是各种信息的集散中心。

D. 项目经理是项目责、权、利的主体。因为项目经理是项目总体的组织管理者，即是项目中人、财、物、技术、信息和管理等所有生产要素的组织管理者。

② 对项目经理的要求

由于项目经理对项目的重要作用，人们对他的知识结构、能力和素质的要求越来越高。按照项目和项目管理的特点，对项目经理有如下几个基本要求：

A. 政治素质。项目经理是企业的重要管理者，故应具备较高的政治素质和职业道德。

B. 领导素质。项目经理是一名领导者，因此应具有较高的组织能力，具体应满足下列要求：博学多识，明礼诚信；多谋善断，灵活机变；团结友爱，知人善任；公道正直，勤俭自强；铁面无私，赏罚分明。

C. 知识素质。项目经理应当是一个专家，具有大专以上相应的学历层次和水平，懂得项目技术知识、经营管理知识和法律知识。特别要精通项目管理的基本理论和方法，懂得项目管理的规律。具有较强的决策能力、组织能力、指挥能力、应变能力，即经营管理能力。

D. 实践经验。每个项目经理必须具有一定的工程实践经历和按规定经过一定的实践锻炼。只有具备了实践经验，才能灵活自如地处理各种可能遇到的实际问题。

E. 身体素质。必须年富力强，具有健康的身体，以便保持充沛的精力和旺盛的意志。

（3）施工项目经理部的组织形式

1）工程项目的分标策划

① 分标策划的依据

A. 业主方面。业主的目标以及目标的确定性，业主的项目实施战略，管理水平和具体的管理力量，期望对工程管理的介入深度，业主对工程师和承包商的信任程度，业主的管理风格，业主对工程的质量和工期要求等。

B. 承包商方面。拟选择的承包商的能力，如是否具备施工总承包、"设计—施工"总承包，或"设计—施工—供应"总承包的能力，承包商的资格和信誉、企业的规模、管理风格和水平、抵御风险的能力、相关工程和相关承包方式的经验等。

C. 工程方面。工程的类型、规模、特点、技术复杂程度、工程质量要求、设计深度和工程范围的确定性，工期的限制，项目的盈利性，工程风险程度，工程资源（如资金，材料，设备等）供应及限制条件等。

D. 环境方面。工程所处的法律环境，人们的诚实信用程度，人们常用的工程实施方式，建筑市场竞争激烈程度，资源供应的保证程度，获得额外资源的可能性等。

② 主要的分标方式

A. 分阶段分专业工程平行承包。业主将设计、设备供应、土建、电器安装、机械安装、装饰等工程施工分别委托给不同的承包商。各承包商分别与业主签订合同，向业主负责。

B. 全包。即统包，一揽子承包，"设计—建造及交钥匙"工程，或"设计—施工—供应"总承包。由一个承包商承包建筑工程项目的全部工作，包括设计、供应、各专业工程的施工以及管理工作，甚至包括项目前期筹划、方案选择、可行性研究。承包商向业主承担全部工程责任。

C. 非代理型的CM承包方式，即CM/non—A-gency方式。是指CM承包商直接与业主签订合同，接受整个工程施工的委托，再与分包商、供应商签订合同。可以认为它是一种工程承包方式。

2）施工项目管理组织的主要形式

① 工作队式项目组织

A. 工作队式组织形式的应用

工作队式项目组织构成有以下特征：

a. 项目经理在企业内部聘用职能人员组成管理机构（工作队），由项目经理指挥，独立性大。

b. 项目组织成员在工程建设期间与原所在部门脱离领导与被领导的关系。原单位负责人负责业务指导及考察，但不能随意干预其工作或调回人员。

c. 项目管理组织与项目同寿命。项目结束后机构撤销，所有人员仍回原所在部门和岗位。

B. 工作队式组织优点

a. 项目经理从职能部门聘用的是一批专家，他们在项目管理中配合，协同工作，可以取长补短，有利于培养一专多能的人才充分发挥其作用。

b. 各专业人才集中在现场办公，减少了扯皮和等待时间，办事效率高，解决问题快。

c. 项目经理权力集中，运用权力的干扰少，决策及时，指挥灵便。

d. 由于减少了项目与职能部门的结合部，项目与企业的职能部门关系弱化，易于协调关系，减少了行政干预，使项目经理的工作易于开展。

e. 不打乱企业的原建制，传统的直线职能制组织仍可保留。

C. 工作队式组织缺点

a. 各类人员来自不同部门，具有不同的专业背景，相互不熟悉，难免配合不力。

b. 各类人员在同一时期所担负的管理工作任务可能有很大的差别，因此很容易产生忙闲不均，可能导致人员浪费。特别是对稀缺专业人才，难以在企业内调剂使用。

c. 职工长期离开原单位，即离开了自己熟悉的环境和工作配合对象，容易影响其积极性的发挥，而且由于环境变化容易产生临时观点和不满情绪。

d. 职能部门的优势无法发挥作用。由于同一部门人员分散，交流困难，也难以进行有效的培养、指导，削弱了职能部门的工作。当人才紧缺而同时又有多个项目需要按这一形式组织时，或者对管理效率有很高要求时，不宜采用这种项目组织形式。

D. 工作队式组织的运作

这是按照对象原则组织的项目管理机构，可独立地完成任务，相当于一个"实体"。企业职能部门只提供一些服务。这种项目组织类型适用于大型项目、工期要求紧迫的项目、要求多工种多部门密切配合的项目。因此，它要求项目经理素质要高，指挥能力要强，有快速组织队伍及善于指挥来自各方人员的能力。

② 直线职能式项目组织

A. 直线职能式组织形式的应用

直线职能式组织结构形式呈直线状且设有职能部门或职能人员的组织，每个成员（或部门）只受一位直接领导人指挥。它是按职能原则建立的项目组织。并不打乱企业现行的建制，把项目委托给企业某一专业部门或委托给某一施工队，由被委托的部门（施工队）领导，在本单位组织人员负责实施项目组织，项目终止后恢复原职。

B. 直线职能式组织优点

a. 相互熟悉的人组合办熟悉的事，人事关系容易协调，人才作用发挥较充分。

b. 从接受任务到组织运转启动所需时间短。

c. 职责明确，职能专一，关系简单。

d. 项目经理无需专业训练便容易进入状态。

C. 直线职能式组织缺点

a. 不能适应大型项目管理需要。
b. 不利于对计划体系下的组织体制（固定建制）进行调整。
c. 不利于精简机构。

D. 直线职能式组织的运作

这种形式的项目组织一般适用于小型的、专业性较强，不需涉及众多部门配合的施工项目。

③ 矩阵式项目组织

A. 矩阵式组织形式的应用

矩阵式项目组织结构形式呈矩阵状的组织，项目管理人员由企业有关职能部门派出并进行业务指导，受项目经理直接领导。

矩阵式项目组织有以下几点：

a. 项目组织机构与职能部门的结合部同职能部门数相同。多个项目与职能部门的结合部呈矩阵状。

b. 把职能原则和对象原则结合起来，既发挥职能部门的纵向优势，又发挥项目组织的横向优势。

c. 专业职能部门是永久性的，项目组织是临时性的。职能部门负责人对参与项目组织的人员有组织调配、业务指导和管理考察的责任。项目经理将参与项目组织的职能人员在横向上有效地组织在一起，为实现项目目标协同工作。

d. 矩阵中的每个成员或部门，接受原部门负责人和项目经理的双重领导。但部门的控制力大于项目的控制力。部门负责人有权根据不同项目的需要和忙闲程度，在项目之间调配本部门人员。一个专业人员可能同时为几个项目服务。特殊人才可充分发挥作用，免得人才在一个项目中闲置又在另一个项目中短缺，大大提高人才利用率。

e. 项目经理对调配到本项目经理部的成员有权控制和使用。当感到人力不足或某些成员不得力时，他可以要向职能部门要求给予解决。

f. 项目经理部的工作有多个职能部门支持，项目经理没有人员包袱，但要求在水平方向和垂直方向有良好的信息沟通及良好的协调配合，对整个企业组织和项目组织的管理水平和组织渠道畅通提出了较高的要求。

B. 矩阵式组织的优点

a. 它兼有直线职能式和工作队式两种组织形式的优点，即解决了传统模式中企业组织和项目组织相互矛盾的状况，把职能原则与对象原则隔为一体，求得了企业长期例行性管理和项目一次性管理的一致性。

b. 能够形成以项目任务为中心的管理，集中全部的资源为各项目服务，项目目标能够得到保证，能够迅速反映和满足顾客要求，对环境变化有比较好的适应能力。

c. 由于各种资源统一管理，能达到最有效地、均衡地、节约地、灵活地使用资源，特别是能最有效地利用企业的职能部门人员和专门人才；能够形成全企业统一指挥，协调管理，进而能保证项目和部门工作的稳定性和效率。一个公司项目越多，虽然增加了计划和平衡的难度，但上述这种效果越显著；在另一方面又可保持项目间管理的连续性和稳定性。

d. 项目组织成员仍归属于一个职能部门，则不仅保证组织的稳定性和项目工作的稳定性，而且使得人们有机会在职能部门中通过参加各种项目，获得专业上的发展、丰富的经验和阅历。

　　e. 矩阵式组织结构富有弹性，有自我调节的功能，能更好地适合于动态管理和优化组合，适合于时间和费用压力大的多项目和大型项目的管理。例如某个项目结束，仅影响专业部门的计划和资源分配，而不影响整个组织结构。

　　f. 矩阵组织的结构、权力与责任关系趋向于灵活，能在保证项目经理对项目最有控制力的前提下，充分发挥各专业部门的作用，保证有较短的协调、信息和指令的途径。决策层—职能部门—项目实施层之间的距离最小，沟通最快。

　　g. 组织上打破了传统的以权力为中心的思想，树立了以任务为中心的思想。这种组织的领导不是集权的，而是分权的、民主的、合作的，所以管理者的领导风格必须变化。组织的运作必须是灵活的公开的。人们信息共享，需要相互信任与承担义务，容易接受新思想，整个组织氛围符合创新的需要。

　　C. 矩阵式组织的缺点

　　a. 由于人员来自职能部门，且仍受职能部门控制，故凝聚在项目上的力量减弱，往往使项目组织的作用发挥受到影响。

　　b. 管理人员如果身兼多职地管理多个项目，便往往难以确定管理项目的优先顺序，有时难免顾此失彼。

　　c. 双重领导。项目组织中的成员既要接受项目经理的领导，又要接受企业中原职能部门的领导。在这种情况下，如果领导双方意见和目标不一致，乃至有矛盾时，当事人便无所适从。要防止这一问题产生，必须加强项目经理和部门负责人之间的沟通。还要有严格的规章制度和详细的计划，使工作人员尽可能明确在不同时间内应当干什么工作。如果矛盾难以解决，应以项目经理的意见为主。

　　d. 矩阵式组织对企业管理水平、项目管理水平、领导者的素质、组织机构的办事效率、信息沟通渠道的畅通等均有较高要求，因此要精干组织，分层授权，疏通渠道，理顺关系。由于矩阵式组织的复杂性和结合部多，造成信息沟通量膨胀和沟通渠道复杂化，在很大程度上存在信息梗阻和失真。于是，要求协调组织内部的关系时必须有强有力的组织措施和协调办法以排除难题。为此，层次、职责、权限要明确划分。

　　D. 矩阵式组织的运作

　　a. 适用于同时承担多个需要进行项目管理工程的企业。在这种情况下，各项目对专业技术人才和管理人员都有需求，加在一起数量较大。采用矩阵制组织可以充分利用有限的人才对多个项目进行管理，特别有利于发挥优秀人才的作用。

　　b. 适用于大型、复杂的施工项目。因大型复杂的施工项目要求多部门、多技术、多工种配合实施，在不同阶段，对不同人员，有不同数量和不同搭配的需求。显然，部门控制式机构难以满足这种项目要求；混合工作队式组织又因人员固定而难以调配，人员使用固化，不能满足多个项目管理的人才需求。

　　④ 事业部式项目组织

　　A. 事业部式组织形式的应用

　　矩阵式组织是在企业内作为派往项目的管理班子，对企业外具有独立的法人资格的项目管理组织。

a. 其特征是企业成立事业部，事业部对企业来说是职能部门，对企业外有相对独立的经营权，可以是一个独立单位。事业部可以按地区设置，也可以按工程类型或经营内容设置。事业部能较迅速适应环境变化，提高企业的应变能力，调动部门积极性。当企业向大型化、智能化发展时，事业部式是一种很受欢迎的选择，既可以加强经营战略管理，又可以加强项目管理。

b. 在事业部下边设置项目经理部，项目经理由事业部选派，一般对事业部负责，有的可以直接对业主负责，是根据其授权程度决定的。

B. 事业部式项目组织优点

事业部式项目组织有利于延伸企业的经营职能，扩大企业的经营业务，便于开拓企业的业务领域，还有利于迅速适应环境变化以加强项目管理。

C. 事业部式项目组织缺点

按事业部式建立项目组织，企业对项目经理部的约束力减弱，协调指导的机会减少，故有时会造成企业结构松散。必须加强其制度约束，并加大企业的综合协调能力。

D. 事业部式组织的运作

事业部式项目组织适用于大型经营性企业的工程承包，特别适用于远离公司本部的工程承包。需要注意的是，一个地区只有一个项目，没有后续工程时，不宜设立地区事业部，也即它适用于在一个地区内有长期市场或一个企业有多种专业化施工力量时采用。在此情况下，事业部与地区市场同寿命。地区没有项目时，该事业部应予撤销。

3) 工程项目组织形式的选择

从前面可以看出，一个项目有许多组织形式可以选择，这些项目组织形式，各有其使用范围、使用条件和特点。不存在唯一的适用于所有组织或所有情况的最好的组织形式，即不能说哪一种项目组织形式先进或落后，好或不好，必须按照具体情况分析。选择什么样的项目组织形式，应由企业作出决策。要将企业的具体情况综合起来分析，选择最适宜的项目组织形式，不能生搬硬套某一种形式，更不能不加分析地盲目作出决策。一般说来，应按下列情况具体分析：

① 项目自身的情况，如规模、难度、复杂程度、项目结构状况、子项目数量和特征。

② 上层系统组织状况，同时进行的项目数量，及其在本项目中承担的任务范围。同时进行的项目很多，必须采用矩阵式的组织形式。

③ 应采用高效率、低成本的项目组织形式，能使各方面有效地沟通，各方面责权利关系明确，能进行有效的项目。

④ 决策简便、快速。由于项目与企业部门之间存在复杂的关系，而其中最重要的是指令权的分配。不同的组织形式有不同的指令权的分配。对此企业和项目管理者都应有清醒的认识，并在组织设置，及管理系统设计时贯彻这个精神。

⑤ 不同的组织结构可用于项目生命周期的不同阶段，即项目组织在项目期间不断改变：早期仅为一个小型的研究组织，可能为工作队式的；进入设计阶段可能采用直线式组织，或由一个职能经理领导进行项目规划和设计、合同谈判；在施工阶段为一个生产管理为主的组织，对一个大项目可能是矩阵式的；在交工阶段，需要各层次参与，再次产生集中的必要，通常仍回到直线式组织。

一般情况下工程项目组织形式的选择为：

① 大型综合企业，人员素质好，管理基础强，业务综合性强，可以承担大型任务，宜采用矩阵式、工作队式、事业部式的项目组织形式。

② 简单项目、小型项目、承包内容专一的项目，应采用直线职能式项目组织。

③ 在同一企业内可以根据项目情况采用几种组织形式，如将事业部式与矩阵式的项目组织结合使用，将工作队式项目组织与事业部式结合使用等。但不能同时采用矩阵式及混合工作队式，以免造成管理渠道和管理秩序的混乱。表3-56可供选择项目组织形式时参考。

选择项目组织形式参考因素　　　　　　　　　　　表3-56

项目组织形式	项目性质	企业类型	企业人员素质	企业管理水平
工作队式	大型项目、复杂项目、工期紧的项目	大型综合建筑企业，项目经理能力较强	人员素质较高、专业人才多、职工技术素质较高	管理水平较高，基础工作较强，管理经验丰富
直线职能式	小型项目、简单项目、只涉及个别少数部门的项目	小建筑企业，任务单一的企业，大中型基本保持直线职能制的企业	素质较差，力量薄弱，人员构成单一	管理水平较低，基础工作较差，缺乏有经验的项目经理
矩阵式	多工种、多部门、多技术配合的项目，管理效率要求很高的项目	大型综合建筑企业，经营范围很宽、实力很强的建筑企业	文化素质、管理素质、技术素质很高，但人才紧缺，管理人才多，人员一专多能	管理水平很高，管理渠道畅通，信息沟通灵敏，管理经验丰富
事业部式	大型项目，远离企业基地项目，事业部制企业承揽的项目	大型综合建筑企业，经营能力很强的企业，海外承包企业，跨地区承包企业	人员素质高，项目经理强，专业人才多	经营能力强，信息手段强，管理经验丰富，资金实力雄厚

3. 施工项目管理的基本内容

(1) 施工项目管理的内容

施工项目管理的目标是通过项目管理工作实现的。为了实现项目管理目标必须对项目进行全过程的多方面的管理。项目管理的内容有：

1) 建立项目管理组织

① 由企业采用适当的方式选聘称职的项目经理。

② 根据项目组织原则，选用适当的组织形式，组建项目管理机构，明确责任、权限和义务。

③ 在遵守企业规章制度的前提下，根据项目管理的需要，制订项目管理制度。

2) 编制项目管理规划

项目管理规划是对项目管理目标、组织、内容、方法、步骤、重点进行预测和决策，做出具体安排的文件。项目管理规划的内容主要有：

① 进行工程项目分解，形成施工对象分解体系，以便确定阶段控制目标，从局部到整体地进行施工活动和项目管理。

② 建立项目管理工作体系，绘制项目管理工作体系图和项目管理工作信息流程图。

③ 编制项目管理规划，确定管理点，形成文件，以利执行。

3) 进行项目的目标控制

项目的目标有阶段性目标和最终目标。实现各项目标是项目管理的目的所在。因此应当坚持以控制论原理和理论为指导，进行全过程的科学控制。项目的控制目标有：进度控制目标、质量控制目标、成本控制目标、安全控制目标。

由于在项目目标的控制过程中，会不断受到各种客观因素的干扰，各种风险因素有随时发生的可能性，故应通过组织协调和风险管理，对项目目标进行动态控制。

4）对项目现场的生产要素进行优化配置和动态管理

项目的生产要素是项目目标得以实现的保证，主要包括：人力资源、材料、设备、资金和技术（即5M）。生产要素管理的内容包括：

① 分析各项生产要素的特点。

② 按照一定原则、方法对项目生产要素进行优化配置，并对配置状况进行评价。

③ 对项目的各项生产要素进行动态管理。

5）项目的合同管理

由于项目管理是在市场条件下进行的特殊交易活动的管理，这种交易活动从招投标开始，并贯穿项目管理的全过程，因此必须依法签订合同，进行履约经营。合同管理的好坏直接涉及项目管理及工程施工的技术经济效果和目标实现。因此，要从招投标开始，加强工程合同的签订、履行和管理。合同管理是一项执法、守法活动，建设市场有国内市场和国际市场，合同管理势必涉及国内和国际上有关法规和合同文本、合同条件，在合同管理中应予高度重视。合同管理还必须注意搞好索赔，讲究方法和技巧，提供充分的证据。

6）项目的信息管理

现代化管理要依靠信息。项目管理是一项复杂的现代化的管理活动，更要依靠大量信息及对大量信息的管理。项目目标控制、动态管理，必须依靠信息管理，并应用电子计算机进行辅助。

7）组织协调

组织协调指以一定的组织形式、手段和方法，对项目管理中产生的关系不畅进行疏通，对产生的干扰和障碍予以排除的活动。由于各种条件和环境的变化，在控制与管理的过程中，必然形成不同程度的干扰，使原计划的实施产生困难，这就必须协调。协调是为顺利"控制"服务的，协调与控制的目的都是保证目标实现。协调要依托一定的组织、形式和手段，并针对干扰的种类和关系的不同而分别对待。除努力寻求规律以外，协调还要靠应变能力，靠处理例外事件的机制和能力来实现。

（2）施工项目管理的程序

项目管理的各个职能以及各个管理部门在项目过程中形成一定的关系，它们之间有工作过程的联系（工作流），也有信息联系（信息流），构成了一个项目管理的整体。这也是项目管理工作的基本逻辑关系。工程项目管理的程序为：

1）制项目管理规划大纲；

2）制投标书并进行投标；

3）签订施工合同；

4）选定项目经理；

5）项目经理接受企业法定代表人的委托组建项目经理部；

6）企业法定代表人与项目经理签订"项目管理目标责任书"；

7）项目经理部编制"项目管理实施规划"；

8）进行项目开工前的准备；

9）施工期间按"项目管理实施规划"进行管理；

10）在项目竣工验收阶段进行竣工结算、清理各种债权债务、移交资料和工程；

11）进行经济分析，做出项目管理总结报告并送企业管理层有关职能部门；

12）业务管理层组织考核委员会对项目管理工作进行考核评价并兑现"项目管理目标责任书"中和奖罚承诺；

13）项目经理部解体；

14）在保修期满前企业管理层根据"工程质量保修书"和约定进行项目回访保修。

参 考 文 献

[1] 赵研主编. 建筑识图与构造. 北京：中国建筑建筑工业出版社，2003.
[2] 李必瑜主编. 房屋建筑学. 武汉：武汉理工大学出版社，2000.
[3] 杨金铎，房志勇主编. 房屋建筑构造（第三版）. 北京：中国建材工业出版社，2001.
[4] 刘谊才，李金星，程久平主编. 新编建筑识图与构造. 合肥：安徽科学技术出版社，2003.
[5] 江忆南，李世芬主编. 房屋建筑教程. 北京：化学工业出版社，2004.
[6] 陈卫华主编. 建筑装饰构造. 北京：中国建筑建筑工业出版社，2000.
[7] 危道军主编. 土木建筑制图. 北京：高等教育出版社，2002.
[8] 刘昭如主编. 建筑构造设计基础. 北京：科学出版社，2000.
[9] 刘建荣主编. 房屋建筑学. 武汉：武汉大学出版社，1991.
[10] 舒秋华主编. 房屋建筑学（第二版）. 武汉：武汉理工大学出版社，2002.
[11] 王全凤主编. 快速识读钢筋混凝土结构施工图. 福州：福建科学技术出版社，2004.
[12] 中华人民共和国建设部主编. 建筑结构制图标准 GB/T 50105—2001. 北京：中国计划出版社，2002.
[13] 中国建筑标准设计研究院主编. 混凝土结构施工图平面整体表示方法制图规则和构造详图 03G101-1. 中国建筑标准设计研究院出版，2005.
[14] 河南省建筑设计研究院主编. 中南建筑配件图集（合订本）98ZJ001. 中南地区建筑标准设计协作组办公室，2000.
[15] 胡兴福主编. 建筑力学与结构. 武汉：武汉理工大学出版社，2004.
[16] 罗向荣主编. 建筑结构. 北京：中国环境科学出版社，2003.
[17] 李永光主编. 建筑力学与结构. 北京：机械工业出版社，2006.
[18] 张建荣主编. 建筑结构选型. 北京：中国建筑工业出版社，1999.
[19] 吴承霞 吴大蒙主编. 建筑力学与结构基础知识. 北京：中国建筑工业出版社，1997.
[20] 毕万利主编. 建筑材料. 北京：高等教育出版社，2002.
[21] 高琼英主编. 建筑材料. 武汉：武汉工业大学出版社，2002.
[22] 刘祥顺主编. 建筑材料. 北京：中国建筑工业出版社，1997.
[23] 李业兰主编. 建筑材料. 北京：中国建筑工业出版社，1997.
[24] 龚洛书主编. 新型建筑材料性能与应用. 第5版. 北京：中国环境出版社，2000.
[25] 崔海潮编著. 建筑粘合剂及防水材料应用手册. 北京：中国石化出版社，2000.
[26] 中国建筑防水材料工业协会编. 建筑防水手册. 北京：中国建筑工业出版社，2001.
[27] 张海梅主编. 建筑材料. 北京：科学出版社，2001.
[28] 赵斌主编. 建筑装饰材料. 天津：天津科学技术出版社，1997.
[29] 陈宝钰主编. 建筑装饰材料. 北京：中国建筑工业出版社，1998.
[30] 哈尔滨建筑大学等合编. 建筑装饰材料. 北京：中国建材工业出版社，1998.
[31] 危道军，刘志强主编. 武汉：工程项目管理. 武汉理工大学出版社，2004.